Arbeitsmethoden
der modernen Natur-
wissenschaften

Leichtmetallanalyse

Von

Dr. H. GINSBERG

Chemiker der Vereinigte Aluminium-Werke A.-G.
Berlin

Mit 19 Abbildungen im Text

Berlin 1941

WALTER DE GRUYTER & CO.

vormals G. J. Göschen'sche Verlagshandlung / J. Guttentag, Verlagsbuchhandlung / Georg Reimer / Karl J. Trübner / Veit & Comp.

vormals G. J. Göschen'sche Verlagshandlung — J. Guttentag, Verlagsbuchhandlung — Georg Reimer — Karl J. Trübner — Veit & Comp.
Berlin W 35, Woyrschstraße 13

Archiv-Nr. 5271 41 Printed in Germany
Druck von Walter de Gruyter & Co. Berlin W. 35

VORWORT

Die Arbeitserfolge auf dem Gebiet der analytischen Chemie geben nicht nur dem wissenschaftlich arbeitenden, sondern auch dem in der Technik stehenden Chemiker einen Maßstab für sein fachliches Können. Früher ist vielfach der Analytik diese Bedeutung nicht zugesprochen worden; erst in neuerer Zeit ist sie im Begriff, sich diesen ihr zukommenden Platz zu erobern. Diese Entwicklung förderte die Abfassung des vorliegenden Buches. Von grundsätzlicher Bedeutung war hierbei aber die Tatsache, daß die Leichtmetallerzeugung — insonderheit die des Aluminiums — seit Gründung des Dritten Reiches einen ungeahnten Aufschwung genommen hat. Damit wuchsen auch die Aufgaben der analytischen Laboratorien als Kontrollstellen für die Leichtmetall erzeugende und verarbeitende Industrie. Im Rahmen dieser stellte sich zwangsläufigerweise das Bestreben ein, die verschiedenen Arbeitsweisen einander anzugleichen und im Hinblick auf dieses Ziel die Notwendigkeit, die Methoden möglichst lückenlos zusammenzutragen, die sich bisher als beste und zuverlässigste bewährt haben. So folgte ich gern einer Aufforderung von Herrn Professor A. Thiel, Marburg, in die von ihm herausgegebene Buchreihe »Arbeitsmethoden der modernen Naturwissenschaften« die »Leichtmetallanalyse« einzureihen.

Das vorliegende Buch ist aus der praktischen Arbeit im analytischen Laboratorium für die Praxis zusammengestellt. Somit konnten fachliche Kenntnisse und Erfahrungen auf dem Gebiet der anorganischen Analyse vorausgesetzt werden, was wiederum ermöglichte, die Arbeitsvorschriften nicht streng rezeptmäßig zu fassen, ohne es aber auf der anderen Seite an Klarheit fehlen zu lassen. Die Einteilung des Buches in die Abschnitte »Gravimetrische Methoden«, »Volumetrische Methoden«, »Kolorimetrische Methoden« usw. mag zunächst ungewohnt erscheinen, ergab sich aber zwangsläufig bei der Ordnung des Stoffes. Hierdurch ist es notwendig, bei der Auswahl einer Arbeitsweise jedesmal auch die entsprechenden Bestimmungsvorschriften in den anderen Abschnitten aufzusuchen und die aufgefundenen Arbeitsvorschriften auf ihre Zweckmäßigkeit für den gewünschten Anwendungsfall hin gegeneinander abzuwägen. Damit steht das vorliegende Buch in keinem Gegensatz zu den von der Aluminium-Zentrale herausgegebenen Tabellenwerken »Chemische Analysenmethoden für Aluminium und seine Legierungen«. Die Tabellen sollen unmittelbar am Arbeitsplatz Verwendung finden, denn hier ist die Methode bereits im einzelnen festgelegt. Aus der »Leichtmetallanalyse« aber ist eine bestimmte Arbeitsweise nicht ohne weiteres zu entnehmen, sondern soll an Hand des Buches erst erarbeitet werden. Somit möchte eine Ergänzung erreicht sein, die dem wissenschaftlich arbeitenden Leichtmetallanalytiker willkommen ist.

Es sind nur Arbeitsweisen aufgenommen, die sich in anerkannten Leichtmetall-Laboratorien seit Jahren bewährt haben. Bei der Auswahl ist jedoch nicht engherzig verfahren; auch solche Methoden werden mitgeteilt, die von einzelnen Laboratorien bevorzugt, von anderen wenn auch nicht abgelehnt, so doch als zweitrangige Methoden angesehen werden. In solchen Fällen entscheiden die Verhältnisse des Arbeitsplatzes. Der eine Analytiker wendet lieber mehr Zeit auf und gelangt damit zu einem sehr genauen Ergebnis. Für einen anderen bedeutet Zeitgewinn alles, weil in kürzester Frist ein orientierendes Ergebnis vorliegen soll.

Herr Dr. K. Steinhäuser, Lautawerk, bearbeitete besonders die Abschnitte »Spektralanalyse und Gasanalyse«. Ihm bin ich zu besonderem Dank verpflichtet für die Abfassung dieser Abschnitte wie auch für die Zurverfügungstellung seiner umfangreichen Erfahrungen auf dem gesamten Gebiet der Leichtmetallanalyse. Herr Dr. O. Fuldner, Bitterfeld, unterzog sich in dankenswerter Weise der Bearbeitung des Abschnittes »Volumetrische Methoden«. Ferner ist Dank zu sagen Herrn Hans Gschöderer, Lautawerk, für die praktische Nachprüfung zahlreicher Methoden und Frau Ilse Stockmar, Berlin, für die Erledigung der umfangreichen schriftlichen Arbeiten und für die Hilfe beim Lesen der Korrekturen.

Die Fachkameraden werden gebeten, durch kritische Hinweise auf Mängel und durch Übermittlung von Anregungen an den Unterzeichneten an der Weiterentwicklung der »Leichtmetallanalyse« mitzuhelfen.

Berlin-Steglitz, im Dezember 1940.
Brückenstr. 2

H. Ginsberg

Inhaltsverzeichnis

*) Die Angaben dieses Abschnittes sind unter Berücksichtigung der speziellen Ausführungen im Teil B auch auf Magnesium und Magnesiumlegierungen anzuwenden!

B. Magnesium

Anhang zum Teil B

C. Literatur-Verzeichnis

Abbildungen

Anmerkung: Die den Abschnittsüberschriften bzw. Eigennamen beigefügten römischen Ziffern beziehen sich auf die Buchliteratur, die arabischen auf die Zeitschriftenliteratur!

Allgemeines

1. Probenahme[V] [XXIII] *)

Über den unbedingten Wert einer sorgfältigen und wohlüberlegten Probenahme ist sich jeder Analytiker im klaren. Bei Aluminium, Aluminiumlegierungen und Umschmelzaluminium sowie dessen Legierungen dient Probenahme und Analyse dazu, einerseits Angaben über die Menge der nicht beabsichtigten Verunreinigungen und andererseits solche über die richtige Zusammensetzung der Legierungen zu erhalten.

Im Hüttenaluminium und Umschmelzaluminium werden im allgemeinen nur Eisen und Silicium und evtl. noch Kupfer, Titan und Zink bestimmt, der Aluminiumgehalt ergibt sich aus der Differenz. Man weiß zwar, daß auch noch eine größere Anzahl anderer Verunreinigungen im Aluminium enthalten ist. Normalerweise liegen diese aber in so kleiner Menge vor, daß der Aufwand für ihre Bestimmung in keinem Verhältnis zu ihrer Bedeutung stehen würde. Hinzu kommt noch, daß sie meistens in immer derselben Größenordnung vorkommen. Sie sind im allgemeinen im Aluminium gleichmäßig verteilt, mit Ausnahme von

Natrium, welches besonders stark an der Oberfläche auftritt,

Aluminiumoxyd, welches ganz unregelmäßig im Metall enthalten ist, und

Carbiden, Nitriden und ähnlichen Verbindungen, welche unter Umständen auch verschieden stark an einzelnen Stellen verteilt auftreten können.

Auch für alle Legierungen gilt das bis jetzt Gesagte, soweit es sich um Verunreinigungen handelt. Die Legierungsbestandteile selbst dagegen neigen je nach Art und Menge zu einer mehr oder weniger großen Seigerung (es tritt auch in manchen Fällen, z. B.

*) Vgl. Anm. S. XVI.!

bei Kupfer, die sogenannte umgekehrte Blockseigerung[XXIII]) auf), so daß hier eine besondere Vorsicht bei der Probenahme geboten erscheint.

Die Schwierigkeiten, welche bei der Probenahme auftreten können, werden jedoch nicht nur durch die verschiedenen Bestandteile bedingt, sondern auch durch die Größe und Form der zu bemusternden Teile. Häufig sind keine besonders gegossenen Probeblöckchen vorhanden, sondern es liegen Masseln, Barren, Halbfabrikate, Konstruktionsteile, Bleche usw. vor. Am einfachsten und sichersten erfolgt die Probenahme, wenn während des Vergießens einer Charge oder vorher mit einer Schöpfkelle eine Probe aus dem Ofen entnommen wird. Beim Hüttenaluminium genügt es, ein etwa 200 g schweres Probeblöckchen zu gießen; bei Legierungen dagegen vermeidet man die Seigerung besser, wenn man die Probe auf einer kalten Unterlage (sauberes Al-Blech) ausgießt, wo sie sofort erstarren soll.

Es lassen sich für die Probenahme keine in allen Fällen gültige Regeln aufstellen, sondern es wird immer wieder der Fall eintreten, daß die Methoden spezialisiert werden müssen. Die wichtigste Bedingung ist die, daß die für die Analyse entnommene Probe auch wirklich einen Durchschnitt von der ganzen Menge, welche bemustert wurde, darstellt. Daher sollte die Probenahme nur von Personen ausgeführt werden, welche eine lange Erfahrung besitzen und mit den Eigentümlichkeiten des Probegutes hinreichend vertraut sind.

Bei der Probenahme muß vor allem darauf geachtet werden, daß eine genügende Menge Metall entnommen wird, denn häufig erweist sich eine zweite oder dritte Analyse als erforderlich, oder es kann auch vorkommen, daß eine Schiedsanalyse notwendig wird. Was Schiedsanalysen[V]) anbetrifft, so werden in solchen Fällen allerdings im allgemeinen Sondervereinbarungen zwischen den Partnern getroffen. Weiter ist bei der Probenahme wichtig, daß nicht nur die Stücke, welche zur Probe zerspant werden sollen, einwandfrei sauber, vor allen Dingen nicht mit Fett oder Öl verunreinigt sind, sondern daß auch die Werkzeuge (Bohrer, Fräser, Drehstahl, Säge) vollkommen sauber sind. Die Herstellung feiner Bohr-, Dreh- oder Sägespäne muß unter Kühlen mit Wasser erfolgen. Niemals darf etwa Bohröl verwendet werden, da ein einwandfreies nachträgliches Entfetten von Spänen unmöglich ist. Nach Fertigstellung der Probe müssen die Späne mit einem Magneten von metallischem Eisen befreit werden, welches immer beim Zerspanen in die Probe hineingerät.

Reinstaluminium

Bei Reinstaluminium werden zur Bestimmung der Verunreinigungen kolorimetrische Verfahren angewendet, wobei das Ergebnis sehr leicht von anhaftendem Schmutz, Staub, Fett usw. beeinflußt wird. In diesem Falle ist daher die zweckmäßigste Probenahme die, daß man einen Rundstab von 20 mm ∅ und ca. 200 mm Länge gießt und diesen Stab nach Abdrehen der Gußhaut mit einem Drehstahl in einem Stich abdreht. Hierbei entsteht eine zusammenhängende Spirale, von welcher man die zur Analyse nötige Menge abbricht. Bei anders geformten Stücken aus Reinstmetall muß ebenfalls die Gußhaut vor dem Zerspanen nach Möglichkeit entfernt werden. Im übrigen genügt dann ein Anbohren mit einem Aluminiumbohrer von 20 mm Durchmesser.

Reinaluminium

Auch bei Reinaluminium, sei es von der Hütte oder sei es Umschmelzaluminium, ist eine Seigerung im allgemeinen nicht zu erwarten, so daß ein einfaches Anbohren von 200 g schweren Probeblöckchen, von Masseln am Rand und in der Mitte, von Barren an vielen evtl. diagonal liegenden Stellen, desgleichen von Blechen usw. genügt. Sollen jedoch die schon eingangs erwähnten Verunreinigungen, wie Natrium, Aluminiumoxyd usw. bestimmt werden, so ist auf ihre ungleichmäßige Verteilung zu achten. In solchen Fällen ist es zweckmäßig, über den ganzen Querschnitt abzudrehen oder auch mit Hilfe einer mechanischen Kaltsäge die Probe kreuz und quer zu zersägen. Diese Art der Probenahme erfordert zwar sehr viel Zeit, ist aber unter Umständen die einzig mögliche Art, um zu einem einwandfreien Durchschnitt zu kommen.

Aluminiumlegierungen

Bei der Probenahme von Legierungen aller Art ist, wie schon erwähnt, besonders auf die Eigentümlichkeit der betreffenden Legierung zu achten. Geht man von den üblichen Probeblöckchen aus, so bohrt man diese zweckmäßig von der Unterseite aus bis zu $^2/_3$ der Dicke an. Zahlreiche Untersuchungen haben ergeben, daß man dann selbst bei verhältnismäßig stark seigernden Legierungen zu einem guten Durchschnitt kommt. Bei Barren großen Formates kann man sich in der Weise helfen, daß man bei der Herstellung kleine Lappen (dünne Teile zum Anfassen) angießt und diese anbohrt, da diese Lappen (manchmal auch „Ohren" genannt) meistens keine Seigerung zeigen. Liegen sehr harte oder spröde Legierungen vor, oder solche, welche harte Kriställchen einschließen (z. B. hocheisenhaltige Legierungen), so muß man unter Umständen die harten Späne durch verschiedene Siebgrößen klassieren und den Durchfall jeder Mischgröße in der Menge seines Anfalles zusammenwägen. Dies gilt besonders, wenn es sich um die Untersuchung von sogenannten Vorlegierungen handelt, die häufig so spröde sind, daß sie nicht gebohrt werden können, sondern zerstoßen werden müssen.

Bei Legierungen gestaltet sich die Probenahme von Abfällen auch häufig recht schwierig. Späne müssen zunächst sorgfältig gemischt werden. Man behandelt sie mit einem starken Magneten, um möglicherweise bei der Verarbeitung hineingelangte Eisenteilchen zu entfernen.

Wenn es nicht möglich ist, die gesamten Abfälle zusammenzuschmelzen und ein Probeblöckchen zu gießen, so entnimmt man eine Durchschnittsprobe in dem Verhältnis, in welchem die einzelnen Legierungen vertreten sind, schmilzt diese kleine Probe ein (nötigenfalls unter einer Salzdecke) und gießt eine Probemassel. Aus der Probemassel werden dann die Späne in üblicher Weise entnommen.

2. Lösen der Metallproben

Bei der Ausführung der Analyse von Aluminium und seinen Legierungen wird das Metall meistens in ganz bestimmter Weise in Lösung gebracht und auch das Aluminium nach bestimmten Methoden wenigstens zur Hauptsache entfernt, ehe die eigentliche Bestimmung der Bestandteile beginnen kann. Es sollen daher zunächst die allgemein üblichen Löse- und Anreicherungsverfahren besprochen werden. In der gleichen Weise wie die gravimetrische Analyse benötigen vielfach auch kolorimetrische, titrimetrische und sonstige Bestimmungsverfahren eine Vortrennung, welche man ihrem Wesen nach in das Gebiet der gravimetrischen Analyse hineinrechnen muß. Dieser Teil der Analyse soll daher auch in diesem Abschnitt besprochen werden, und zwar bei den einzelnen Elementen, welche zu bestimmen sind, während die Löse- und Anreicherungsverfahren in diesen Vorbemerkungen abgehandelt werden.

1. Lösen von Aluminium in Salzsäure und seine Abtrennung durch Übersättigen mit Natronlauge oder durch Aussalzen

Wenn man Aluminium und seine Legierungen rasch in Lösung bringen will, verwendet man gern Salzsäure. Der Lösungsvorgang ist einerseits mit einer starken Wärmeentwicklung verbunden, andererseits beschleunigt ihn auch eine Temperaturerhöhung. Daher löst man das Metall durch Eintragen der Späne in die Säure, um ein plötzliches Überschäumen zu vermeiden. Man gibt in ein Becherglas konzentrierte Salzsäure und etwa $^1/_5$ der Menge an heißem Wasser, so daß die Lösung ungefähr 40—50° C heiß wird. Der Wasserzusatz erfolgt, um eine Abscheidung von Aluminiumchlorid auf den Spänen zu verhindern, denn diese würde den Lösungsvorgang stark verlangsamen. Man nimmt das Eintragen der Späne unter einem gut ziehenden Abzug vor. 1 g Aluminium benötigt ca. 10 ccm konz. Salzsäure. Sind größere Mengen an Spänen zu lösen, so muß man von Zeit zu Zeit mit Wasser verdünnen, um ein Auskristallisieren von Aluminiumchlorid zu verhindern. Gegen Ende des Lösungsvorganges erhitzt man auf einer Heizplatte, da die Salzlösung an sich schon den Löseprozeß erschwert. Sollte sich durch Zementation ein Teil der Bestandteile metallisch niedergeschlagen haben, so gibt man etwas Wasserstoffperoxydlösung (3%ig) zu.

Diese Art des Lösens ist nicht möglich, wenn man eine Siliciumbestimmung ausführen will, da Silicium dann zum Teil als Siliciumwasserstoff entweicht, auch wenn nur 0,1% Si im Aluminium enthalten ist. Die Umsetzung des Siliciums zu Siliciumwasserstoff tritt bei Anwesenheit bestimmter Fremdmetalle (z. B. Mg) besonders stark auf. Beim einfachen Lösen in Salzäure entstehen ferner auch Verluste an Zinn.

Um aus der Salzsäurelösung die Hauptmenge des Aluminiums zu entfernen, gibt es zwei Möglichkeiten:

a) die Übersättigung mit Natronlauge, gegebenenfalls unter Versetzen mit Natriumsulfidlösung, und

b) die Trennung durch Kristallisation.

a) Natronlauge-Trennung (evtl. unter Zusatz von Natriumsulfid)

Die Abtrennung des Aluminiums mit Natronlauge wendet man besonders dann an, wenn man Cu, Pb, Cr, Ti, Ni, Co, Mn, Zn, Mg und Ca bestimmen will.

Die vom Salzsäureüberschuß befreite saure Lösung wird bei etwa 70° C solange mit Natronlauge (1:3) versetzt, bis das gesamte Aluminiumhydroxyd wieder in Lösung gegangen ist. Häufig werden dann, wenn man die Verunreinigungen nach dem Natronlauge-Verfahren abtrennen will, die Späne direkt in Natronlauge gelöst. Dies hat jedoch den Nachteil, daß der Rückstand noch wesentlich mehr Aluminium enthält als dann, wenn man zunächst in Salzsäure löst. Ob man den einen oder den anderen Weg einschlagen will, hängt lediglich davon ab, wieweit die Trennung von Aluminium durchgeführt werden muß, um noch zu einer einwandfreien Bestimmung der betreffenden Verunreinigungen zu gelangen. Es soll daher auch noch das direkte Lösen mit Natronlauge beschrieben werden.

Man löst die Späne in Natronlauge (1 : 3) (z. B. 10 g in 90 ccm) auch wieder am besten so, daß man die Späne in kleinen Mengen in die leicht vorgewärmte Lauge einträgt. Man vermeidet dadurch einmal das Überschäumen infolge zu heftiger Reaktion und zweitens die Bildung von Aluminiumhydroxyd bzw. Al_2O_3. Bei zu langsamem oder zu kaltem Lösen des Aluminiums kann nämlich eine örtliche Verarmung an Natronlauge eintreten, so daß Aluminiumhydroxyd ausfällt. Dieses gealterte Hydroxyd ist auch durch kräftiges Erhitzen, selbst wenn ein starker Überschuß an Natronlauge vorhanden ist, nicht mehr in Lösung zu bringen.

Diese Erscheinung tritt besonders leicht auf, wenn die Späne zuerst in das Becherglas gegeben werden und die Natronlauge in kleinen Mengen zugefügt wird.

Nach dem Zusetzen verdünnt man die Lösung auf das dreifache Volumen (bezogen auf die Ausgangsmenge), kocht kurz auf und versetzt mit 20—50 ccm 10%iger Natriumsulfidlösung. Die Natriumsulfidlösung soll frei von Polysulfid sein, um auch Kupfer mit auszufällen. Man läßt etwa 10 Stunden absitzen und filtriert die Sulfide durch eine mit Asbest präparierte Nutsche (Durchmesser 50—60 mm), indem man zuerst vorsichtig von der überstehenden klaren Flüssigkeit abgießt. Den Niederschlag wäscht man mit heißem, natriumsulfidhaltigem Wasser aus. Das Filtrat ist häufig grüngelb gefärbt; diese Färbung ist auf die Anwesenheit kleiner Mengen FeS zurückzuführen. Da im allgemeinen Eisen direkt bestimmt wird, braucht man auf die Farbe keine Rücksicht zu nehmen. Die weitere Verarbeitung des Rückstandes wird bei den einzelnen Methoden durchgesprochen werden.

b) Trennung durch Kristallisation

Die Trennung mit Hilfe der Kristallisation erfolgt immer dann, wenn sehr kleine Mengen der Elemente zu bestimmen sind. Das Verfahren kann angewendet werden zur Ermittlung folgender Elemente: Cu, Pb, Cd, Ga, Cr, Ti, V, Mn, Zn, Ni, Co, Mg, Ca und Na; es benötigt jedoch eine sehr viel längere Zeit als die Abtrennung mit Natronlauge.

In die abgekühlte Salzsäurelösung leitet man Salzsäuregas ein, anfangs in raschem Strom, später, sobald Aluminiumchlorid auskristallisiert, langsamer. Das Einleiterohr ist an seinem Ende zu einer Glocke erweitert (z. B. von 5 mm auf 40 mm), um das Zusetzen seiner Öffnung durch Aluminiumchlorid zu verhindern. Während des Einleitens des Salzsäuregases wird eine beträchtliche Menge Wärme entwickelt. Zur Beschleunigung der Abscheidung wird diese Wärme zweckmäßig durch Kühlen mit Wasser, besser noch mit Alkohol und Trockeneis abgeführt. Je intensiver die Kühlung ist, um so rascher ist das Auskristallisieren beendet.

Zur Entwicklung von Salzsäuregas füllt man eine 5-Liter-Flasche (Abb. 1) zu etwa ½ mit konzentrierter Salzsäure. Den Flaschenhals verschließt man mit einem doppelt durchbohrten Gummistopfen. Durch die eine Bohrung führt man den Hals eines 500 ccm fassenden Scheide- oder Tropftrichters, durch die andere ein rechtwinklig gebogenes Glasrohr; letztes ist durch einen kurzen Gummischlauch mit dem Einleiterohr verbunden. Den Trichter füllt man mit konzentrierter Schwefelsäure und läßt diese in die Salzsäure eintropfen. Die entwickelte Gasmenge hängt von der Tropfgeschwindigkeit der Schwefelsäure ab.

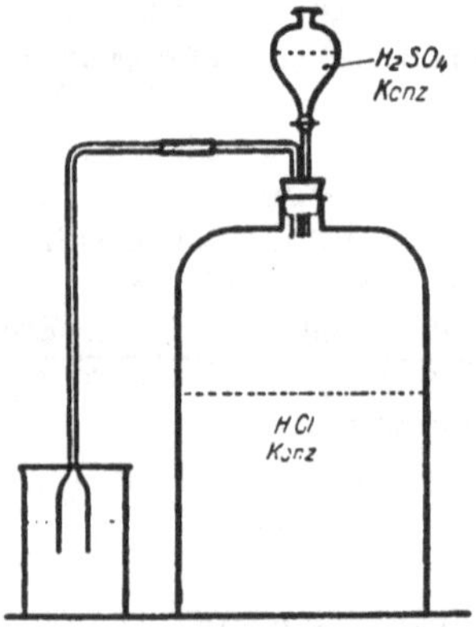

Abb. 1. Apparatur zur Entwicklung von Salzsäuregas zum Aussalzen von Aluminiumchlorid

Seite 16

Vielfach wird bei der Herstellung von Salzsäuregas auch von festem Chlorammonium ausgegangen, welches mit konzentrierter Schwefelsäure zersetzt wird. Dieses Verfahren hat zwar den Vorteil, ein verhältnismäßig trockenes Gas zu liefern, was in anderen Fällen vorteilhaft ist (siehe Al_2O_3-Bestimmung), wenn jedoch größere Mengen Salzsäuregas benötigt werden, arbeitet dieses Verfahren zu langsam. Außerdem treten bei rascher Zugabe von Schwefelsäure starke örtliche Erhitzungen im Zersetzungsgefäß auf, die sogar zum Platzen des Entwicklungsgefäßes führen können. Daher ist das Entwickeln von Salzsäuregas in diesem Fall aus konzentrierter Salzsäure günstiger.

Das Auskristallisieren ist beendet, sobald die abgekühlte Lösung durch das Einleiten von Salzsäuregas nicht mehr erwärmt wird. Nun trennt man das Aluminiumchlorid von der Mutterlauge in folgender Weise ab: In einen großen Trichter legt man ein feinlöcheriges Siebplättchen ein, setzt ihn auf eine Saugflasche und verbindet diese mit einer Wasserstrahlpumpe. Jetzt rührt man das Aluminiumchlorid auf und gießt es in den Trichter. Auf dem Siebplättchen bildet sich ein Polster aus Aluminiumchlorid, durch welches die Mutterlauge klar hindurchläuft. Den ersten, unter

Umständen trüben Durchlauf filtriert man nochmals. Statt des Siebplättchens kann man auch zweckmäßig Glas- oder Porzellanfiltertiegel mit sehr dichter Fritte verwenden. Das Aluminiumchlorid wird mit gekühlter konz. Salzsäure, welche durch Einleiten von Salzsäuregas noch besonders gesättigt wurde, gewaschen, bis die Kristalle farblos sind. Die Kristallmasse erscheint zunächst durch anhaftendes Eisenchlorid gelb gefärbt. Zahlreiche Versuche haben gezeigt, daß immer dann, wenn die Aluminiumkristalle farblos sind, auch sämtliche Verunreinigungen, welche man sucht, im Filtrat gefunden werden. Als letztes Salz wird immer Eisenchlorid entfernt.

Die Mutterlauge engt man in einer Porzellanschale ein. Das möglichst trocken gesaugte Aluminiumchlorid löst man, falls größere Mengen vorliegen und man nicht mit Salzsäure völlig farblos waschen kann, mit heißem Wasser. Man konzentriert die Lösung durch Einengen, kühlt ab, leitet wie beschrieben Salzsäuregas ein und filtriert wieder. Die Mutterlauge wird mit der ersten vereinigt und eingeengt, bis Aluminiumchlorid auskristallisiert. Nun spült man mit wenig Wasser in ein entsprechendes Becherglas und leitet wieder Salzsäuregas ein. Aus der Mutterlauge salzt man so lange Aluminiumchlorid aus, bis sie auf ein Volumen von 2—30 ccm eingeengt werden kann. Bei der Bestimmung von Natrium z. B. muß man auf ein Volumen von 2 ccm abdampfen können, bei anderen Analysen dagegen stört ein etwas größerer Rest von Aluminiumchlorid nicht. (Näheres darüber siehe bei den Einzelbestimmungen.)

2. Lösungsmöglichkeiten für Aluminium und seine Legierungen in Sonderfällen

Neben den beiden besprochenen wichtigsten Verfahren zum Lösen von Aluminium und Aluminiumlegierungen gibt es noch eine Reihe anderer Möglichkeiten, die im allgemeinen angewendet werden, wenn es sich darum handelt, spezielle Verunreinigungen oder Legierungsbestandteile zu bestimmen.

a) Lösen in Mischsäure

Das Lösen in Mischsäure (eine Mischung von Salpetersäure, Salzsäure und Schwefelsäure) wird nicht nur bei der Bestimmung

Seite 36 von Silicium (Verfahren von Otis-Handy) angewandt, sondern auch in anderen Fällen, in welchen nach der Abscheidung der Kieselsäure in schwefelsaurer Lösung weitergearbeitet werden soll. Vielfach enthält Aluminium (vor allem Umschmelzmetall) Metalloide, wie C, S, P, N usw. Diese Metalloide können in gewissem Umfange die Bestimmung von einzelnen Elementen stören, z. B. die Bestimmung von Cr, V, Mn, welche teils titriert, teils kolorimetrisch ermittelt werden. In all diesen Fällen ist es zweckmäßig, in Säure zu lösen und anschließend mit Schwefelsäure abzurauchen, also Mischsäure zu verwenden. Man verwendet bei einer Einwaage von 2 g Metall 45 ccm Mischsäure (700 ccm H_2SO_4 1 : 1, 300 ccm HNO_3 konz.) unter nachträglichem und portionsweisem Zusatz von 20 ccm konz. Salzsäure. Sollte bei sehr langsamem Lösen die Säuremenge nicht ausreichen, so kann man Salpetersäure und Salzsäure in beliebigen Mengen nachgeben, nicht jedoch Schwefelsäure. Beim Eindampfen und späteren Abrauchen ist zu beachten, daß die Masse kurz vor dem Festwerden spritzen kann, wenn die Heizplatte (auch Sandbad) nicht die geeignete Hitze besitzt. In diesen Fällen ist es zweckmäßig, den Moment des Festwerdens abzuwarten und in diesem Zeitpunkt kräftig umzuschwenken. Die Säuremenge ist so zu bemessen, daß selbst bei weiterem Erhitzen der schon festen Masse (bis zu ½ Stunde) noch genügend Schwefelsäure im Überschuß vorhanden ist, um das Ganze nur durch Zugabe von heißem Wasser (natürlich nach dem Abkühlen) in Lösung bringen zu können.

b) Lösen in Salzsäure unter Zusatz von Quecksilber-II-chlorid

Das Lösen von Aluminium in Salzsäure unter gleichzeitigem Zusatz von Quecksilberchlorid wird bei der Analyse von Raffinationsmetall angewendet, z. B. bei der Kupferbestimmung. Verwendet man in solchen Fällen die reine Säure, so benötigt man unter Umständen mehrere Tage, um das Metall in Lösung zu bringen. Die Dauer des Lösens hängt

1. von der Reinheit des betreffenden Metalles und
2. in ebensolchem Maße auch von der Reinheit der verwendeten Reagentien ab.

Je unreiner die Bestandteile sind, um so rascher verläuft der Lösungsvorgang.

Für 10 g Aluminium benötigt man 20 ccm einer 1%igen Sublimatlösung und 100—120 ccm konz. Salzsäure. Die Salzsäure gibt man zweckmäßig in kleineren Mengen zu, um das Abdampfen von Säure möglichst einzuschränken. Da der Lösungsvorgang langsam verläuft, erhitzt man zweckmäßig von Anfang an auf der Heizplatte. Das Quecksilberchlorid wird während des Lösens zu metallischem Quecksilber reduziert und enthält dann leicht einen Teil der zu bestimmenden Verunreinigungen in Form von Amalgam. Um diese Anteile zu erfassen, löst man das Quecksilberkügelchen in etwas Salpetersäure und verdampft. Ein direktes Verflüchtigen des Quecksilbers zieht immer Verluste an den anderen Bestandteilen nach sich. Darauf wird jedoch noch näher bei den Einzelbestimmungen eingegangen werden.

c) Lösen in Salpetersäure

Das Lösen von Aluminium in Salpetersäure hat sich in Einzelfällen (z. B. bei der Manganbestimmung in Legierungen) als praktisch erwiesen, vor allem dann, wenn man Aluminium nicht abzuscheiden braucht. Das Metall löst sich zwar etwas schwerer als in Salzsäure, aber es gibt eine bestimmte Salpetersäure-Konzentration (2 : 1 bis 1 : 1), bei der eine genügende Lösegeschwindigkeit erzielt wird. Wendet man die Säure verdünnter oder konzentrierter an, so geht das Lösen langsamer vor sich. Man löst die Späne, welche in diesem Fall besonders fein sein müssen, in der Säure unter Erhitzen. Für 1 g Aluminium benötigt man 10 ccm konzentrierte Salpetersäure.

d) Lösen in Schwefelsäure

Das Lösen von Aluminium in reiner Schwefelsäure wird gewöhnlich bei technischen Analysen (Fe, Si) gern angewandt. Wenn man im Rückflußkühler mit Schwefelsäure kocht, so ist der Lösevorgang bei 2 g Einwaage und Verwendung von 75 ccm Schwefelsäure (s = 1,6) in ca. ½ Stunde beendet. Die Säurekonzentration ist in diesem Falle so gewählt, daß die Kieselsäure auch ohne Abrauchen zur Trockene praktisch unlöslich ist.

e) Lösen in Wasser nach Aktivieren des Metalles mit Sublimatlösung

In manchen Fällen ist es erwünscht, das Metall direkt mit Wasser zu zersetzen. Dazu ist es erforderlich, die schützende Oxydschicht so weit zu zerstören, daß sich das Aluminium mit Wasser umsetzen kann. Dies erreicht man durch Versetzen der Späne mit Quecksilber-II-chloridlösung. 5 g Späne versetzt man z. B. mit 25 ccm einer 1%igen Sublimatlösung. Wenn die Reaktion einsetzt, gießt man von der überstehenden Flüssigkeit ab und löst nun mit reinem Wasser weiter. Wenn man das Ganze warmstellt (Wasserbad), ist das Metall innerhalb von 12—15 Stunden zersetzt.

f) Ausschmelzen von Metallen

Bei einigen Bestimmungen, z. B. der technischen Natriumbestimmung, ist ein sehr rasches Anreicherungsverfahren möglich. Man schmilzt das Metall in einem Tiegel ein, wobei das Alkali an die Oberfläche wandert. Man läßt nun abkühlen, löst von der Oberfläche das Natrium mit verdünnter Salzsäure ab und schmilzt wieder ein. Das Lösen und Wiedereinschmelzen muß 3—4mal wiederholt werden. Die vereinigten Salzsäuremengen werden dann mit eingestellter Lauge titriert. Man erhält auf diese Weise für technische Zwecke eine durchaus genügende Genauigkeit.

A. Aluminium

I. Abschnitt. Gravimetrische Methoden

a) Untersuchung von Reinmetall und Reinstmetall

Vorbemerkungen

Bei der Ausführung der folgenden Methoden wird die Kenntnis der allgemeinen Grundlagen des gravimetrischen Arbeitens vorausgesetzt. Trotzdem sollen aber noch einige Bemerkungen folgen, welche sich bei der Analyse von Aluminium und Aluminiumlegierungen als besonders wichtig ergeben haben.

Im allgemeinen wird Aluminium selbst nicht bestimmt, sondern es werden die Verunreinigungen oder die Legierungsbestandteile analytisch erfaßt. Dies hat zur Folge, daß bei der Abtrennung immer darauf geachtet werden muß, daß einerseits Aluminiumhydroxyd gern andere Bestandteile adsorptiv bindet und andererseits in vielen Fällen selbst nicht quantitativ ausgeschieden wird. Ähnlich, wenn auch nicht ganz so störend, verhalten sich bei der Abtrennung andere Hydroxyde, wie Eisenhydroxyd, usw.

Bei der bekannten Abtrennung des Aluminiums mit Ammoniak z. B. bleibt ein Teil des Hydroxydes in Lösung, wenn man auch nur einen verhältnismäßig geringen Überschuß an Ammoniak verwendet. Man muß also in diesem Falle solange kochen, bis die Lösung praktisch neutral ist. Bei der Bestimmung des Magnesiums als Phosphat dagegen wird meistens vor der eigentlichen Fällung eine Abtrennung der Hydroxyde des Eisens und Mangans vorgenommen. In diesem Falle besteht die Schwierigkeit darin, daß die Hydroxyde Magnesium so stark binden, daß vor allem für genaue Bestimmungen eine doppelte Abtrennung erforderlich ist. Untersucht man zum Schluß dann noch den Magnesiumphosphat-Niederschlag (etwa spektrographisch) auf Reinheit, so kann man oft nicht unbeträchtliche Mengen Kieselsäure, Eisenoxyd und Kalk feststellen. Diese letztgenannten Verunreinigungen stammen jedoch häufig nicht aus dem Metall, sondern aus den Wandungen des Becherglases oder aus den Chemikalien.

Aus diesen wenigen hier angeführten Beispielen ergibt sich, daß jede gravimetrische Bestimmung und jede Abtrennung mit außerordentlicher Sorgfalt ausgeführt werden muß. Es hat sich weiter als sehr zweckmäßig erwiesen, bei wichtigen Analysen die Chemikalien auf Reinheit zu prüfen oder, was noch besser ist, einen Blindversuch nebenher laufen zu lassen. Wenn bei der Bestimmung eines Bestandteiles mehrere Abtrennungen vorzunehmen sind, darf auch der Gehalt an Verunreinigungen in den Filterpapieren nicht vernachlässigt werden. Dies gilt besonders dann, wenn zum Abtrennen von Niederschlägen, die entfernt werden sollen, qualitative Filter verwendet werden; gerade bei technischen Analysen, welche in größerer Menge anfallen, wird dieses aus Sparsamkeitsgründen gern gemacht.

Bei sorgfältiger Beachtung all dieser Möglichkeiten erhält man stets befriedigende Ergebnisse.

Aluminiumoxyd-Bestimmung[8])[9])

Grundsätzliches. Die Bestimmung des Aluminiumoxydes geschieht am besten in der Weise, daß das Aluminium in einem wasserfreien Salzsäuregasstrom bei 250° C als Aluminiumchlorid übergetrieben wird. Das Oxyd bleibt unzersetzt zurück. Bei der Ausführung der Bestimmung ist auf vollständige Trockenheit der Probe und der ganzen Apparatur zu achten; ebenso soll das Salzsäuregas möglichst wasserfrei sein. Schon kleinste Mengen Wasserdampf bedingen Überbefunde an Aluminiumoxyd, da das zunächst durch direkten Angriff des Metalles gebildete wasserhaltige Aluminiumchlorid nicht sublimiert, sondern bei der Umsetzungstemperatur in Tonerde und Salzsäure zerfällt. Trotz dieser Schwierigkeiten ist auf Grund verschiedener Untersuchungen diese Methode immer noch besser als andere.

Apparatur. Die für die Bestimmung notwendige Apparatur ist in einer Zeichnung (Abb. 2) dargestellt. Man verbindet eine Stickstoff-Flasche und eine Salzsäuregasflasche (siehe unter Zusätzliche Hinweise) mit einer Gaswaschflasche, welche mit konzentrierter Schwefelsäure beschickt ist. An die Waschflasche sind zwei Trockentürme angeschlossen, welche mit Glaswolle (zur Vergrößerung der Oberfläche) und mit Phosphorpentoxyd gefüllt sind. Die Trockentürme sind mit dem eigentlichen Zersetzungsrohr Seite 18

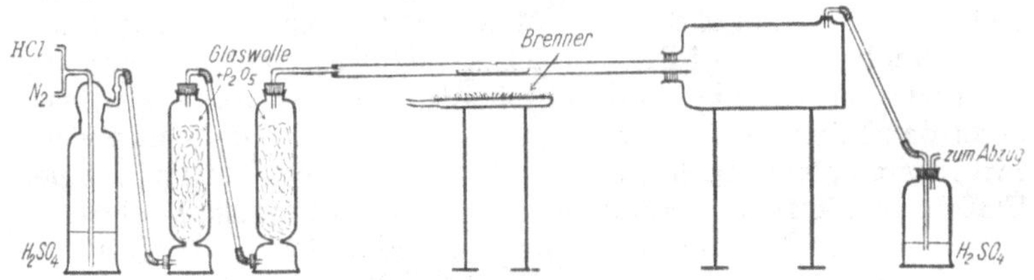

Abb. 2. Apparatur zum Chlorieren von Aluminium zur Oxyd-Bestimmung im Metall

aus schwer schmelzbarem Glas verbunden, welches etwa $1\frac{1}{2}$ m lang ist und eine lichte Weite von 20 mm besitzt. Das mittlere Drittel des Zersetzungsrohres wird mit einem Reihenbrenner erhitzt. Das Ende des Rohres mündet im Hals einer Tubusflasche (5 l Inhalt). In diesen soll es nur etwa 2 cm hineinragen, um ein Zuwachsen durch sublimierendes Aluminiumchlorid zu verhindern. Aus dem Tubus der Flasche führt ein Glasrohr über einen Blasenzähler, welcher mit Schwefelsäure gefüllt ist, direkt in den Abzugsschacht.

Ausführung der Bestimmung. Man wägt 5—6 g Späne in ein Quarzschiffchen und trocknet bei 150°. Unterdessen leitet man durch die Apparatur Stickstoff und erhitzt das Zersetzungsrohr mit dem Brenner. Da sich an den kälteren Teilen des Rohres Feuchtigkeit niederschlägt, vertreibt man diese durch Fächeln mit einem Bunsenbrenner. Danach bringt man das Quarzschiffchen in das Zersetzungsrohr und erhitzt wieder etwa $\frac{1}{2}$ Stunde im Stickstoffstrom auf 200°. Dann läßt man statt Stickstoff Salzsäuregas einströmen (2 Blasen/sec) und erhitzt auf 250°. Das entstehende Aluminiumchlorid sublimiert man durch Fächeln mit einem Bunsenbrenner in die Tubusflasche. Es ist immer darauf zu achten, daß sich das Rohr nicht mit Aluminiumchlorid zusetzt. Das Ende der Reaktion gibt sich daran zu erkennen (nach etwa 2 Stunden), daß sich an den kälteren Zonen des Rohres kein Aluminiumchlorid mehr absetzt. Unter Verstärkung des Salzsäurestromes läßt man abkühlen. Man nimmt das Quarzschiffchen aus der Apparatur und spült seinen Inhalt in ein 250 ccm Becherglas, welches 10 ccm Salzsäure (1 : 1) enthält. Das am Schiffchen hängende Aluminiumchlorid löst sich, wogegen die Tonerde sowie Kohle ungelöst zurückbleiben. Man erwärmt kurz, filtriert durch ein schnellaufendes Filter, welches mit Filterschleim gedichtet ist, und wäscht einige Male mit heißem Wasser nach. Man verascht das Filter in einem gewogenen Platintiegel, glüht und wägt. Sicherheitshalber raucht man den Tiegelinhalt mit einigen Tropfen Flußsäure und Schwefelsäure ab, um evtl. vorhandene Kieselsäure zu vertreiben. Die Gewichtsdifferenz ergibt den Gehalt an Aluminiumoxyd.

Zusätzliche Hinweise. Das Aluminiumoxyd kann in das Hüttenmetall durch Unachtsamkeit beim Vergießen (Abreißen des Gießfadens oder schlechtes Abschäumen) geraten. Das Oxyd ist daher nesterweise im Aluminium verteilt, so daß man bei unrichtiger Probenahme bei der Wiederholung der Analyse zu schwankenden Werten kommen kann.

Man kann die Bestimmung auch im Chlorstrom ausführen. Da Chlor stärker angreift als Salzsäure, muß die Zersetzungstemperatur etwas niedriger gehalten werden. Ganz allgemein ist zu berücksichtigen, daß sehr dünne Oxydhäute (z. B. die Oberfläche der Späne) schon bei der angegebenen Temperatur sowohl von Salzsäure wie von Chlor angegriffen werden. Noch stärker tritt dies bei Gegenwart von Kohlenstoff ein. Da das Metall immer etwas Kohlenstoff, meist in Form von Karbiden enthält, ist demnach die Gefahr der Umsetzung von Aluminiumoxyd zu Aluminiumchlorid immer gegeben.

Das Salzsäuregas kann man sich auch in der Weise herstellen, daß man in einem Kippschen Apparat Ammoniumchlorid mit Schwefelsäure umsetzt. Das vielfach angewendete Verfahren, bei welchem in einer Wulfschen Flasche in konzentrierte Salzsäure konzentrierte Schwefelsäure eintropft, hat zwar den Vorteil, einen sehr gleichmäßigen Gasstrom zu liefern, hat aber auf der anderen Seite den Nachteil, daß das Gas sehr viel Wasserdampf enthält und infolgedessen schwer zu trocknen ist.

Calcium-Bestimmung

Grundsätzliches. Die hier beschriebene Calciumbestimmung läßt sich in Gegenwart sämtlicher im Aluminium vorhandener Verunreinigungen ausführen. Es ist also nicht nötig, die sonst übliche Trennung vorzunehmen. Zu bemerken ist allerdings, daß die Magnesiumbestimmung, welche häufig im Anschluß an die Calciumbestimmung durchgeführt wird, in diesem Fall nicht angeschlossen werden kann.

Calcium kommt im Aluminium nur in der Größenordnung von einigen $^1/_{1000}$ bis $^1/_{100}$% vor. Aus diesem Grunde muß die Einwaage verhältnismäßig groß gewählt werden, und es ist außerdem eines der eingangs erwähnten Anreicherungsverfahren erforderlich. Seite 5

Ausführung der Bestimmung. Man löst 25 g Späne durch Eintragen in 250 ccm Natronlauge (1 : 3), verdünnt auf 700—800 ccm, gibt 5 ccm 5%ige Natriumoxalatlösung hinzu und kocht kurz auf. Nach etwa 8-stündigem Stehen filtriert man die Hydroxyde durch ein schnellaufendes Filter, den Rückstand wäscht man mehrere Male mit heißem Wasser aus. Da im allgemeinen größere Mengen an Hydroxyden, vor allem Eisenhydroxyd mitausfallen, ist an dieser Stelle ein Verlust an Calcium nicht zu befürchten. Man spritzt den Niederschlag, ohne das Filter zu durchstoßen, in den Fällungsbecher zurück. Die letzten Reste des Hydroxydniederschlages löst man mit einer Mischung von 10 ccm konz. Salzsäure, 5 ccm 3%igem Wasserstoffperoxyd und 50 ccm heißem Wasser vom Filter ebenfalls in das Becherglas hinein. Man dampft die Lösung zur Trockene ein, röstet $^1/_4$ Stunde auf dem Sandbad, um die Kieselsäure unlöslich zu machen, läßt abkühlen, gibt nochmals 10 ccm konz. Salzsäure hinzu und röstet wieder. Den Rückstand nimmt man mit etwa 100 ccm heißem Wasser und 2 ccm konz. Salzsäure auf, erhitzt bis die Chloride, mit Ausnahme der ausgefallenen Kieselsäure, gelöst sind, und filtriert die Kieselsäure durch ein schnellaufendes Filter ab. Es ist zu beachten, daß durch unnötig langes Erhitzen oder auch durch unnötig langes Stehenlassen in der Wärme die ausgefallene Kieselsäure wieder löslich wird.

Zum Filtrat gibt man 2 ccm Eisessig und soviel Ammoniumacetat hinzu, daß die Lösung gerade essigsauer wird (Rotfärbung von blauem Kongopapier). Dann erhitzt man auf 70° und fällt das Calcium als Oxalat, indem man soviel heiße 10%ige Ammonoxalatlösung zugibt, bis die rötliche Färbung des Eisenacetates in das Grüngelb des Eisenoxalats umschlägt. Nach Stehen über Nacht filtriert man durch einen mit Asbest präparierten Goochtiegel oder durch einen Porzellanfiltertiegel. Das Oxalat wird etwa 6 mal mit heißem Wasser gewaschen, bei 110° getrocknet und als $CaC_2O_4 \cdot H_2O$ gewogen.

Der gravimetrische Wert läßt sich rasch durch Titration kontrollieren. Da bei der Titration jedoch Oxalat titriert wird, muß zuvor besonders sorgfältig ausgewaschen werden, um letzte Reste an Ammoniumoxalat zu entfernen. Man stellt den Goochtiegel oder den Porzellanfiltertiegel in ein 400 ccm Becherglas und kocht mit 25 ccm Schwefelsäure (1 : 4) aus. Das Calciumoxalat wird gelöst und die Oxalsäure in der Siedehitze mit $^1/_{50}$-n-Kaliumpermanganatlösung langsam titriert. Es ist zu beachten, daß die restlose Umsetzung des Calciumoxalates in Calciumsulfat und freie Oxalsäure verhältnismäßig träge verläuft. Besitzt man eine Kaliumpermanganatlösung mit bekanntem Eisentiter, so muß man diesen nur mit 0,3589 multiplizieren um den Calciumwert zu erhalten.

Zusätzliche Hinweise. Beim Lösen der Späne in Natronlauge geht immer etwas Calcium in Lösung. Versetzt man, wie dies vielfach vorgeschlagen wird, die Lösung mit Natriumkarbonat, um Calcium zu fällen, so wird nur ein kleiner Teil ausgeschieden. Zu einer quantitativen Abscheidung kommt man jedoch, wenn man statt Natriumkarbonat etwas Natriumoxalat zusetzt. Diese Angaben wurden durch eine längere Versuchsreihe belegt.

Bestimmung von Calcium und Magnesium

Grundsätzliches. Zur Bestimmung des Magnesiums als Magnesiumammoniumphosphat in Anwesenheit von Calcium ist eine vorhergehende Abtrennung des Calciums erforderlich, weil letztes in ammoniakalischer Lösung mit gefällt wird. Die Trennung des Calciums vom Magnesium wird am zweckmäßigsten in essigsaurer Lösung mit Ammonoxalat vorgenommen. Das ausfallende Calciumoxalat ist bei dem geringen Gehalt des Aluminiums an Calcium und Magnesium magnesiumfrei.

Ausführung der Bestimmung. Man löst 10 g der Legierung mit 125 ccm Natronlauge (1 : 3), verdünnt auf etwa 500 ccm und gibt 5 ccm 5%ige Natriumoxalatlösung zur vollständigen Ausfällung des Calciums hinzu. Man kocht kurz auf, läßt 2 Stunden absitzen, filtriert durch ein schnellaufendes Filter und wäscht einige Male mit heißem Wasser aus. Man spritzt den Rückstand vom Filter in das Becherglas zurück und löst die Reste im Filter mit einer Lösung, welche 7 ccm konz. Salzsäure, 5 ccm 3%ige Wasserstoffperoxydlösung und 50 ccm heißes Wasser enthält. Nach dem vollständigen Lösen gibt man 20 ccm 25%ige Ammonchloridlösung zu und fällt mit Bromammoniak in der beschriebenen Seite 48/49 Weise Mangan, Eisen, Titan und Reste des Aluminiums. Die Fällung ist wie angegeben zweimal durchzuführen. Die vereinigten ammoniakalischen Filtrate engt man auf etwa 200 ccm ein, säuert mit Essigsäure an und gibt in die etwa 70° heiße Lösung 15 ccm 5%ige Ammonoxalatlösung. Man kocht kurz auf, läßt mehrere Stunden auf dem Wasserbad stehen und filtriert das ausgeschiedene Calciumoxalat durch einen Porzellansintertiegel ab. Man wäscht einige Male mit heißem Wasser nach, trocknet bei 110° und wägt.

Das Calciumoxalat kann unter Umständen Kieselsäure enthalten. Bei siliciumreichen Legierungen (mehr als 1%) löst man wie angegeben in Natronlauge, löst dann wiederum den ver- Seite 6/47 bliebenen Rückstand in Salzsäure, dampft zur Trockne und röstet auf dem Sandbad. Man nimmt den Rückstand mit 5 ccm Salzsäure und 50 ccm heißem Wasser evtl. unter Zusatz einiger

Tropfen Wasserstoffperoxydlösung auf und filtriert von der ausgeschiedenen Kieselsäure ab. Im übrigen verfährt man wie angegeben. Im Filtrat von der Calciumfällung kann man sofort in Seite 48 der beschriebenen Weise die Magnesiumfällung durchführen.

Natrium-Bestimmung[1] [2]

Grundsätzliches. Der Natriumgehalt von technischen Aluminiumsorten kann einige $^1/_{100}\%$ betragen. Dieser Gehalt wirkt sich in der Richtung einer Festigkeitsverminderung aus. Das Natrium ist ungleichmäßig (nesterweise) im Aluminium verteilt. Die Hauptmenge befindet sich jedoch an der Oberfläche. Bei spektrographischen Prüfungen hat sich gezeigt, daß Natrium meistens zusammen mit Zink und Gallium im Aluminium auftritt d. h., wenn eines dieser Elemente stärker auftritt, erscheinen auch die beiden anderen stärker als üblich.

Zur Bestimmung des Natriumgehaltes sind verschiedene Verfahren vorgeschlagen worden. Allen gemeinsam ist, daß man zunächst eine Anreicherung vornehmen muß. Hier sollen drei Methoden beschrieben werden.

1. Die Bestimmung mit Zinkuranylacetat,
2. Die Bestimmung mit Oxalsäure,
Seite 90 3. Ein Ausschmelzverfahren. Vgl. II. Abschnitt, Reinmetall.

Das Ausschmelzverfahren ist ein rein technisches, titrimetrisches Verfahren, welches nur den Zweck hat, möglichst rasch dem Betrieb die nötigen Angaben zu machen. Trotz der Primitivität des Verfahrens erhält man annähernd richtige Werte. Das Oxalsäureverfahren gibt recht exakte Werte. Es benötigt zwar eine verhältnismäßig lange Zeit zur Ausführung. Die Bestimmungen mit Zinkuranylacetat haben gegenüber der letztgenannten Methode verschiedene Vorteile. Vor allem ist der Zeitbedarf für die Ausführung der Analyse kurz, da man infolge des größeren Umrechnungsfaktors für Natrium von einer verhältnismäßig kleinen Auswaage ausgehen kann. Ein weiterer Vorteil besteht darin, daß die Fällung in Gegenwart aller in Salzsäure löslicher Bestandteile (Verunreinigungen) ausgeführt werden kann. Schließlich hat man noch die Möglichkeit, die gravimetrischen Ergebnisse durch Titration nachzuprüfen. Neuerdings wird statt Zink- Seite 89 uranylacetat auch Magnesiumuranylacetat als Fällungsmittel verwendet. Dies hat jedoch keinen Vorteil gegenüber der Arbeitsweise mit Zinkuranylacetat, so daß auf die Beschreibung dieser Methode hier verzichtet wird.

1. Bestimmung des Natriums mit Zinkuranylacetat

Ausführung der Bestimmung. Die von Barber und Kolthoff[2]) verfeinerte Methode wurde für Aluminium wie folgt abgeändert: 10—20 g Späne werden in Salzsäure gelöst und das Aluminiumchlorid ausgesalzen. Wie schon erwähnt (siehe Vor- Seite 7/9 bemerkungen) muß in diesem Fall die Mutterlauge bis auf 2 ccm eingeengt werden. Man salzt daher aus, bis fast kein Aluminiumchlorid mehr auskristallisiert, und nutscht dieses Restsalz durch einen Glassintertiegel 1 G 3 (Schott u. Gen.) ab. Sind die anfallenden Mengen Aluminiumchlorid kleiner als etwa 10 g, so erübrigt sich auch das nochmalige Umkristallisieren. Statt dessen wäscht man den filtrierten Kristallbrei besonders intensiv mit gekühlter und gesättigter Salzsäure aus.

Die erhaltene Mutterlauge engt man auf etwa 2 ccm ein, nimmt mit 10 ccm heißem Wasser auf und filtriert ausgefallene Kieselsäure durch ein kleines gehärtetes Filter ab. In das Filtrat gibt man 3 ccm konzentrierte Salzsäure und dampft in einem 50 ccm-Gläschen wieder auf etwa 2 ccm ab. Die abgekühlte vollständig klare Lösung wird mit 10 ccm Zinkuranylacetatlösung versetzt, wobei sie sich infolge der Anwesenheit von Eisen von Gelb nach Rot verfärbt. Nach kurzer Zeit entsteht ein feiner gelber Niederschlag, dessen Bildung durch Reiben mit einem Glasstab beschleunigt werden kann. Nach etwa einstündigem Stehen (bei geringeren Fällungen nach 2 Stunden) wird durch einen gewogenen Glassintertiegel 1 G 4 (Schott u. Gen.) abgesaugt. Man spült mit 2 × je 5 ccm des Fällungsmittels die Reste aus dem Bechergläschen heraus. Anschließend werden Becherglas und Filter

mit etwas Alkohol, welcher mit Natriumzinkuranylacetat gesättigt ist, nachgewaschen. Dabei tritt häufig im Filtrat eine Trübung
Seite 35 auf, welche jedoch vernachlässigt werden kann (s. Zusätzl. Hinweise!). Hierauf wird mittels Durchsaugens von Äther getrocknet; der Tiegel wird außen sorgfältig (mit einem Lederlappen) abgewischt und nach etwa 20 Min. gewogen.

Das Molekulargewicht des $NaZn(UO_2)_3 \cdot (CH_3COO)_9 \cdot 6\,H_2O$ ist 1538,1.

Der Umrechnungsfaktor auf Natrium ist 0,01495.

Die für die Bestimmung erforderlichen Lösungen bereitet man sich in folgender Weise:

a) 10 g Uranylacetat $(UO_2)_3 \cdot (CH_3COO)_2 \cdot 2\,H_2O$ löst man in 6 g 30%iger Essigsäure und 65 g Wasser.

b) 30 g Zinkacetat löst man in 3 g 30%iger Essigsäure und 65 g Wasser. Die Lösungen a) und b) gießt man zusammen und filtriert. 10 ccm dieser Lösung fällen ca. 8 mg Natrium aus.

Bei Aluminium oder Aluminiumlegierungen mit höherem Siliciumgehalt (> 1% Si) treten Störungen auf, die eine gravimetrische Bestimmung unmöglich machen können. Beachtet man jedoch folgende Arbeitsweise, so erhält man auch dann eine gute Übereinstimmung in den Natriumwerten.

Man löst 10 g Späne und salzt sie in der angegebenen Weise aus. Die eingeengte Mutterlauge versetzt man mit 2 ccm Schwefelsäure (1 : 1) und raucht die Schwefelsäure in einem 100 ccm Becherglas ab. Der Rückstand wird mit 20 ccm Wasser aufgenommen, einige Zeit gekocht und durch ein kleines schnellaufendes Filter filtriert. Der Niederschlag wird im Platintiegel verascht, mit Wasser angefeuchtet und unter Zusatz von 1 Tropfen Schwefelsäure mit einigen Kubikzentimetern Flußsäure abgeraucht (nicht glühen!). Der Rückstand wird mit Salzsäure und Wasser in Lösung gebracht und mit dem Filtrat vereinigt. Die Lösung wird mit einigen Tropfen konzentrierter Salzsäure versetzt, auf 2 ccm eingeengt und in der beschriebenen Weise gefällt. Beim Auswaschen des Niederschlages mit Alkohol kristallisiert leicht Aluminiumsulfat aus, was zu fehlerhaften Ergebnissen führen kann. Es ist deswegen notwendig, vor dem Waschen mit Alkohol wenigstens 4 mal mit je 3 ccm Fällungsreagens zu waschen.

Zusätzliche Hinweise. Das gebildete Natrium-Zinkuranylacetat ist verhältnismäßig leicht löslich. Wegen dieser Löslichkeit darf nur wenig gewaschen werden, selbst wenn man Fällungsreagens oder auch mit dem Salz gesättigten Alkohol verwendet. Um den Wascheffekt möglichst zu verbessern, soll jedesmal stark abgesaugt werden. Die Trübung, welche beim Nachwaschen auftreten kann, rührt nicht von verloren gegangenem Natrium her, sondern ist auf Übersättigungserscheinungen zurückzuführen. Es kann an dieser Stelle einerseits Aluminiumchlorid und andererseits auch Zinkuranylacetat ausfallen. Die Methode ist von verschiedenen Seiten nachgeprüft worden und hat sich immer gut bewährt.

2. Bestimmung des Natriums nach der Oxalsäure-Methode[1])

Ausführung der Bestimmung. 50—100 g Aluminium werden in Salzsäure gelöst und von der Hauptmenge des Aluminiums abgetrennt, wie es beschrieben ist. Seite 7 Man beendet das Auskristallisieren, wenn das Filtrat nicht mehr als etwa 10 g Aluminiumchlorid (entsprechend etwa 1 g Al) enthält. Die Mutterlauge wird in eine Quarzschale, ca. 200 ccm fassend, gespült und auf dem Wasserbad bis zur Kristallbildung abgedampft. Dann nimmt man mit ca. 50 ccm Wasser auf, gibt 30 g Oxalsäure hinzu und dampft zur Trockene. Unter ständigem Rühren vertreibt man die letzten Flüssigkeitsreste und glüht anschließend die Schale etwa ½ Stunde über einem Bunsenbrenner. Das Natriumchlorid wird durch die Oxalsäure in Na_2CO_3 umgewandelt, das Aluminiumchlorid in Al_2O_3 und die übrigen Chloride in die entsprechenden Oxyde.

Nach dem Erkalten kocht man den Rückstand mit 20—30 ccm Wasser unter ständigem Rühren aus. Den wässerigen Auszug dekantiert man durch ein kleines gehärtetes Filter und wiederholt das Auslaugen der Oxyde noch 3—4 mal. Die vereinigten Auszüge engt man ein, macht schwach ammoniakalisch und gibt einige ccm 10%ige Ammoniumsulfidlösung, sowie je 5 ccm 5%ige Ammonoxalatlösung und 10%ige Ammonkarbonatlösung hinzu. Man erhitzt zum Sieden und läßt 3—4 Stunden absitzen. Dann filtriert man durch ein gehärtetes Filter in eine gewogene Platinschale, wäscht das Filter einige Male mit heißem, Ammonsulfidenthaltendem Wasser aus und verkocht zunächst Ammoniak und Schwefelwasserstoff. Dann säuert man die Lösung mit einigen Tropfen Schwefelsäure an, dampft auf dem Wasserbad möglichst weit ab und trocknet vorsichtig im Trockenschrank bei 130° C. Sind die Ammonsalze trocken, so raucht man sie über dem Bunsenbrenner ab und glüht die Schale vor dem Gebläse, wobei man darauf achtet, daß nur jeweils eine kleine Stelle der Platinschale dunkel rotglühend wird. Das Natrium wird als Natriumsulfat ausgewogen. Wenn auch normalerweise im Natriumsulfat Magnesium und Zink nicht mehr gefunden werden, so ist eine Prüfung auf diese Bestandteile sowie auf Reste von Fe_2O_3 unerläßlich.

Zusätzliche Hinweise. Durch die Oxalsäure werden die vorhandenen Metallchloride in Oxyde überführt und das Natriumchlorid in Natriumkarbonat. Bei örtlicher Überhitzung kann sich jedoch Natriumkarbonat mit den Oxyden umsetzen z. B.unter Bildung von Natriumaluminat. Dadurch können Verluste auftreten; daher darf beim Glühen mit Oxalsäure kein Gebläse angewendet werden. Beim Glühen des Natriumsulfats in der Platinschale sollen 800° nicht überschritten werden, da sonst Verdampfungsverluste auftreten können. Beim Abrauchen der Ammonsalze hat sich ein Quarzoberhitzer bestens bewährt.

Phosphor-Bestimmung[3]) [1])

Grundsätzliches. Der Phosphor liegt im Aluminium in Form von Phosphiden vor. Beim Zersetzen muß der sich bildende Phosphorwasserstoff in irgendeiner Form oxydiert werden, ehe man die Phosphorsäure aus der wässerigen Lösung mit Molybdänsäurelösung fällen kann. Vielfach werden die Späne zu diesem Zweck nur mit verdünnter Salzsäure gelöst und das entstehende Gasgemisch in Bromsalzsäure eingeleitet (Vorschlag von M. Jean). Neben Wasserstoff und Phosphorwasserstoff enthält das Gas noch

Schwefelwasserstoff, evtl. Arsenwasserstoff und vor allen Dingen Siliciumwasserstoff. Während man auf verhältnismäßig einfache Weise den Schwefelwasserstoff aus der Lösung verkochen und das Arsen als Sulfid entfernen kann, kann man die aus dem Siliziumwasserstoff entstehende Kieselsäure nicht so leicht abtrennen. Aus diesem Grunde ist es zweckmäßig, die entstehenden Gase zu verbrennen, die Verbrennungsprodukte durch verdünnte Natronlauge zu leiten, die Kieselsäure durch Abrauchen mit Flußsäure zu entfernen und dann erst die eigentliche Phosphorsäurefällung folgen zu lassen. Arsen ist im allgemeinen im Aluminium nicht vorhanden und Schwefelwasserstoff wird zu SO_2 verbrannt. Daher braucht man bei der Abtrennung auf diese Bestandteile keine Rücksicht zu nehmen.

Apparatur. Die Abbildung gibt die erforderliche Apparatur wieder. Sie besteht aus einer einfachen, mit Alkalilösung gefüllten Gaswaschflasche (Blasenzähler und Wasserstoffreiniger),

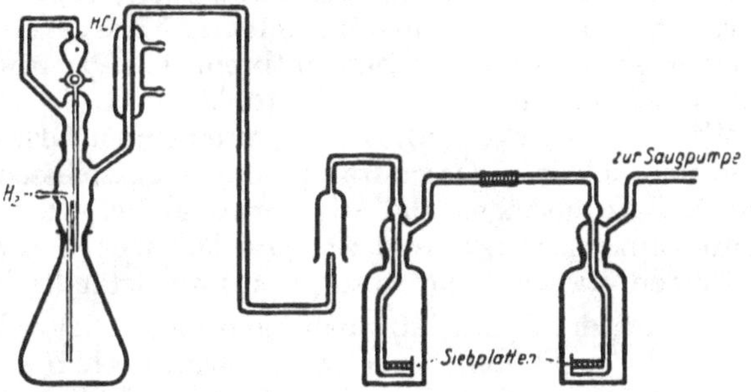

Abb. 3. Apparatur zur Phosphor-Bestimmung

einem Zersetzungskolben, zwei Absorptionsgefäßen und einer Wasserstrahlpumpe. Der Zersetzungskolben ist mit einem Glasschliff verschlossen, durch dessen Kuppel seitlich ein Glasrohr bis auf den Boden des Kolbens zum Einleiten von Wasserstoff führt. Auf der anderen Kuppelseite ist das Gasableitungsrohr eingesetzt. Der aufsteigende Teil des Ableitungsrohres wird von einem Rückflußkühler umschlossen. In der Mitte des Schliffes ist wieder mit einem Schliff ein Tropftrichter aufgesetzt, welcher mit einem Druckausgleichsrohr versehen ist. An die Einsaugrohre beider Absorptionsflaschen sind zur besseren Gasverteilung Glasfritten angesetzt. Um die Verbrennungsgase sicher aufzufangen, ist das Ansaugrohr, in welches die Verbrennungsflamme hineinbrennt, durch einen angesetzten Vorstoß oder einen offenen Glaszylinder erweitert.

Ausführung der Bestimmung. In den Zersetzungskolben wägt man 20—30 g Späne und bedeckt sie eben mit Wasser. Nun verdrängt man die Luft durch Einleiten von Wasserstoff, welcher vorher eine mit verdünnter Natronlauge beschickte Waschflasche durchströmt. Hat man einige Zeit Wasserstoff eingeleitet, so prüft man auf Knallgas, indem man das aus dem Verbrennungsrohr ausströmende Gas in Seifenwasser leitet und die Seifenblasen anzündet. Erst wenn der Kolben frei von Knallgas ist, erhitzt man auf 70—80° C und entzündet den ausströmenden Wasserstoff. Um das Verlöschen (durch Wasserverschluß oder Druckverminderung) zu verhindern, läßt man in unmittelbarer Nähe der Ausströmöffnung ein kleines Gasflämmchen mitbrennen. Die beiden Absorptionsgefäße, die mit je 2 ccm Natronlauge (1 : 3) und etwa 200 ccm Wasser beschickt sind, werden miteinander Glas an Glas verbunden und an eine Wasserstrahlpumpe angeschlossen. Diese soll so rasch Luft ansaugen, daß die Verbrennungsgase restlos in den Vorstoß hineingesaugt werden; man darf jedoch auch nicht zu rasch saugen, da sonst die Absorption unvollständig ist.

Zur Zersetzung der Späne läßt man Salzsäure (1 : 1) so langsam zutropfen, daß das Flämmchen etwa 2—3 cm hoch brennt. Bei beginnendem Lösen erhitzt man ab und zu den Kolben, um eine zu plötzliche Reaktionsbeschleunigung zu vermeiden. Nach beendeter Zersetzung leitet man noch ½ Stunde Wasserstoff durch die Apparatur, wobei die Lösung selbst schwach kochen soll.

Die phosphorsäurehaltige Lösung gibt man in ein Becherglas, säuert mit 4 ccm Schwefelsäure (1 : 1) an und engt ein. Der Vorstoß enthält immer einen weißen Belag von SiO_2 und P_2O_5. Die Kieselsäure hält jedoch die Phosphorsäure so hartnäckig fest, daß letzte nicht mit Wasser oder Salpetersäure herausgelöst werden kann. Daher ist man gezwungen, den Vorstoß mit einer sehr verdünnten Flußsäure (ca. 50 ccm 3%ig, entsprechend etwa 8 g 40%iger Flußsäure, verdünnt auf 50 ccm) dreimal auszuspülen. Auch die Absorptionsgefäße müssen mit verdünnter Flußsäure durchspült werden*).

Der Angriff auf die Glasgefäße selbst ist dabei jedoch außerordentlich gering. In einem Blindversuch muß der Phorphorgehalt der Flußsäure sowie der Chemikalien ermittelt werden. Deshalb ist es auch erforderlich, die Menge der verwendeten Flußsäure durch Wägen (8 g) genau festzuhalten. Die Flußsäure gießt man in eine Platinschale, gibt die eingeengte Absorptionslösung hinzu und dampft ab. Dann vertreibt man die überschüssige Schwefelsäure durch vorsichtiges Erhitzen; es ist Rotglut zu vermeiden, weil sonst Verluste an Phosphorsäure auftreten können. Nach dem Erkalten löst man den Rückstand mit wenig heißem Wasser und 2 ccm Salpetersäure (1 : 1) und spült in ein 100 ccm Bechergläschen über. In die Lösung, deren Volumen nicht mehr als 50 ccm betragen soll, gibt man 10 ccm konz. Salpetersäure und 10 g Ammoniumnitrat. Nun erwärmt man auf höchstens 65° C und fällt mit 25 ccm Ammonmolybdatlösung; durch Reiben mit einem Glasstab wird die Fällung beschleunigt. Nach 12-stündigem Stehen filtriert man durch ein kleines schnellaufendes Filter, welches mit Filterschleim beschickt ist, und wäscht den Filterinhalt mit einer heißen Lösung, welche 20 ccm konz. Salpetersäure und 25 g Ammoniumnitrat auf 500 ccm Wasser enthält. Das Phosphorammoniummolybdat löst man mit 2-4 ccm Ammoniak (1 : 1) in einen gewogenen Porzellantiegel hinein und dampft auf dem Wasserbad zur Trockene. Durch gelindes Erwärmen über einer kleinen Gasflamme verflüchtigt man die Ammonsalze. Man kann den Phosphor als gelbes Phosphorammonmolybdat $(NH_4)_3PO_4 \cdot 12\,MoO_3$ (f = 0,01639) oder als blaues Phosphormolybdat $P_2O_5 \cdot 24\,MoO_3$ (f = 0,01724) zur Wägung bringen.

Herstellung der Ammoniummolybdatlösung. Die für diese Art der Fällung benutzte Ammoniummolybdatlösung wird zweck-

*) Wegen der oft bösartigen Geschwüre, welche beim Verätzen der Haut mit Flußsäure auftreten können, ist die Verwendung von Gummihandschuhen an dieser Stelle zweckmäßig.

mäßig „gehärtet", dies geschieht in folgender Weise: 150 g Ammonmolybdat, $(NH_4)_6 \cdot Mo_7O_{24} \cdot H_2O$, werden in 750 ccm Wasser gelöst und filtriert. Darauf gibt man noch 250 ccm Wasser hinzu und läßt die kalte Lösung langsam unter kräftigem Schütteln in einen Rundkolben einfließen, welcher mit 1000 ccm Salpetersäure (3 : 7) beschickt ist. Dabei soll keine Ausflockung (möglichst auch nicht vorübergehend) von Molybdänsäure auftreten. Im Laufe von 2 Tagen erhitzt man die Lösung, langsam steigend auf 80° C. Nachdem man von der ausgeschiedenen Molybdänsäure (etwa $^2/_5$ der Ausgangsmenge) abfiltriert hat, ist die Lösung gebrauchsfertig.

Man kann die Fällung und Bestimmung des Phosphors auch nach Woy oder Eggertz-Finkener[1]) ausführen; diese Fällungsart ist jedoch so bekannt, daß sie hier nicht näher beschrieben werden soll.

Zusätzliche Hinweise. Jede Ammoniummolybdatlösung hat die Eigenschaft, bei längerem Stehen Molybdänsäure abzusetzen. Dies tritt besonders leicht ein, wenn die Lösung erwärmt wird. Unter diesen Umständen kann bei der Analyse neben dem Phosphormolybdat eine unerwünschte Ausscheidung von Molybdänsäure auftreten, welche nicht mehr abzutrennen ist. Durch die hier beschriebene „Härtung", d. h. ein Widerstandsfähigmachen gegen höhere Temperaturen, wird diese Fehlermöglichkeit vermieden.

Viele Sorten Hahnfett enthalten Phosphate, deshalb darf man die Schliffe der Apparatur nur an den oberen Hälften sehr schwach zum Dichten fetten.

Durch zu starkes Abrauchen der Analysenlösung mit Flußsäure in der Platinschale können Verluste auftreten; die überschüssige Flußsäure darf also nur sehr vorsichtig entfernt werden.

Bei der Zersetzung der Späne kann durch zu kräftiges Lösen der Gasstrom zu stark werden. Es ist deshalb beim Zersetzen darauf zu achten, daß die Geschwindigkeit des Lösevorganges mit der geforderten Größe der Flamme in Einklang gebracht wird.

Schwefel-Bestimmung [4]) [11])

Grundsätzliches. Der Schwefel kommt im Aluminium in Form von Sulfiden vor. Zur Ausführung der Bestimmung löst man Aluminium in Salzsäure, leitet den gebildeten Schwefelwasserstoff in eine essigsaure Lösung, welche Cadmium- und Zinkacetat enthält, setzt das gebildete Sulfid mit Kupfersulfatlösung zu Cuprisulfid um, überführt dieses durch Verglühen in Cuprioxyd und wägt. Besser aber filtriert man das sich bildende Cadmiumsulfid ab und ermittelt den Schwefelgehalt jodometrisch.

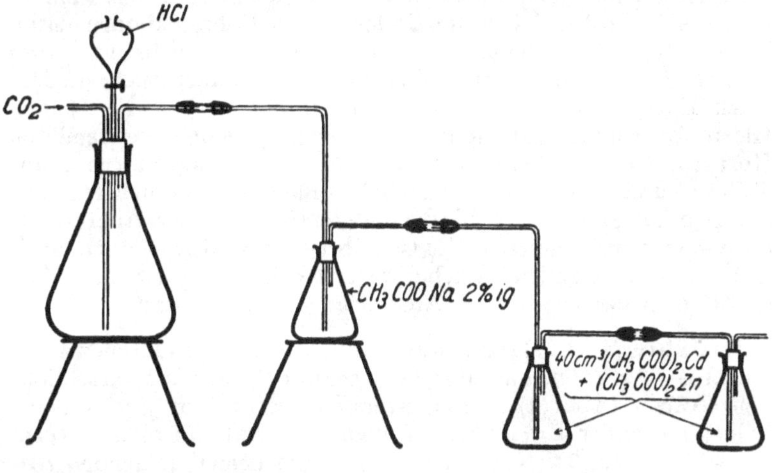

Abb. 4. Apparatur zur Schwefel-Bestimmung

Apparatur. Zur Ausführung der Analyse benötigt man einen Kohlensäure-Entwickler und einen etwa 1 Ltr. fassenden Rundkolben, dessen Hals mit einem dreifach durchbohrten Korkstopfen verschlossen ist. Durch die eine Bohrung führt man einen Tropftrichter und durch die zweite ein gebogenes, bis auf den Kolbenboden reichendes Glasrohr, durch welches die Kohlensäure eingeleitet wird. Ein zweites gebogenes Rohr, welches kurz unter dem Stopfen endet, dient zum Ableiten des entwickelten Gases. An dieses Rohr wird der mit Waschflüssigkeit beschickte Erlenmeyer-Kolben angeschlossen und an diesen wieder zwei mit der Fällungslösung versehene Kolben. Die Absorption erfolgt meistens restlos im ersten Kolben, der zweite dient nur zur Sicherung. Die Kolben sind mit zweifach durchbohrten Korkstopfen verschlossen. Die Einleitungsrohre reichen jeweils bis zum Boden.

Da die gebräuchlichen Gummischläuche vulkanisiert sind (d. h. bei starkem Angriff durch Säuren Schwefel abgeben können), dürfen die einzelnen Rohre bzw. Gefäße nicht mit Gummi verbunden oder mit Gummi verschlossen werden. Man schiebt daher über die aneinander stoßenden Rohrenden ein etwa 5 cm langes weiteres Glasrohr. Über die Enden dieses Rohres können dann, ohne Fehlresultate befürchten zu müssen, Schlauchstücke zum Abdichten gezogen werden. Wenn man die Schlauchstücke an dem einen Ende umschlägt, so schließen sie auch gegen die dünnen Glasrohre genügend dicht ab. Die im allgemeinen verwendeten Korkstopfen kann man durch eine Masse, welche man sich aus Talkum und Wasserglas herstellt, vollkommen abdichten. Die Masse erhärtet so rasch, daß eine Verzögerung der Analyse im allgemeinen nicht eintritt. Es ist selbstverständlich möglich, auch Gefäße zu verwenden, welche statt der Korkstopfen mit Glasschliffen in entsprechender Ausführung versehen sind.

Ausführung der Bestimmung[4]) [11]). In den Rundkolben wägt man 10—20 g Späne ein, überdeckt sie mit Wasser und verschließt den Kolben (Abb. 4). In den ersten hinter dem Zersetzungskolben stehenden Erlenmeyer-Kolben (500 ccm) gibt man 100 ccm Wasser und ca. 3 g Natriumacetat, in die beiden folgenden Absorptionskolben je 40 ccm Kadmium-Zinkacetatlösung. Die Fällungslösung stellt man sich in der Weise her, daß man 20 g Zinkacetat, 5 g Cadmiumacetat und 250 ccm Eisessig in einen Literkolben gibt und zur Marke auffüllt.

Nun leitet man einen langsamen Strom von Kohlensäure durch die Apparatur und läßt langsam, zunächst konzentrierte, später verdünnte Salzsäure zutropfen. Der Gasstrom wird durch die

Waschflüssigkeit von mitgerissener Säure gereinigt und der erhaltene Schwefelwasserstoff im nächsten Kolben gefällt. Sind die Späne gelöst, so erhitzt man den Inhalt des Zersetzungskolbens zum Sieden und im Anschluß daran den zweiten Kolben, welcher die Waschflüssigkeit enthält, ebenfalls. Auf diese Weise werden die letzten Reste an Schwefelwasserstoff aus den Lösungen ausgetrieben.

In die Vorlage mit Cadmiumsulfid gibt man anschließend 5 ccm Kupfersulfatlösung (12 g kristallisiertes Kupfersulfat, 12 ccm konzentrierte Schwefelsäure mit Wasser auf 10 ccm aufgefüllt) und setzt in gelinder Wärme das Cadmiumsulfid zu Kupfersulfid um, filtriert die geklärte Lösung, wäscht mit warmem Wasser gut aus und verascht Filter mit Niederschlag feucht. Jetzt wird mit aufgelegtem Deckel einige Minuten möglichst stark geglüht und das Cuprioxyd zur Wägung gebracht.

Besser geht man nach der Sulfidfällung titrimetrisch vor. Man filtriert den Cadmiumsulfidniederschlag durch ein kleines Filter und wäscht nochmals mit verdünntem Ammoniak aus. An der Wandung des Einleiterohres haftet meist etwas gelbes Sulfid. Mit einem kleinen Stück Filterpapier wischt man dieses ab und gibt es zum Niederschlag in das Filter. Das Filter selbst bringt man in ein kleines Becherglas, gibt 10 ccm $^1/_{50}$-n-Jodlösung hinzu, dann 10 ccm 2-n-Salzsäure, schüttelt einige Minuten gut um und titriert nach Zugabe von einigen Tropfen Stärkelösung mit $^1/_{50}$-n-Thiosulfatlösung auf farblos.

Aus der Menge der verbrauchten Jodlösung errechnet sich der Schwefelgehalt. 1 ccm $^1/_{50}$-n-Jodlösung entspricht 0,321 mg S.

Silicium-Bestimmung [5]) [6]) [7]) [11])

Grundsätzliches. Im Aluminium kann Silicium nach der Methode der A l u m i n i u m f a b r i k N e u h a u s e n, nach „O t i s - H a n d y“ und nach „R e g e l s b e r g e r“ bestimmt werden. Beim sauren Lösen (Schwefelsäure), wie es nach der Methode Neuhausen durchgeführt wird, besteht immer die Gefahr, daß Silicium-Wasserstoff entwickelt wird und damit Silicium der Bestimmung verlorengeht. Diese Gefahr ist besonders groß, wenn das Aluminium das Silicium in Form von Siliciden enthält. Selbst in 99,8%igem Hüttenaluminium ist ein Teil des Siliciums noch als Silicid enthalten. Der Anteil an Silicid steigt einmal mit Zunahme des Siliciumgehaltes und zweitens mit der Zunahme der übrigen Verunreinigungen. In diesem Zusammenhang ist ein Gehalt der Probe an Magnesium besonders gefährlich. Selbst bei Zusatz von Salpetersäure zum Säuregemisch, wie ihn Otis-Handy vorschreiben, ist dieser Verlust bei höheren Siliciumgehalten nicht völlig ausgeschaltet, besonders dann nicht, wenn das Aluminium Magnesium enthält. Bei größeren Mengen Silicium (über 0,5%) wird außerdem das Silicium, soweit es in Form des sogenannten graphitischen Siliciums vorliegt, nicht quantitativ in SiO_2 übergeführt. Das Gemisch von SiO_2 und Si enthält ferner immer Fe_2O_3 und Al_2O_3. Aus diesen Gründen schließt man nach Otis-Handy das veraschte Filter mit Natriumkarbonat auf, wobei das gesamte noch vorhandene Silicium in SiO_2 übergeführt wird, und scheidet die Kieselsäure nochmals in bekannter Weise ab.

Schließt man jedoch von vornherein nach Regelsberger auf, so vermeidet man einerseits Verluste an Silicium-Wasserstoff und andererseits die unvollständige Oxydation des graphitischen Siliciums. Die Regelsberger-Methode benötigt im allgemeinen mehr Zeit zur Durchführung als die Methode nach Otis-Handy, besonders wenn man letzte abkürzt d. h. sich den Aufschluß des Glührückstandes und das Abrauchen des Filtrates spart und sie nur bis zu Höchstgehalten von 0,7% Silicium verwendet. In Zweifelsfällen ist jedoch die Regelsberger-Methode (besonders auch bei Legierungen) die sicherste.

Zum Abrauchen von Kieselsäure mit Flußsäure ist zu bemerken, daß dann, wenn größere Mengen Aluminiumoxyd vorliegen und neben der Flußsäure sehr wenig Schwefelsäure zugesetzt wird, Verluste an Aluminiumfluorid auftreten können, wobei man wohl an flüchtige saure Fluoride denken muß. Im allgemeinen ist der Schwefelsäureüberschuß hinreichend groß. Wenn jedoch z. B. Legierungen mit 35% Silicium oder noch höherem Prozentgehalt untersucht werden sollen, kann sich dieser Fehler schon bemerkbar machen. Ein Schwefelsäurezusatz, welcher gewichtsmäßig das Mehrfache der vorhandenen Aluminiumoxydmenge beträgt, verhindert einwandfrei die Verflüchtigung.

1. Methode Neuhausen (Betriebsmethode) [11]

Anwendungsbereich. Die sogenannte Neuhausener Methode stellt eine ausgesprochene Betriebsmethode dar, welche für Siliciumgehalte zwischen 0,2—2% brauchbar ist.

Ausführung der Bestimmung. 2 g Bohrspäne werden in einem 500 ccm Erlenmeyer-Kolben mit 75 ccm Schwefelsäure (s = 1,6) übergossen und durch schwaches Kochen am Rückflußkühler gelöst. Sind die Späne zu grob, so daß der Lösungsvorgang zu lange dauert, so scheidet sich leicht Aluminiumsulfat ab, welches die Späne umhüllt und ihre völlige Auflösung verhindert. Um dies zu vermeiden, ist auf feines Probematerial zu achten.

Ist das Metall gelöst, läßt man einige Minuten abkühlen, verdünnt mit kaltem Wasser auf 200—300 ccm und erwärmt dann nochmals auf etwa 70° C. Die ausgeschiedene Kieselsäure wird durch ein schnellaufendes Filter filtriert, mit heißem Wasser gut (bis zu 10 mal) ausgewaschen und im gewogenen Porzellantiegel verascht, geglüht und gewogen. Die zur Wägung gelangende Kieselsäure soll möglichst wenig Fe_2O_3 und Al_2O_3 enthalten; weiße Flocken oder Spitzen, welche nach dem Veraschen im Rückstand auftreten können, deuten immer auf Anwesenheit von Aluminiumoxyd und damit auf ungenügendes Auswaschen hin.

Zusätzliche Hinweise. Bei dieser Methode treten immer Verluste auf, da man im Interesse einer raschen Durchführung der Bestimmung durch schnellaufende Filter filtriert. Die Verluste können bei einem Gesamtgehalt von z. B. 0,4% Si $^2/_{100}$—$^3/_{100}$% (= 1 — 2 mg SiO_2 Auswaage) betragen. Da man jedoch das Filter nach dem Auswaschen nur verascht und nicht mehr mit Flußsäure abraucht, so wägt man immer etwas Fe_2O_3 und Al_2O_3 mit aus. Es ist nämlich nicht möglich, Kieselsäure so auszuwaschen, daß sie keine Fremdsalze mehr enthält. Die beiden erwähnten Fehler gleichen sich im allgemeinen so weitgehend aus, daß man trotzdem normalerweise die gleichen Ergebnisse erhält wie bei der Verwendung genauerer Methoden.

2. Methode Otis-Handy[5])[6])

Anwendungsbereich. Die Methode nach Otis-Handy gibt bei Siliciumgehalten von 0,1—0,7% Si sehr genaue Werte, welche sich im allgemeinen nicht von den Werten unterscheiden, die man nach Regelsberger erhält.

Ausführung der Bestimmung. 2 g Späne löst man im bedeckten Philippsbecher (500 ccm) mit 45 ccm Mischsäure (700 ccm H_2SO_4 (1 : 1) und 300 ccm HNO_3 konz.) und 20 ccm konz. Salzsäure (portionsweise). Während der Zersetzung sollen ständig braune Dämpfe von Stickoxyden über der Flüssigkeit stehen, um Siliciumwasserstoffe zu SiO_2 zu oxydieren. Nach beendigtem Lösen dampft man auf dem Sandbad ab, bis schwache SO_3-Dämpfe auftreten, läßt unter Umschwenken fest werden und ½ Stunde kräftig rauchen. Der erkaltete Sulfatbrei wird mit ca. 250 ccm Wasser (warm) aufgenommen; man erhitzt, bis das Aluminiumsulfat gelöst ist und filtriert dann durch ein gehärtetes Filter oder durch ein schnellaufendes Weißbandfilter mit Filterschleim. Das Filter wäscht man etwa 10mal mit kochend heißem Wasser aus, verascht es und glüht im Platintiegel, raucht nach dem Wägen mit Flußsäure und 1 Tropfen Schwefelsäure ab, glüht und wägt nochmals. Die Gewichtsdifferenz zwischen der ersten und zweiten Wägung ergibt die Kieselsäure.

Der vor dem Abrauchen mit Flußsäure im Platintiegel erhaltene Glührückstand kann dunkelbraun bis schwarz aussehen, wenn er graphitisches Silicium enthält. In diesem Falle schmilzt man den Glührückstand mit 1 g Natriumkaliumkarbonat, löst den Schmelzkuchen in wenig Wasser, gibt das ganze in ein Bechergläschen, schwenkt den Platintiegel mit 5 ccm Schwefelsäure (1 : 1) aus, gibt die Säure in das Bechergläschen und raucht ab. Man verfährt weiter wie schon angegeben. Das Filtrat von der ersten Kieselsäurefällung wird nochmals eingedampft, um die letzten Reste an Kieselsäure auszufällen. Meistens handelt es sich nur um Mengen zwischen 1 und 2 mg SiO_2. Man verfährt im übrigen, was das Auswaschen
Seite 35 und die folgenden Operationen anbetrifft, wie unter 1. angegeben.

Zusätzliche Hinweise. Um die Kieselsäure unlöslich zu machen, wird im Sandbad oder auf einer Heizplatte abgeraucht. Von der Art des Abrauchens hängt es ab, ob man die Kieselsäure vollständig abscheiden kann. Hat das Sandbad nicht die genügende Temperatur und raucht die Masse vielleicht nur schwach eine halbe Stunde, so wird die Kieselsäure nicht völlig unlöslich. Aus diesem Grunde wird vorsichtshalber bei exakter Ausführung der Analyse noch ein zweites Mal nachgeraucht.

Bei technischen Analysen wird häufig eine sog. abgekürzte Methode nach Otis-Handy verwendet. In diesem Fall wird nur einmal mit Schwefelsäure abgeraucht und die Kieselsäure, welche etwas Fe_2O_3 und Al_2O_3 enthält, direkt ausgewogen. Die Zeitersparnis bei dieser Abkürzung ist bedeutend.

3. Methode nach Regelsberger[7])

Anwendungsbereich. Die Methode nach Regelsberger hat allen anderen Verfahren gegenüber den Vorteil, daß man nie mit dem Verlust von Silicium durch Entweichen von Silicium-Wasserstoffen zu rechnen hat. Die Methode kann deshalb bis zu den höchsten Gehalten an Silicium angewendet werden. Bei übereutektischen Legierungen (über 13% Si) ist ein unvollkommener Aufschluß möglich. In diesem Falle kann die im Abschnitt „Legierungen" angeführte abgeänderte Methode nach Fuchshuber verwendet werden. Seite 55

Ausführung der Bestimmung. Je nach dem Siliciumgehalt wägt man 1—3 g Späne in eine Nickelschale und gibt 3,5—10 g Ätznatron (in Plätzchen) zu. Bei Proben mit mehr als 5% Silicium nimmt man die etwa 6-fache Menge Ätznatron, auf die Einwaage bezogen. In die bedeckte Schale spritzt man nach und nach ca. 50 ccm Wasser und kocht unter Ergänzen des Wassers etwa 10 Minuten. Bei mehr als 5% Silicium benötigt man zum vollständigen Aufschluß etwa 1 Stunde Kochzeit. Man läßt kurz abkühlen und spült in ein 600 ccm Becherglas, in welches man 18—39 ccm Schwefelsäure (1: 1), je nach der Einwaage, vorgelegt hat. Bei 1 g Einwaage und Verwendung der 6-fachen Menge Ätznatron benötigt man 30 ccm Schwefelsäure (1: 1). Die noch vorhandenen Reste löst man aus dem Tiegel mit etwas Schwefelsäure (1 : 1) heraus und wischt mit einem Gummiwischer nach. Nachdem man zur Trockene abgeraucht hat (wenn die Masse fest wird, gibt sie praktisch kein SO_3 mehr ab!), nimmt man mit ca. 300 ccm warmem Wasser auf, filtriert die ausgeschiedene Kieselsäure (bei größeren SiO_2-Mengen durch ein schnellaufendes Filter, sonst durch ein gehärtetes Filter) und dampft das Filtrat nochmals zur Trockene ein. Man nimmt wieder mit Wasser auf, filtriert durch ein gehärtetes Filter, verascht beide Filter gemeinsam im Platintiegel, wägt, raucht mit Flußsäure, der zwei Tropfen Schwefelsäure zugesetzt sind, ab; glüht wieder und wägt. Die Differenz ergibt den Kieselsäuregehalt.

Zusätzliche Hinweise. Zu berücksichtigen ist, daß bei Anwesenheit von Kupfer, Mangan und sonstigen Schwermetallen nach dem Ansäuern mit Schwefelsäure einige Kubikzentimeter Salpetersäure (1 : 1) und 1 ccm 3%ige Wasserstoffperoxydlösung zum Lösen der metallischen Anteile zugesetzt werden. Beim Aufnehmen mit heißem Wasser findet sich unter diesen Umständen manchmal Braunstein in den Kieselsäureflocken. Um diesen in Lösung zu bringen, setzt man nochmal einige Kubikzentimeter Salpetersäure (1 : 1) und Wasserstoffperoxyd hinzu.

b) Untersuchung von Aluminiumlegierungen

Aluminium-Bestimmung

Grundsätzliches. Das Aluminium wird im allgemeinen nur als Rest ermittelt, d. h. man bestimmt die Verunreinigungen, soweit sie in jedem einzelnen Falle von Bedeutung sind. Die Frage nach einer direkten Bestimmungsmethode für Aluminium hat in der Hauptsache nur Bedeutung bei Erzen (Bauxiten, Tonen, Gesteinen u. ähnl.), bei welchen der Aluminiumoxydgehalt zwischen 20 und 60% schwankt. Bei Vielstofflegierungen jedoch und bei Abfallegierungen ist häufig eine Methode erwünscht, mit welcher es möglich ist, den Aluminiumgehalt zu ermitteln, ohne eine Vollanalyse ausführen zu müssen.

Für eine direkte Bestimmung sind zwei Methoden möglich:

1. die Bestimmung des Aluminiums als Phosphat und
2. die Bestimmung des Aluminiums als Oxychinolat.

Es sei jedoch von vornherein darauf hingewiesen, daß beide Methoden nur technische Genauigkeiten zulassen, also schärfsten Anforderungen nicht genügen. Wie groß die Genauigkeit im Einzelfall ist, hängt wesentlich von der Menge des vorhandenen Aluminiums einerseits und der Art und der Zahl der vorhandenen sonstigen Bestandteile andererseits ab. Hier ist auf die gleichzeitige Anwesenheit von folgenden Legierungsbestandteilen Rücksicht genommen worden: Si, Fe, Cu, Mn, Mg, Pb, Cd, Bi, Sn, Sb, Ti, Cr, Zn, Ni und Co.

Bei der Bestimmung des Aluminiums als Phosphat wird an sich Titan mitgefällt, da eine Abtrennung des Titans eine wesentliche Komplizierung der Methode bedeutete. Wenn man jedoch berücksichtigt, daß bei dem Verfahren der Aluminiumanteil, welcher in der Kieselsäure hängen bleibt, nicht erfaßt wird und der Titangehalt meistens nicht über 0,1 oder 0,2% liegt, so kann man auf eine besondere Abtrennung des Titans verzichten. Die Genauigkeit der Methode liegt bei etwa 0,5%, wenn ca. 90% Aluminium vorhanden sind. Es würde also der Fehler, der durch die Mitfällung des Titans verursacht wird, weit unterhalb der Fehlergrenze liegen.

Bei der Bestimmung des Aluminiums als Oxychinolat werden fast alle Legierungsbestandteile mit Schwefelwasserstoff entfernt. Auch in diesem Fall ist mit einem geringen Verlust an Aluminium in den einzelnen Rückständen zu rechnen, er dürfte sich erst dann in größerem Umfange auswirken, wenn der Siliciumgehalt sehr hoch liegt.

1. Bestimmung des Aluminiums als Phosphat [10] [75]

Ausführung der Bestimmung. Man löst 1 g Späne in 25 ccm Seite 36 Mischsäure nach Otis-Handy und raucht ab. Den Rückstand löst man in heißem Wasser, verdünnt auf etwa 500 ccm und leitet in die etwa 70° C heiße Lösung ½ Stunde lang Schwefelwasserstoff ein. Nach kurzem Absitzen nutscht man durch einen mit schnellaufendem Filter belegten Saugtrichter ab und wäscht einige Male mit schwefelwasserstoffenthaltendem Wasser aus. Man verkocht den Schwefelwasserstoff, zuletzt unter Zusatz von 2 ccm 3%iger Wasserstoffperoxydlösung. Nach dem Abkühlen gibt man die Lösung in einen 500 ccm-Meßkolben und füllt zur Marke auf. Man gibt 25 ccm in ein 600 ccm-Becherglas, neutralisiert mit Ammoniak (1 : 1) gegen Methylrot als Indikator, setzt 4 ccm konz. Salzsäure zu, verdünnt auf etwa 400 ccm und kocht auf. Nun versetzt man mit 20 ccm 25%iger Ammoniumthiosulfatlösung, gibt 10 ccm Eisessig und 10 ccm 10%ige Ammoniumphosphatlösung hinzu und erhitzt wieder ¼ Stunde lang zum Sieden. Man läßt absitzen und filtriert durch ein schnellaufendes Filter, wäscht 6—7 mal mit heißem Wasser aus und trocknet den Rückstand zunächst in einem Porzellantiegel bei 105° C. Anschließend wird vorsichtig verascht bis der gesamte Kohlenstoff verbrannt ist und dann bei 1200—1300° C bis zur Gewichtskonstanz geglüht.

Zusätzliche Hinweise. Beträgt der Siliciumgehalt mehr als 1%, so ist es erforderlich, das Gemisch von Kieselsäure und Silicium für sich abzufiltrieren, mit Flußsäure und Salpetersäure abzurauchen, den Rückstand mit Bisulfat aufzuschließen und nach dem Lösen in Wasser zu der Analysenlösung hinzuzugeben. Würde man dies nicht machen, so wäre der Verlust an Al_2O_3 zu hoch. Die Fällung als Phosphat soll bei einem p_H-Wert zwischen 3 und 3,6 erfolgen. Schwankungen im Salzsäuregehalt und auch im Essigsäuregehalt um einige Kubikzentimeter bewirken meistens keine übermäßige Verschiebung des p_H-Wertes, da die Lösung stark gepuffert ist. Der Zusatz des Thiosulfates erfolgt einmal, um Eisen und Mangan zu reduzieren und andererseits, um mit Hilfe des abgeschiedenen Schwefels den Phosphatniederschlag aufzulockern. Dadurch wird ein gut filtrierbarer Niederschlag erhalten, welcher sich gut auswaschen läßt und keinen Überschuß an Phosphorsäure enthält. Außerdem läßt der Niederschlag sich dann leicht verglühen.

An sich ist die Fällung auch in derselben Weise durch Einleiten von SO_2 möglich, doch erfolgt dann keine Schwefelabscheidung, und die Filtration und Veraschung machen etwas größere Schwierigkeiten.

Beträgt der Eisengehalt ein Mehrfaches des Aluminiumgehaltes, so fällt auch Eisen mit aus. In diesem Falle muß der Niederschlag noch einmal in Säure gelöst und die Fällung wiederholt werden.

2. Bestimmung des Aluminiums als Oxychinolat

Man löst 1 g Späne in 25 ccm Mischsäure nach Otis-Handy Seite 36 und raucht ab, löst den Rückstand in heißem Wasser, verdünnt auf etwa 500 ccm und leitet in die etwa 70° C heiße Lösung ½ Stunde lang Schwefelwasserstoff ein. Nach kurzem Absitzen nutscht man durch eine mit Asbest präparierte Nutsche (ca. 50 mm ∅) ab und wäscht einige Male mit schwefelwasserstoffenthaltendem Wasser aus. Man gibt die Lösung in einen 500-ccm-Kolben und entnimmt zur Bestimmung 10 ccm. Man verdünnt auf 200 ccm, versetzt mit 20 ccm 10%iger Weinsäurelösung, macht mit Ammoniak (1 : 1) ammoniakalisch, gibt 10 ccm Ammoniak im Überschuß hinzu, kocht auf und gibt 10 ccm 10%ige Ammoniumsulfidlösung hinzu. Man kocht noch einmal auf und läßt in der Wärme absitzen. Der Rückstand wird durch ein schnellaufendes

Filter filtriert und mehrere Male mit Ammoniumsulfid und Ammoniak enthaltendem Wasser ausgewaschen. Man verkocht den Schwefelwasserstoff, filtriert, wenn nötig, vom ausfallenden Schwefel ab, gibt 2 ccm Salzsäure (1 : 1) hinzu und 20 ccm einer 2%igen alkoholischen Oxinlösung, macht gegen Lackmus schwach ammoniakalisch, läßt aufkochen und filtriert durch einen gewogenen Glassintertiegel. Man wäscht mit heißem Wasser gut aus (ca. 10 mal), um den Überschuß des Fällungsmittels zu entfernen, und trocknet bei 110° C. Der Umrechnungsfaktor ist 0,0587.

Zusätzliche Hinweise. Die Schwefelwasserstoff-Fällung wird zuerst in saurer Lösung und anschließend in ammoniakalischer Lösung ausgeführt. Die Abscheidung aus saurer Lösung ist wegen des vorhandenen Zinns und Antimons erforderlich. Fehlen diese, so können die beiden Schwefelwasserstoff-Fällungen zusammengefaßt werden. Diese Art der Abtrennung ist nur möglich, wenn der Siliciumgehalt unter 1% liegt. Bei höheren Gehalten empfiehlt es sich, wie bei der Phosphatmethode schon angegeben, die Kieselsäure gesondert zu filtrieren und mit Flußsäure abzurauchen. Wenn es auf genauere Bestimmung ankommt, empfiehlt es sich, den in ammoniakalischer Lösung erhaltenen Sulfidniederschlag mit Salzsäure und Wasserstoffperoxyd (7 ccm konz. Salzsäure, 5 ccm 3%ige Wasserstoffperoxydlösung und 50 ccm heißes Wasser) zu lösen und die Sulfidfällung zu wiederholen, da der Niederschlag immer kleine Mengen Aluminiumhydroxyd einschließt.

Antimon-Bestimmung [III]) [IV])

Grundsätzliches. Das Antimon wird mit Schwefelwasserstoff als Antimon-Sulfid gefällt und als Sb_2S_3 gewogen. Es ist zu beachten, daß Zinn und Arsen unter den gleichen Bedingungen mit gefällt werden und daher die Methode dann in dieser Fassung nicht brauchbar ist. Da aber die wenigsten Aluminiumlegierungen diese drei Metalle nebeneinander enthalten, ist die Methode normalerweise doch verwendbar.

Ausführung der Bestimmung. Man löst 2 g der Legierung mit 40 ccm Salzsäure (1 : 1). Nachdem die Hauptreaktion vorüber ist, setzt man 2 g Kaliumchlorat zu, um den ausgeschiedenen Metallschwamm zu lösen; das dabei freiwerdende Chlor wird durch Verkochen entfernt (Prüfen mit Jodkaliumstärkepapier). Man verdünnt die Lösung mit heißem Wasser auf etwa 300 ccm, leitet ½ Stunde Schwefelwasserstoff ein, filtriert durch eine mit Asbest präparierte Nutsche (Goochtiegel) und wäscht 3—4 mal mit schwefelwasserstoffhaltigem Wasser aus.

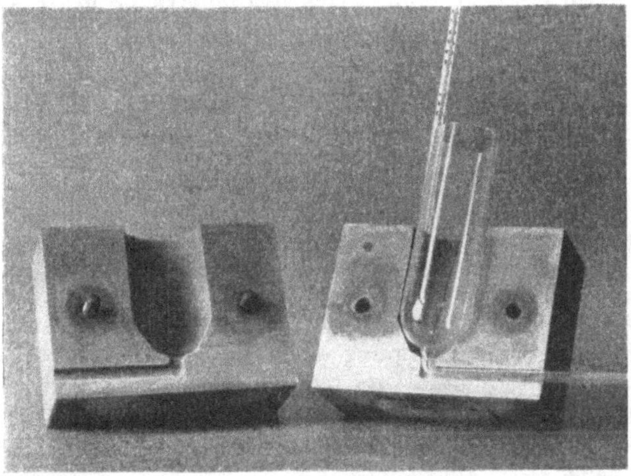

Abb. 5. Apparatur zum Glühen von Antimonsulfid

Nach dem Entfernen des Filtrates saugt man langsam in kleinen Mengen etwa 50 ccm einer 2%igen farblosen Ammoniumsulfid-Lösung hindurch, um das Antimon als sulfosaures Salz in Lösung zu bringen. Man säuert den Auszug im bedeckten Becherglas mit Salzsäure (1 : 1) gerade an (Lackmuspapier) und filtriert das Sulfid durch einen gewogenen Porzellanfiltertiegel. Man wäscht mit 2%iger Essigsäure, die mit Schwefelwasserstoff gesättigt ist, trocknet den Tiegel zunächst bei 100° vor und erhitzt dann bei 280—300° C in einem Aluminiumblock (Abb. 5) oder Asbest-Ofen. Während des Erhitzens leitet man einen sauerstoffreien Strom von Kohlendioxyd hindurch. Nach Beendigung des Erhitzens kühlt man auf wenigstens 150° C ab, um eine Zersetzung des Antimon-Sulfids zu verhindern und gibt den Tiegel in einen Exsikkator. Die Gewichtszunahme ergibt die Menge an Sb_2S_3. Durch Umrechnen mit dem Faktor 0,7169 erhält man den Antimon-Gehalt.

Zusätzliche Hinweise. Das Antimonsulfid wird mit verdünnter Essigsäure gewaschen, um die Salzsäure zu vertreiben. Beim Erhitzen auf etwa 300° bildet sich Antimontrichlorid; dieses geht flüchtig und bedingt Fehler.

Blei-Bestimmung [V])

Grundsätzliches. Die Bestimmung des Bleis als Sulfat ist bei allen Aluminiumlegierungen anwendbar, im Gegensatz zur elektrolytischen Bestimmung, bei welcher Mangan infolge anodischer Abscheidung als MnO_2 stört. Man benötigt allerdings zur Durchführung der Bestimmung als Sulfat mehr Zeit als zur elektrolytischen Bestimmung. Dieser Nachteil wird in vielen Fällen durch die allgemeine Anwendbarkeit und außerdem durch größere Genauigkeit der Sulfatmethode (besonders bei kleinen Mengen) ausgeglichen.

Ausführung der Bestimmung. Je nach dem Bleigehalt werden 1—3 g der Legierung in 20—60 ccm Salzsäure (1 : 1) gelöst und mit heißem Wasser auf etwa 300 ccm verdünnt. Die saure Lösung läßt man kurz aufkochen und leitet ½ Stunde lang Schwefelwasserstoff ein. Man filtriert die Sulfide durch ein mit Filterschleim gedichtetes schnellaufendes Filter und wäscht einige Male mit Schwefelwasserstoff-enthaltendem Wasser aus. Man gibt das Filter mit dem Rückstand in das Becherglas zurück und löst die Sulfide mit 20 ccm Salpetersäure (1 : 1) unter Erwärmen. Man filtriert von dem entstehenden Filterbrei, welcher auch die etwa vorhandene Kieselsäure enthält, ab und wäscht das Filter mehrmals mit heißem Wasser aus. Zum Filtrat gibt man 10 ccm Schwefelsäure (1 : 1) und dampft bis zum kräftigen Rauchen der Schwefelsäure ab. Nach dem Abkühlen nimmt man mit 10—20 ccm Wasser auf, erwärmt kurz, damit evtl. auskristallisiertes Kupfersulfat in Lösung geht, kühlt wieder und gibt ein gleiches Volumen Äthylalkohol hinzu. Nach 2-stündigem Stehen filtriert man das Bleisulfat, welches immer noch etwas Kieselsäure enthält, durch einen Porzellanfiltertiegel oder eine mit Asbest präparierte Nutsche. Man wäscht mit einer Lösung, welche auf 100 ccm Wasser 100 ccm Alkohol und 4 ccm Schwefelsäure konz. enthält, 4—5mal aus und zum Schluß noch 2—3mal mit kaltem 50%igem Alkohol nach. Den Tiegel oder die Nutsche trocknet man im Trockenschrank bei 105° und wägt. Durch langsames Durchsaugen von 20 ccm einer 10%igen heißen Ammonacetatlösung löst man das Bleisulfat, wäscht den Tiegel oder die Nutsche mehrmals mit heißem Wasser und trocknet wieder bei 105°. Anschließend wägt man wieder. Die Gewichtsdifferenz ergibt die Menge Bleisulfat, aus welcher sich der Prozentgehalt an Blei errechnen läßt.

Zusätzliche Hinweise. Enthält die Legierung noch Wismut, so muß das in Ammonacetat gelöste Bleisulfat noch einmal mit Schwefelsäure abgeraucht werden; denn Bleisulfat schließt gern Wismutsulfat ein. Auch auf das Vorhandensein von Kieselsäure und Zinndioxyd im Bleisulfat ist zu achten.

Vielfach wird zur Bestimmung des Bleis die Legierung direkt in Natronlauge gelöst, wobei Blei als Metallschwamm zurückbleiben soll. Da man jedoch nie ganz sicher ist, ob das Blei völlig ungelöst geblieben ist, gibt man an dieser Stelle nach kräftigem Verdünnen etwas Natriumsulfidlösung hinzu. Den Rückstand filtriert man und löst mit verdünnter Salzsäure, welcher man etwas Wasserstoffperoxydlösung zugesetzt hat. Nach dem Verkochen des Peroxydes erfolgt die Schwefelwasserstoff-Fällung in saurer Lösung wie angegeben. Bei Anwesenheit von Zinn ist dieser letzte Weg jedoch nicht gangbar, sofern auch dieses bestimmt werden soll.

Calcium-Bestimmung

Grundsätzliches. Im Prinzip wird die Bestimmung des Calciums in Legierungen genau so durchgeführt, wie im Abschnitt Seite 19 „Reinaluminium" angegeben ist. Man geht lediglich von kleineren Einwaagen aus.

Ausführung der Bestimmung. Was die Durchführung der Bestimmung anbetrifft, so kann auf die erwähnte Methode verwiesen werden.

Enthält die Legierung Metalle der Schwefelwasserstoff-Gruppe, so erfährt die Methode folgende Änderung:

Man löst die Legierung mit Salzsäure, verdünnt auf etwa 300 ccm und leitet in die heiße Lösung $1/2$ Stunde Schwefelwasserstoff ein. Man filtriert durch ein schnellaufendes Filter, wäscht 3—4 mal mit Schwefelwasserstoff-enthaltendem Wasser aus, verkocht im Filtrat den Schwefelwasserstoff und fällt anschließend mit Natronlauge unter Zusatz von 10 ccm 10%iger Natriumoxalatlösung. Im übrigen verfährt man wie angegeben.

Bestimmung des Calciums und Magnesiums

Grundsätzliches. Im Prinzip kann man nach der in Ab- Seite 21 schnitt „Reinaluminium" angeführten Methode arbeiten, so daß hier auf Einzelheiten nicht weiter eingegangen zu werden braucht. Da die Legierungen jedoch meistens größere Mengen Magnesium enthalten, ist in diesem Falle eine Umfällung des Calciumoxalats zweckmäßig.

Ausführung der Bestimmung. Enthält die Legierung Kupfer oder andere mit Schwefelwasserstoff fällbare Metalle, sowie größere Mengen Silicium, so löst man 2 g Späne mit 40 ccm Salzsäure (1 : 1) unter Zusatz von 5 ccm 3%iger Wasserstoffperoxydlösung. Man verkocht das Peroxyd, verdünnt auf 300 ccm und leitet in die heiße Lösung $1/2$ Stunde Schwefelwasserstoff ein.

Die Sulfide sowohl wie die ausgefallene Mischung von Silicium und Kieselsäure filtriert man durch ein schnellaufendes Filter, verkocht den Schwefelwasserstoff im Filtrat und versetzt es mit Natronlauge unter Zusatz von 5 ccm 10%iger Natriumoxalatlösung. Im übrigen verfährt man wie angegeben. Seite 19

Magnesium-Bestimmung [10]) [IV])

Grundsätzliches. Das Magnesium wird in allen Fällen als Magnesium-Ammonium-Phosphat gefällt und als Magnesiumpyrophosphat gewogen. Die einzelnen Methoden unterscheiden sich nur in der Art der Abtrennung der übrigen Bestandteile von einander. Die Bestimmung selbst nimmt sehr viel Zeit in Anspruch, weil vor der eigentlichen Fällung des Magnesiums die meisten der dem Aluminium zulegierten Metalle abgetrennt werden müssen. Diese vielen Trennungsgänge und die lange Dauer beeinflussen natürlich die Genauigkeit der Analyse. Es ist daher nötig, darauf hinzuweisen, daß gerade bei der Magnesiumbestimmung in erhöhtem Umfange das Augenmerk auf Reinheit der Reagentien, auf aschefreie Filter und einen möglichst staubfreien Arbeitsplatz gelegt wird. Beachtet man diese Faktoren und die folgenden Arbeitsvorschriften genau, so erzielt man durchweg sehr befriedigende Ergebnisse.

1. Normale Methode

Ausführung der Bestimmung. 1—2 g Aluminium (die Auswaage von $Mg_2P_2O_7$ soll 0,1 g nicht überschreiten) löst man nach Otis-Handy. Die ausgeschiedene Kieselsäure wird filtriert und Seite 36
im Filtrat das evtl. vorhandene Kupfer elektrolytisch abgeschieden. Seite 217 Die kupferfreie Lösung, etwa 250 ccm, erwärmt man auf 60° C und gibt solange Natronlauge (1 : 3) zu, bis das ausfallende Aluminiumhydroxyd im Überschuß der Lauge gerade wieder in Lösung geht. Man oxydiert durch Zusatz von 5 ccm 3%igem

Wasserstoffperoxyd Eisen und Mangan und läßt kurz aufkochen. Nachdem sich der Hydroxyd-Niederschlag abgesetzt hat, filtriert man zunächst die klar überstehende Flüssigkeit von dem Rest durch ein schnellaufendes quantitatives Filter und wäscht 3—4 mal mit heißem Wasser nach. Man spült die Hydroxyde, ohne das Filter zu durchstoßen, in das Becherglas zurück und löst die im Filter befindlichen Reste mit einer Lösung, welche 7 ccm konz. Salzsäure, 5 ccm 3%ige Wasserstoffperoxydlösung und etwa 50 ccm heißes Wasser enthält, aus.

Bei zinkhaltigen Legierungen muß die Fällung wiederholt werden, weil der Hydroxyd-Niederschlag immer etwas Zink einschließt; in diesem Fall bilden sich in Lauge unlösliche Zinkmanganite. Trennt man an dieser Stelle nicht quantitativ vom Zink, so besteht die Gefahr, daß bei der späteren Fällung des Magnesiums mit Ammoniumphosphat Zinkphosphat mitgerissen wird.

Die saure Analysenlösung kocht man kurz auf, gibt 20 ccm 25%ige Ammonchloridlösung zu und läßt zu der Lösung, deren Volumen 150—250 ccm betragen soll, langsam Ammoniak zufließen, bis sie deutlich ammoniakalisch ist. Man setzt noch 25 ccm gesättigtes Bromwasser hinzu, kocht auf und hält die Lösung 10 Minuten im Sieden. Nach 10 Minuten soll der überschuß an Ammoniak verkocht sein (Geruchprobe), dann gibt man nochmals 10 ccm Ammoniak (1 : 1) und 20 ccm Bromwasser hinzu und kocht wieder 10 Minuten. Diesmal soll der Geruch nach freiem Ammoniak nicht mehr verschwinden. Den Niederschlag läßt man absitzen und filtriert durch ein schnellaufendes Filter, welches mit Filterschleim gedichtet ist, oder durch ein gehärtetes Filter. Das Filtrat engt man ein und löst den Rückstand in einer Lösung, welche 7 ccm konz. Salzsäure, 5 ccm 3%ige Wasserstoffperoxydlösung und 50 ccm heißes Wasser enthält. Zu der Lösung gibt man nochmals 20 ccm Ammonchlorid und wiederholt die Fällung wie angegeben.

Die vereinigten Filtrate engt man auf etwa 350 ccm ein, säuert schwach mit Salzsäure an, gibt 15 ccm Diammoniumphosphat, 15%ig, hinzu, erwärmt auf 60—70° und macht schwach ammoniakalisch (Geruch).

Anschließend läßt man die Lösung aufkochen, setzt von der Heizplatte ab und gibt $^1/_5$ des Volumens konz. Ammoniak hinzu. Enthält die Lösung wenig Magnesium, so fällt dieses erst nach längerem Stehen, größere Mengen fallen jedoch schon in der Hitze. Es ist in beiden Fällen zweckmäßig, öfters mit einem Glasstab umzurühren, damit die Fällung beschleunigt wird. Bei Beachtung dieser Arbeitsweise erhält man ein fein kristallines NH_4MgPO_4. Die Fällung läßt man über Nacht stehen und filtriert durch ein gehärtetes Filter. Der Rückstand wird mit 3%igem kaltem Ammoniakwasser ausgewaschen, im gewogenen Porzellantiegel getrocknet, verascht und geglüht. Das Magnesium wird als Magnesiumpyrophosphat gewogen. Es muß rein weiß sein, eine bräunliche Farbe läßt auf die Mitfällung von Eisen schließen.

Zusätzliche Hinweise. Siliciumarme und kupferfreie Legierungen kann man direkt in Salzsäure lösen und mit Natronlauge übersättigen, oder auch gleich in Natronlauge lösen. Man verfährt dann weiter, wie in der Vorschrift angegeben. Zu beachten ist jedoch, daß bei letztem Verfahren der zuerst gewonnene Hydroxyd-Niederschlag verhältnismäßig viel Zink und Aluminium einschließen kann.

Will man im Filtrat von der Natronlauge-Fällung Zink elektrolytisch bestimmen, so löst man den Hydroxyd-Niederschlag vor der zweiten Fällung zweckmäßig in einer Lösung, welche 10 ccm Schwefelsäure (1 : 1), statt 7 ccm konz. Salzsäure enthält.

Bei der Ammoniakfällung unter Zusatz von Bromwasser wird zuerst der Ammoniak verkocht, um das Aluminiumhydroxyd durch die mit dem Kochen verbundene Alterung möglichst unlöslich zu machen. Dabei kann Amoniumchlorid unter Bildung von freier Salzsäure aufgespalten werden. Die Salzsäure setzt sich jedoch sofort wieder mit schon ausgeschiedenem Braunstein um, daher ist ein zweiter Zusatz von Ammoniak nötig, der dann nicht mehr restlos verkocht werden soll.

2. Methode nach Blumenthal[10])

Grundsätzliches. Bei der Methode nach Blumenthal ist die Trennung des Magnesiums von Eisen, Titan, Mangan und Resten von Aluminium nicht nötig. Drei von den genannten Bestandteilen werden durch Weinsäure in Lösung gehalten, während das Mangan teilweise mit dem Magnesium zusammen ausfällt. Aus dem Gemisch beider Phosphate wird das mitgefällte Mangan titrimetrisch ermittelt und nach Umrechnen auf $Mn_2P_2O_7$ abgezogen. Diese Arbeitsweise kann jedoch nur bei Legierungen, welche auch Mangan enthalten, angewendet werden.

Ausführung der Bestimmung. Man richtet die Einwaage so ein, daß die zu erwartende Auswaage an Mangan und Magnesiumpyrophosphat kleiner als 0,1 g ist. Man löst die Späne nach einer Seite 47 der unter 1. angegebenen Vorschriften, trennt — soweit es nötig ist — von Kupfer und Blei (elektrolytisch oder mit Schwefelwasserstoff) und fällt dann mit Natronlauge die restlichen Hydroxyde (Hydroxyde von Mn, Mg, Ti, Fe, Ni, Co). Man filtriert ab, spritzt den gut gewaschenen Niederschlag vom Filter in das Becherglas zurück und löst mit einer Lösung, welche 7 ccm konz. Salzsäure, 5 ccm 3%ige Wasserstoffperoxydlösung und etwa 50 ccm heißes Wasser enthält. (Bei zinkhaltigen Legierungen ist, wie unter 1. angegeben, die Natronlauge-Fällung zu wiederholen.) Zu der sauren Lösung gibt man 20 ccm Weinsäure (1 : 1), 20 ccm 10%ige Ammoniumphosphatlösung und 20 ccm 25%ige Chlorammoniumlösung. Man verdünnt auf etwa 150 ccm und stumpft den Hauptanteil der freien Säure durch langsame Zugabe von 10%igem Ammoniak ab. Man verwendet hierbei Thymolblau als Indikator, welches einen Umschlag von rötlich nach grünblau aufweist. Die Analysenlösung muß beim Neutralisieren vollständig klar bleiben. Man erwärmt auf etwa 70° und gießt die Lösung rasch in 50 ccm 10%igen Ammoniak und spült mit Wasser nach. Nach kurzer Zeit, während welcher die Lösung nicht durch ausfallende Hydroxyde getrübt werden darf, beginnt die Abscheidung des kristallinen Niederschlages. Nun fügt man noch $^1/_5$ des Volumens konz. Ammoniak hinzu und rührt von Zeit zu Zeit um. Nach einigen Stunden sind das gesamte Magnesium und wechselnde Mengen des Mangans gefällt. Der Niederschlag wird durch ein gehärtetes Filter filtriert, mit ammoniakalischem Wasser gewaschen, verascht, geglüht und als Pyrophosphat gewogen. Den Mangangehalt des Phosphatgemisches ermittelt man, indem man den Tiegelinhalt mit einigen Kubikzentimetern Salpetersäure Seite 113 (1 : 1) löst und das Mangan nach der beschriebenen Wismutat-

Methode bestimmt. Das ermittelte Mangan wird in $Mn_2P_2O_7$ umgerechnet und von der Auswaage abgezogen. Aus der Differenz errechnet sich der Magnesiumgehalt.

Zusätzliche Hinweise. Parallelversuche werden nicht immer zu demselben Ergebnis bei der Auswaage des Magnesium- und Manganpyrophosphat-Niederschlages führen. Der Grund ist darin zu sehen, daß die Fällungsbedingungen für Mangan andere sind als die für Magnesium.

Tritt bei der Neutralisation oder bei der späteren Fällung mit Ammoniak ein Ausfallen von Hydroxyden auf, so löst man diese noch einmal in Salzsäure und wiederholt die Neutralisation bzw. die Fällung wie angegeben.

3. Trennung des Mangans vom Magnesium mit Kaliumchlorat [IV])

Grundsätzliches. Nach dieser Methode wird das Mangan als MnO_2 mit Kaliumchlorat aus salpetersaurer Lösung abgeschieden. Die Methode hat gegenüber der von Blumenthal angegebenen den Vorteil, daß Mangan und Magnesium in einem Arbeitsgang ermittelt werden können; der Zeitbedarf ist allerdings dann etwas größer. Das Magnesium wird wieder als Magnesiumammoniumphosphat in Anwesenheit von Eisen, Titan und Resten von Aluminium, welche durch Weinsäure in Lösung gehalten werden, gefällt. Da kleine Mengen Magnesium bei Gegenwart von Weinsäure mit Phosphat erst nach sehr langem Stehen und trotzdem nicht immer quantitativ fallen, ist unter diesen Umständen die Bromammoniak-Trennung (Methode 1) vorzuziehen. Im allgemeinen jedoch sind beide Methoden, sowohl was den Zeitaufwand als auch die Genauigkeit anbetrifft, gleichwertig.

Ausführung der Bestimmung. 1—2 g Metall werden nach Otis-Handy gelöst. Nach dem Abfiltrieren der Kieselsäure Seite 36 und der Entfernung des Kupfers (evtl. elektrolytisch) wird, wie es unter 1. angegeben ist, mit Natronlauge gefällt. Der Rückstand wird vom Filter in das Becherglas zurückgespritzt und die Reste mit einer Lösung, welche 10 ccm Salpetersäure, 5 ccm 3%iges Wasserstoffperoxyd und etwa 50 ccm heißes Wasser enthält, gelöst. Man engt auf 5 ccm ein, fügt 20 ccm konz. Salpetersäure hinzu, erhitzt und gibt zunächst nur einige Körnchen

Kaliumchlorat hinzu, bis Braunstein auszufallen beginnt. Dann setzt man noch 1 g Kaliumchlorat hinzu und dampft auf etwa 5 ccm ein, oder auf dem Wasserbad bis zum Festwerden. Erst nach völligem Abkühlen auf Zimmertemperatur nimmt man mit etwa 10 ccm heißem Wasser auf, filtriert durch einen Glasfiltertiegel 1 G 4 oder durch eine mit Asbest präparierte Nutsche und wäscht mit heißem Wasser nach. Im Rückstand bestimmt man
Seite 110 Mangan nach Hampe. Das Filtrat spült man in ein 600 ccm-Becherglas, gibt 20 ccm 25%ige Ammoniumchloridlösung, 20 ccm Weinsäurelösung (1 : 1) und 15 ccm 15%ige Ammoniumphosphatlösung hinzu. Man erhitzt auf 70°, macht gerade ammoniakalisch, kocht kurz auf und fügt $^1/_5$ des Volumens konz. Ammoniak hinzu. Nach Stehen über Nacht filtriert man, verascht, glüht und wägt als $Mg_2P_2O_7$ wie angegeben.

Zusätzliche Hinweise. Braunstein kann bei unrichtigem Abscheiden einerseits Magnesium enthalten und andererseits nicht vollständig gefällt werden. Wird bei kupferfreien Legierungen direkt in Natronlauge gelöst und mit Salpetersäure angesäuert, so ist zu beachten, daß die Bestimmung des Mangans bei Aluminiumlegierungen mit 1% Si und 14% Si möglich ist, nicht aber bei Legierungen mit etwa 5% Si. In solchen Fällen wird das Mangan von der Kieselsäure so eingeschlossen, daß es zum Teil der Bestimmung entzogen wird.

Nach der Abscheidung des Mangans mit Kaliumchlorat ist das Filtrat ab und zu durch Spuren von Kaliumpermanganat rötlich gefärbt. Die Genauigkeit der Magnesiumbestimmung sowohl wie der Mangan-Bestimmung wird jedoch dadurch nicht beeinflußt.

Nickel-Bestimmung [I] [IV]

Grundsätzliches. Die Bestimmung des Nickels mit Diazetyldioxim (Dimethylglyoxim) ist eines der sichersten Verfahren der analytischen Chemie überhaupt. Die Bestimmung kann bei Gegenwart vieler anderer Elemente, wie Mg, Zn, Co, Mn, in essigsaurer Lösung ausgeführt werden und bei Gegenwart von Weinsäure auch beim Vorhandensein der in ammoniakalischer Lösung normalerweise ausfallenden Hydroxyde. Die Nickelfällung kann entweder vor der Brom-Ammoniak-Fällung oder danach oder auch ebenso gut erst im Filtrat von der Magnesiumfällung vorgenommen werden. Da die Methode einfach auszuführen ist, wird sie im allgemeinen häufiger angewandt als die an sich elegante elektrolytische Bestimmung; letzte wird besonders gern dann angewandt, wenn neben Nickel noch Kobalt vorhanden ist und man beide Elemente zunächst gemeinsam elektrolytisch abscheiden will (siehe auch Grundsätzliches zur Kobalt-Bestimmung), ehe man beide mit Diazetyldioxim voneinander trennt. Seite 217

Ausführung der Bestimmung. Man löst 2 g der Legierung nach Otis-Handy und filtriert die Kieselsäure wie angegeben. Seite 36 Aus dem Filtrat entfernt man Kupfer durch Elektrolyse; sind noch andere Elemente der Schwefelwasserstoffgruppe vorhanden, so trennt man sie durch Fällung mit Schwefelwasserstoff ab. Nach dem Filtrieren entfernt man den Schwefelwasserstoff durch Verkochen, um die sonst bei der Weiterverarbeitung eintretende Mitfällung des Zinks zu verhindern (s. Trennungsgänge). Seite 64

Man versetzt die schwefelsaure Lösung (etwa 200 ccm) mit Natronlauge (1 : 3), bis das ausfallende Aluminiumhydroxyd gerade als Aluminat wieder in Lösung geht. Nach kurzem Absitzen werden die ausgefallenen Hydroxyde durch ein schnellaufendes Filter filtriert und mit heißem Wasser gewaschen. Man spritzt den Rückstand von dem Filter, löst die Reste in einer Lösung, welche 7 ccm konz. Salzsäure, 5 ccm 3%ige Wasserstoffperoxydlösung und 50 ccm heißes Wasser enthält, von dem Filter und kocht bis zur Lösung der Hydroxyde.

Zu der Lösung, deren Volumen 200—300 ccm betragen soll, gibt man nun 10ccm Weinsäure (1 : 1), 5g Ammoniumacetat und 15ccm 1%ige alkoholische Diazetyldioxim-Lösung. Man erhitzt zum Sieden und gibt tropfenweise Ammoniak zu, bis Lackmuspapier gerade blau wird. Ein größerer Überschuß an freiem Ammoniak verzögert die Fällung (Treadwell). Man kocht kurz auf, läßt 2—3 Stunden absitzen, filtriert durch einen gewogenen Glassintertiegel 1 G 4 oder durch einen mit Asbest präparierten Goochtiegel, wäscht einige Male mit heißem Wasser und trocknet bei 110—120°. Man wägt als $NiC_8H_{14}N_4O_4$ (f = 0.2032).

Zusätzliche Hinweise. Enthält die Legierung weniger als 0,5% Silicium, so kann man direkt in Natronlauge lösen, filtrieren, den Rückstand in Schwefelsäure lösen und nach der Entfernung des Kupfers wie angegeben weiter arbeiten.

Will man Mangan, Magnesium, Eisen oder Titan bestimmen, so trennt man diese nach den Angaben bei der Magnesiumbestimmung oder nach den Trennungsgängen ab.

Seite 47 u. 64

Es wird vielfach die Meinung vertreten, daß das Nickeldiazetyldioxim in Alkohol, wie er z. B. bei einem zu großen Überschuß an Fällungsmitteln in die Lösung gerät, in merklicher Weise löslich ist. Unsere Erfahrungen decken sich jedoch mit der schon von Treadwell vertretenen Auffassung, daß der Alkohol viel zu stark verdünnt wird, um die Analyse wesentlich zu beeinflussen.

Silicium-Bestimmung [11])

Grundsätzliches. Das Wichtigste über das Vorkommen des Siliciums im Aluminium und seine Bestimmungsmöglichkeiten Seite 34 ist schon unter „Reinaluminium" gesagt. Die Verhältnisse liegen bei Aluminiumlegierungen ganz ähnlich. Bei Gehalten bis 0,7% Si kann man bei Abwesenheit von Magnesium ohne Seite 36 weiteres die Methode nach Otis-Handy anwenden. Bei Anwesenheit von Magnesium und höheren Gehalten an Si verwendet man Seite 37 besser die Regelsberger Methode, weil dann keine Verluste durch Entweichen von Siliciumwasserstoffen zu befürchten sind. Da die letzte Methode verhältnismäßig viel Zeit in Anspruch nimmt, ist noch eine andere Methode empfehlenswert, nämlich die von Fuchshuber [11]), welche jedoch in unseren Laboratorien in wesentlichen Punkten abgeändert wurde. Die Methode beruht darauf, daß durch Zusatz von Phosphorsäure und Überchlorsäure, so wie es Fuchshuber beschrieben hat, die Oxydation von Silicium zu Kieselsäure durchgeführt wird. Man erhält eine körnige Kieselsäure, welche sich gut filtrieren und auswaschen läßt. Die Methode wird durch andere Legierungsbestandteile in keiner Weise beeinflußt.

Ausführung der Bestimmungen

1. Methode nach Otis-Handy

Die Methode wird in der Form ausgeführt, wie sie bereits beschrieben ist. Seite 36 Sie wird besonders dann gern angewandt, wenn man aus dem schwefelsauren Filtrat Kupfer herauselektrolysieren und anschließend noch andere Liegerungsbestandteile, wie Mn, Mg, Ni usw. bestimmen will.

2. Methode nach Regelsberger

Auch diese Methode, welche für sämtliche Gehalte an Silicium gilt, ist schon genau beschrieben, so daß hier auf ein weiteres Seite 37 Eingehen verzichtet werden kann.

Zu berücksichtigen ist nur, daß bei Anwesenheit von Kupfer, Mangan und sonstigen Schwermetallen nach dem Ansäuern mit Schwefelsäure 2—5 ccm Salpetersäure (1 : 1) und 1 ccm 3%ige Wasserstoffperoxydlösung zum Lösen der metallischen Anteile zugesetzt werden. Beim Aufnehmen mit heißem Wasser findet sich unter diesen Umständen manchmal MnO_2 in den Kieselsäureflocken. Um dieses in Lösung zu bringen, setzt man nochmals einige Kubikzentimeter Salpetersäure (1 : 1) und etwas Wasserstoffperoxyd zu.

3. Abgeänderte Methode nach Fuchshuber[11])

Die Bohrspäne, welche möglichst dünn und fein sein sollen, werden in einen Quarzbecher gegeben und mit einem Säuregemisch übergossen. Dieses Säuregemisch besteht aus:

50 Vol%Phosphorsäure (s = 1,7),
40 „ Salpetersäure (s = 1,42),
10 „ Schwefelsäure (s = 1,84).

Glas- und Porzellanbecher können für diese Zwecke **nicht** verwendet werden, da sie von dem Säuregemisch zu stark angegriffen werden und damit der Kieselsäurewert zu hoch ausfällt. Es sind jedoch Platingeräte und Becher aus V_4A-Blech verwendbar.

Bei 2—5% Si verwendet man 1 g Einwaage, bei höheren Gehalten 0,5 g.

Die Bohrspäne werden für je 0,5 g Einwaage mit 30 ccm des angegebenen Säuregemisches und mit ca. 2 ccm Brom versetzt und der Becher mit einem Uhrglas bedeckt. Durch den Bromzusatz wird die Oxydation des metallischen oder graphitischen Siliciums außerordentlich beschleunigt und vor allem restlos durchgeführt. Man erwärmt gerade so lange, bis das Lösen beginnt, nimmt von der Heizplatte weg und läßt ausreagieren. Nach etwa 20 Min. ist die Lösung beendet. Man entfernt das Uhrglas und stellt auf ein Sandbad, welches eine Temperatur von 250—280° C haben soll. Während die überschüssige Salpetersäure und das restliche Brom verdampfen, beginnt der Aufschluß des in der Flüssigkeit verteilten schwarzen oder schwarzbraunen Siliciums und die Lösung hellt sich auf. Man erhitzt unter öfterem Umschwenken noch so lange, bis die Masse schließlich wasserklar wird, was je nach dem Si-Gehalt ½—1 Stunde dauern kann. Dann stellt man den Becher an eine etwas kältere Stelle, fügt ca. 5 ccm conc. H_2SO_4 zu und läßt die Schwefelsäure 5 Min. rauchen. Man nimmt den Becher weg, läßt etwas abkühlen, fügt 40 ccm 30%ige Überchlorsäure zu und erhitzt abermals auf der Heizplatte vorsichtig, bis gerade Nebel von Überchlorsäure entweichen.

Nach kurzem Abkühlen wird mit kaltem dest. Wasser auf ca. 300 ccm verdünnt, aufgekocht und mit dem Glasstab der sagoähnliche Kieselsäureniederschlag zu feinen Flocken verrührt. Nach dem Absitzen filtriert man unter Anwendung von etwas Filterschleim, den man auch vorher in die Flüssigkeit mit einrühren kann, durch eine flache Nutsche. Man verwendet ein schnellaufendes Filter, wäscht fünfmal gut mit heißem Wasser und saugt jedesmal das Filter dabei ganz trocken. Man verascht vorsichtig im Platintiegel, bis der Kohlenstoff völlig verbrannt ist und glüht dann kräftig etwa 1 Stunde bei 1100° C. Nach dem Abkühlen und Wägen versetzt man mit etwa 15 ccm Flußsäure und 4 Tropfen konz. Schwefelsäure, raucht ab, glüht und wägt. Aus der Gewichtsdifferenz errechnet sich der Siliciumgehalt.

Zusätzliche Hinweise. Bei Verwendung von Glasgefäßen oder Porzellan wird soviel Kieselsäure gelöst, daß man zu ganz ungenauen Werten gelangt. Bei einem Siliciumgehalt von 13%, wie er in Siluminlegierungen vorkommt, kann man dadurch um 1—3% zu hohe Werte finden.

Fuchshuber schreibt noch nicht die Verwendung von Brom vor. Es wurde jedoch festgestellt, daß bei verschiedenen Legierungen nach der ursprünglichen Methode das Silicium nicht restlos in Kieselsäure umgewandelt wird. Die Folge davon war, daß man nach dem Abrauchen mit Flußsäure und Schwefelsäure noch einmal mit Flußsäure, Salpetersäure und Schwefelsäure abrauchen mußte, um das Silicium selbst anzugreifen. Dies führte immer zu unsicheren Ergebnissen. Nach Zusatz von Brom traten aber diese Schwierigkeiten nicht mehr auf. Die Methode ist so ziemlich auf alle Legierungen auf Siluminbasis angewandt worden und hat sich in allen Fällen durchaus bewährt. Die Bestimmung läßt sich in etwa 4 Stunden zu Ende führen.

Die Bestimmung von Titan und Eisen und ihre Trennung von Aluminium [IV) VI)]

Grundsätzliches. Die Bestimmung von Titan und Eisen wird meistens kolorimetrisch oder titrimetrisch ausgeführt. In manchen Fällen ist jedoch auch ein gravimetrisches Verfahren erwünscht, vor allem dann, wenn damit eine einwandfreie Trennung von Aluminium verbunden ist. Eine solche Bestimmung kann man mit Cupferron (Nitrosophenylhydroxylaminammonium, $C_6H_9O_2N_3$) durchführen, obwohl mit diesem Reagens unter bestimmten Bedingungen Cu, Fe, Ti, V, Sn, Zr, Th, Nb, Ta, fallen. In saurer kupferfreier Lösung gelingt jedoch die Trennung von Aluminium verhältnismäßig leicht. Eisen wird als Fe $(C_6H_5O_2N_2)_3$ (f = 0,1196) und Titan als Ti $(C_6H_5O_2N_2)_4$ (f = 0,0803) gefällt.

Ausführung der Bestimmung. Bei Aluminiumlegierungen mit hohem Titangehalt (1% und mehr) geht man vom Filtrat
Seite 36 der Siliciumbestimmung nach Otis-Handy aus. Aus der Lösung muß noch evtl. vorhandenes Kupfer entfernt werden (elektrolytisch oder mit Schwefelwasserstoff). Die Analysenlösung gibt man in einen 250 ccm fassenden Kolben und verwendet je nach der Menge des Eisens und Titans 50—100 ccm der Lösung.

50 ccm der schwefelsauren Lösung werden abgemessen, in ein 600 ccm Becherglas gebracht, mit 20—30 ccm Schwefelsäure (1 : 1) versetzt, auf ca. 400 ccm verdünnt und im fließenden Wasser gut gekühlt. Die Temperatur soll etwa 15° C betragen. Bei höheren Temperaturen tritt leicht Verharzung [VI] ein.

Zur Fällung des Titans und Eisens verwendet man eine frisch bereitete, etwa 6%ige wäßrige Cupferron-Lösung und läßt diese unter dauerndem Rühren am Rande des Becherglases zufließen, bis sich weiße Cupferron-Kriställchen zeigen, die aber wieder verschwinden. Die Eisenverbindung sieht rotbraun, die Titanverbindung gelb aus. Ein zu großer Überschuß an Cupferron soll vermieden werden, weil der Niederschlag sonst leicht verharzt. Der Niederschlag muß so lange gerührt werden, bis die überstehende Flüssigkeit klar wird. Eine schwache Trübung rührt vom Cupferron-Überschuß her. Nach etwa 15 Min. wird der Niederschlag abgesaugt, unter Verwendung eines schnellaufenden Filters und einer flachen Nutsche oder auch einer Trichternutsche. Es wird zunächst mit kalter verdünnter Salzsäure (1 : 10), dann mit kaltem Wasser gewaschen und das Filtrat mit Inhalt im gewogenen Platin-, Quarz- oder Porzellantiegel bei 110° C getrocknet. Im fast bedeckten Tiegel verascht man vorsichtig (Abzug, starke Entwicklung von Dämpfen!), brennt anschließend den Kohlenstoff weg und glüht im elektrischen Ofen. Beim Auswiegen erhält man die Summe von TiO_2 und Fe_2O_3.

Den Rückstand kann man mit wenig Bisulfat aufschließen und in der wäßrigen Lösung in bekannter Weise Eisen mit Titan-
Seite 79 trichlorid titrieren. In manchen Fällen wird es möglich sein, in der Ausgangslösung selbst das Eisen durch direkte Titration zu bestimmen.

Zusätzliche Hinweise. Bei der Fällung des Niederschlages mit Cupferron kann auch etwas Aluminium mit ausfallen. Es hängt dies von den vorhandenen Mengen an Aluminium ab, das ja auch in schwach saurer Lösung (0,005 n) mit Cupferron fällbar ist. Vermutet man Al_2O_3 im Rückstand, so kann man ihn mit Bisulfat schmelzen und Eisen und Titan in bestimmten Anteilen der Lösung kolorimetrisch bestimmen.

Die Verharzung des Cupferrons tritt einmal ein, wenn ein großer Überschuß an Fällungsmitteln verwendet wird und zweitens, wenn die Temperatur während der Fällung zu hoch ist. Beides ist jedoch vermeidbar.

Zink-Bestimmung [12]) [IV])

Grundsätzliches. Die Bestimmung des Zinks kann in Aluminiumlegierungen auf sehr verschiedene Weise erfolgen. Die älteste Methode ist die, bei welcher Zink als Zinksulfid gefällt und als Zinkoxyd ermittelt wird. Diese Methode wird immer dann angewendet, wenn man im normalen Trennungsgang andere Elemente abscheidet, der ganze Trennungsgang also nicht nur für die Zinkbestimmung ausgeführt wird. Das Zink wird dann als Zinksulfid gefällt und durch Glühen in Zinkoxyd umgewandelt.

Die schnellste Bestimmung ist zur Zeit die elektrolytische aus alkalischer Lösung. Diese Methode gestattet die rascheste Abtrennung von anderen Legierungsbestandteilen, liefert aber nicht allzu genaue Werte, so daß sie im allgemeinen mehr für technische Zwecke angewendet wird. Die exaktesten Werte bei hinreichender Geschwindigkeit liefert die an sich noch wenig bekannte Bestimmung als Zink-Quecksilber-Rhodanid von G. E. F. Lundell und Naikim Bee[12]). Sie hat vor allem den Vorteil, daß man kleine Mengen sehr genau titrieren kann, während man größere Mengen direkt zur Auswaage bringt. Unbedingt erwähnenswert ist auch die Oxychinolin-Methode, sie kann aller- Seite 70
dings nur angewendet werden, wenn ebenso wie bei der Bestim-

mung als Zinkoxyd die Abtrennung von den meisten anderen Legierungsbestandteilen schon erfolgt ist. Im übrigen gibt sie aber genauere Werte als die letzte Methode, da sonstige Verunreinigungen (u. a. Alkalien) mit Oxychinolin nicht in dem Umfange mitgerissen werden wie bei der Fällung mit Schwefelwasserstoff.

Es werden an dieser Stelle nur zwei Methoden beschrieben:

1. Bestimmung als Zinkoxyd IV)

Ausführung der Bestimmung. Man löst 1—2 g Aluminium in 15—30 ccm 25%iger Natronlauge, verdünnt auf etwa 300 ccm, gibt 20 ccm 10%ige Natriumsulfidlösung hinzu, kocht kurz auf und läßt absitzen (etwa 2 Stunden). Nach dem Filtrieren durch ein schnellaufendes Filter wäscht man das Filter einige Male mit Natriumsulfid-haltigem Wasser aus, spült den Rückstand in das Becherglas zurück, löst letzte Reste mit heißer verdünnter 2n-Salzsäure vom Filter in das Becherglas, gibt 10 ccm Königswasser hinzu, erhitzt bis zur Lösung, versetzt mit 10 ccm Schwefelsäure und raucht ab. Ist Blei vorhanden, so löst man den Rückstand in etwa 20 ccm Wasser unter Erhitzen, läßt abkühlen und filtriert das ausgefallene Bleisulfat ab; dabei wird mit verdünnter 2n-Schwefelsäure nachgewaschen. Bei Anwesenheit von Kupfer
Seite 217 kann das Filtrat elektrolytisch entkupfert werden. Man kann auch Blei und Kupfer gemeinsam elektrolytisch abscheiden.

Zur Analysenlösung gibt man danach 20 ccm 25%ige Ammonchloridlösung und fällt mit Ammoniak Eisen und Reste von Aluminium. Ist auch Mangan vorhanden, so muß die Brom-
Seite 48 Ammoniak-Fällung angewandt werden, wie sie bei der Trennung von Mangan und Magnesium beschrieben ist. Die Fällung muß in diesem Falle jedoch doppelt ausgeführt werden, da sich Zink immer im Mangan- und Eisenniederschlag in solchen Mengen findet, daß sie berücksichtigt werden müssen. Das Filtrat säuert man mit Salzsäure an und gibt soviel Ammonacetat hinzu, bis Kongopapier von blau nach rot umschlägt, so daß die Lösung schwach essigsauer ist. In die etwa 80° C heiße Lösung leitet man Schwefelwasserstoff ein. Nach 15 Minuten setzt man nach Biltz

auf je 2 mg Zink eine Lösung von 50 mg Quecksilberchlorid in 10 ccm Wasser in einem Guß unter starkem Rühren hinzu. Das ausfallende Quecksilbersulfid reißt das gesamte Zinksulfid mit und erleichtert außerdem die Filtration außerordentlich. Man filtriert durch ein schnellaufendes Filter, wäscht den Rückstand 8—10 mal mit Schwefelwasserstoff-enthaltendem Wasser und verascht im gewogenen Porzellantiegel (Abzug!). Man glüht und wägt. Das Zinkoxyd soll rein weiß sein, andernfalls müßte eine Umfällung erfolgen.

Zusätzliche Hinweise. Ganz abgesehen davon, daß diese Art der Abtrennung des Zinks sehr umständlich ist, enthält sie auch eine Reihe Fehlermöglichkeiten. Zink kann bei der Fällung mit Natriumsulfid aus alkalischer Lösung verloren gehen, wenn sie zuviel Alkali enthält, ferner auch bei der Abtrennung von Eisen Mangan und Aluminium, da diese gern Zink einschließen. Andererseits kann das Zinkoxyd trotz aller Vorsichtsmaßregeln immer kleine Mengen Fe_2O_3, Al_2O_3 und SiO_2 enthalten. Sind größere Zinkmengen zu bestimmen, so spielt dies keine Rolle; sind die Mengen jedoch klein, muß darauf Rücksicht genommen werden.

2. Bestimmung des Zinks als Zink-Quecksilber-Rhodanid

Grundsätzliches. Die Fällung des Zinks beruht auf der Bildung der Verbindung $ZnHg(CNS)_4$, welche kristallin ist und sich sehr gut auswaschen läßt. Kupfer, Nickel und Kobalt geben jedoch ebenfalls eine Fällung mit Quecksilber-Rhodanid, so daß diese vor der Zinkbestimmung entfernt sein müssen. Eisen stört, wenn es in größeren Mengen vorhanden ist, kann aber durch Zusatz von Phosphorsäure weitgehend in Lösung gehalten werden. Da bei Anwesenheit von kleineren Zinkmengen im allgemeinen gern eine Titration ausgeführt wird, wird diese Methode auch im II. Abschnitt, Volumetr. Methoden, beschrieben. Seite 122

Ausführung der Bestimmung. Man löst 1—2 g Späne in 15—30 ccm 25%iger Natronlauge, verdünnt auf etwa 600 ccm und versetzt mit 20 ccm 10%iger Natriumsulfid-Lösung. Nach mehrstündigem Absitzen filtriert man durch eine mit Asbest präparierte Nutsche, wobei man den Rückstand mit heißem,

Natriumsulfid-haltigem Wasser wäscht. Man löst den Rückstand mit einer heißen Lösung, welche 7 ccm Salzsäure, 5 ccm 3%ige Wasserstoffperoxydlösung und 50 ccm Wasser enthält, und filtriert ab. Man verdünnt auf 300 ccm und leitet zur Fällung des Kupfers Schwefelwasserstoff ein; der p_H-Wert soll dann etwa 1,0 betragen (Lyphanpapier). Man filtriert von den Sulfiden ab, verkocht den Schwefelwasserstoff und stellt nun mit Ammoniak auf einen p_H-Wert von 3,0 ein und fällt das Zink durch Einleiten von Schwefelwasserstoff in die 70° heiße Lösung. Diese Trennung ist jedoch nur erforderlich, wenn die Legierung größere Mengen Eisen (mehr als 0,5%) enthält; ist dies nicht der Fall, so kann man direkt weiter verfahren.

Man versetzt die von Schwefelwasserstoff befreite Lösung mit 5 ccm Schwefelsäure (1 : 1) und raucht nach Zusatz von etwas Kaliumsulfat ab, um die Bildung von basischem Zinksulfat zu verhindern. Man löst mit wenig Wasser, verdünnt auf etwa 50 ccm, gibt 4 Tropfen 3%ige Wasserstoffperoxydlösung hinzu, ferner 3 ccm Phosphorsäure, konz., und 25 ccm Fällungslösung. Die Fällungslösung enthält 27 g Quecksilberchlorid und 39 g Ammonium-Rhodanid im Liter. Man rührt ½ Stunde aus und filtriert den Zink-Quecksilber-Rhodanid-Niederschlag durch einen Glasfiltertiegel G 4, wobei mit möglichst wenig 2%iger Fällungslösung ausgewaschen wird*). Man trocknet den Niederschlag bei etwa 105° und wägt. Der Umrechnungsfaktor ist 0,1312.

Zusätzliche Hinweise. Es ist zu berücksichtigen, daß das Zink-Quecksilber-Rhodanid verhältnismäßig leicht in Wasser löslich ist. Man verwendet deswegen zum Auswaschen eine 2%ige Fällungslösung, wobei jedesmal stark abgesaugt und verhältnismäßig wenig verwendet werden soll. Um Nickel und Kobalt in Lösung zu halten (Trennung von Zink), ist es zweckmäßig, vor der Schwefelwasserstoff-Fällung des Zinkes aus saurer Lösung (p_H-Wert etwa 3,3) pro 100 ccm Lösung 4—5 g Ammonsulfat zuzugeben. Ist das Zink-Quecksilber-Rhodanid infolge der Anwesenheit von Eisen leicht violett-rot gefärbt, so wird das

*) Vergleiche auch die grundsätzlichen Ausführungen zur Gravimetrischen Methode. Seite 15

Ergebnis nur unwesentlich beeinflußt; ist die Farbe jedoch stärker violett-rot, so muß die erwähnte Schwefelwasserstoff-Trennung in saurer Lösung durchgeführt werden. Der Kupferniederschlag sieht an sich grünlich aus, in Verbindung mit Zink fällt jedoch ein Doppelsalz, welches schwarz aussieht. Da das Zink-Quecksilber-Rhodanid selbst rein weiß ist, erkennt man also leicht an der Verfärbung, daß andere Elemente mit ausgefallen sind.

Zirkonium-Bestimmung

Grundsätzliches. Zirkonium wird aus stark schwefelsaurer Lösung mit Diammoniumphosphat gefällt. Die Fällung ist erst nach 12-stündigem Stehen quantitativ, sie enthält meist Spuren von Titanphosphat, welche jedoch die Genauigkeit meistens nicht beeinflussen.

Ausführung der Bestimmung. Man löst 1 g der Legierung nach Otis-Handy, den erhaltenen Sulfatbrei in der Hitze mit 75 ccm Wasser. Die ausgeschiedene Kieselsäure sowie evtl. vorhandenes Seite 36 Bleisulfat und Calciumsulfat filtriert man durch ein mit Filterschleim gedichtetes Filter ab und wäscht etwa 4 mal mit heißem Wasser nach. Zum eingeengten Filtrat gibt man 30 ccm Schwefelsäure (1 : 1), verdünnt auf etwa 125 ccm, versetzt mit 3 ccm 3%iger Wasserstoffperoxydlösung, um Titansulfat zu oxydieren, und anschließend mit 1 g festem Diammoniumphosphat. Man läßt die Lösung 12 Stunden bei 70° stehen, filtriert durch ein schnellaufendes Filter, welches mit Filterschleim abgedichtet wurde, wäscht 10—12 mal mit kalter 5%iger Ammonnitratlösung und verascht im Porzellantiegel. Man glüht bei 1000—1100° und wägt als ZrP_2O_7. Der Umrechnungsfaktor für Zirkonium ist 0,3439.

Zusätzliche Hinweise. Das Zirkoniumphosphat enthält immer etwas Al_2O_3, so daß dadurch die Werte leicht zu hoch ausfallen. Auch Titanphosphat kann in kleinen Mengen auftreten. Im allgemeinen erhält man jedoch sehr genaue Ergebnisse nach dieser Methode.

c) Trennungsgänge

Grundsätzliches. Im folgenden werden einige Trennungsgänge angegeben, wobei — was die Einzelbestimmung betrifft — auf schon vorher beschriebene Methoden zurückgegriffen wird. Die angeführten Trennungsgänge haben sich bewährt. Es ist jedoch auch durchaus möglich, die Trennung in ganz anderer Weise vorzunehmen. In vielen Laboratorien wird es vorgezogen, jede Einzelbestimmung aus einer neuen Einwaage zu beginnen und die Bestimmung dann auf eine Anzahl Bearbeiter zu verteilen. Im allgemeinen ist ein Trennungsgang zu bevorzugen, bei welchem mehrere Bestandteile aus einer Einwaage bestimmt werden. Wie man dies in jedem Einzelfall anfaßt, hängt sehr stark von den Erfordernissen des Betriebes und Fragen der Organisation ab.

1. Bestimmung von Verunreinigungen im Reinmetall

Grundsätzliches. Wie schon erwähnt, treten die Elemente Cu, Pb, Ca, Mn, Mg, Ni, Ti, Cr, V im Aluminium nur in Spuren auf. Sie werden daher auch selten bestimmt; in den meisten Fällen sucht man nur nach der einen oder nach der anderen Komponente. Trotzdem soll hier ein Trennungsgang für sämtliche oben erwähnten Elemente angegeben werden. Auch in diesem Falle wird nach Beendigung der Trennung auf die weiter oben angegebenen Methoden zur Einzelbestimmung verwiesen werden.

Seite 9 **Ausführung der Bestimmung.** Man löst 50—100 g Aluminium sauer oder alkalisch und reichert die Verunreinigungen in der angegebenen Weise an. Soll Vanadium bestimmt werden, so ist allerdings der alkalische Aufschluß und die Fällung mit Na_2S nicht möglich.

Hat man mit Salzsäure gelöst und angereichert, so vertreibt man den Überschuß an Salzsäure durch Einengen bis zur beginnenden

Kristallisation, verdünnt anschließend auf 400 ccm, erhitzt zum Sieden und leitet eine halbe Stunde lang Schwefelwasserstoff ein. Die erhaltenen Sulfide werden abfiltriert; man löst den Rückstand in verdünnter Salpetersäure (10 ccm konz. Salpetersäure, 3 ccm Wasserstoffperoxyd (3%ig), 50 ccm 70° heißes Wasser), gibt 2 ccm konz. Schwefelsäure zu und raucht ab. Die Bestimmung des Bleis geschieht in der angegebenen Weise. Seite 44 Das Kupfer kann, wenn es in so kleinen Mengen vorliegt, durch Veraschen des Sulfids und Verglühen zu CuO bestimmt werden. Zu diesem Zweck verdünnt man das Filtrat von der Bleibestimmung nach dem Verkochen des Alkohols und fällt Kupfer noch einmal mit Schwefelwasserstoff. Zur Sicherheit kann man den Kupferoxydniederschlag in Salpetersäure lösen und danach die Kupfermenge kolorimetrisch bestimmen. Seite 139

Aus dem Filtrat von der Blei-Kupfer-Fällung bestimmt man Chrom, Vanadium, Titan, Mangan, Calcium, Magnesium und Nickel. Man gibt zunächst zu dem von Schwefelwasserstoff befreiten Filtrat Natriumperoxyd bis zum Alkalischwerden und zusätzlich 1 g Na_2CO_3. Man erhitzt die Lösung (etwa 300 ccm) 5 Minuten zum Sieden und filtriert durch einen Goochtiegel ab. Man löst in verdünnter Salzsäure (s. unten) Seite 67 und wiederholt die Abscheidung noch zweimal in derselben Weise, da der Rückstand Chrom hartnäckig festhält. Der Rückstand enthält zum Schluß das gesamte Eisen, Mangan, Titan, Calcium, Magnesium und Nickel.

Man löst den Rückstand in verdünnter Salzsäure (w. oben), fällt Eisen, Mangan und Titan mit Bromammoniak wie angegeben. Seite 48 Man filtriert durch ein schnellaufendes Filter, löst den neuen Niederschlag in verdünnter Salzsäure und gibt ihn in ein 100 ccm-Kölbchen. 25 ccm der Lösung verwendet man zur kolorimetrischen Titanbestimmung, Seite 149 und ferner 50 ccm zur Manganbestimmung, indem man durch zweimaliges Abdampfen mit Salpetersäure die Salzsäure vertreibt und Mangan kolorimetrisch mit Wismutat bestimmt. Seite 163 Das Filtrat von der Bromammoniakfällung macht man essigsauer und fällt Calcium als Oxalat. Seite 21 In das Filtrat von der Calciumfällung gibt man einige Kubikzentimeter konz. Salzsäure und zerstört durch Kochen nach Zugabe von 5 ccm 3%iger Wasserstoffperoxydlösung den Oxalatüber- Seite 48 schuß. Danach führt man die Magnesiumbestimmung als Phosphat zu Ende und im Filtrat von der Magnesiumbestimmung die Nickel- Seite 52 bestimmung mit Diazetyldioxim.

Das erste natronalkalische Filtrat enthielt das gesamte Vanadium und Chrom. Man säuert die Lösung mit Salpetersäure an, gibt 40 ccm Eisessig auf 500 ccm Gesamtflüssigkeit hinzu und stumpft mit Natronlauge ab, bis die Lösung essigsauer wird (Rotfärbung von Kongopapier). Darauf fällt man Chrom und Vanadin mit Bleiacetat als Bleichromat und Bleivanadat. Man erhitzt zum Sieden und filtriert durch ein gedichtetes Filter. Man löst den Rückstand in möglichst wenig Salpetersäure, entfernt Blei mit Schwefelwasserstoff, dampft das Filtrat mit Schwefelsäure bis zum kräftigen Rauchen ein und erhitzt die Lösung, nachdem man den Überschuß an Schwefelsäure mit Natronlauge weitgehend abgestumpft hat, solange mit Kaliumpermanganat, bis die rote Farbe des Permanganats längere Zeit bestehen bleibt. Man setzt ein Körnchen Mangansulfat zu und kocht weiter, bis das gesamte Permanganat wieder in MnO_2 umgewandelt ist, und filtriert. Man versetzt das Filtrat mit 25 ccm Schwefelsäure (1 : 1), verdünnt auf ein Gesamtvolumen von 300 ccm und titriert zunächst mit frisch eingestellter Ferrosulfatlösung die Summe von Chrom und Vanadin und durch Rücktitration bei 70° C mit kaltem Permanganat das Vanadium allein. Diese Titration wird am zweckmäßigsten Seite 221 potentiometrisch ausgeführt.

Hat man, wie eingangs erwähnt, nicht sauer, sondern alkalisch gelöst und mit Natriumsulfid gefällt, so erfährt der oben beschriebene Arbeitsgang folgende Abänderung:

Man filtriert die Sulfide durch eine größere mit Asbest präparierte Nutsche, löst den Niederschlag mit heißer verdünnter Salzsäure (s. w. u.), filtriert vom Asbest ab und leitet nach dem Verdünnen auf etwa 200 ccm Schwefelwasserstoff ein. Nun verfährt man weiter wie bei dem salzsauren Aufschluß. Es ist zu beachten, daß beim Lösen in Natronlauge und Fällen mit Natriumsulfid das Vanadin in Lösung bleibt.

2. Trennungsgang für Aluminiumlegierungen, welche neben Si und Fe, Cu, Mn, Mg enthalten

Man löst 2 g Späne nach Otis-Handy, filtriert und bestimmt in Seite 36 der dort angegebenen Weise die Kieselsäure. Aus dem Filtrat bestimmt man Kupfer elektrolytisch. Seite 217

Die kupferfreie Lösung gibt man in einen 500 ccm-Meßkolben und füllt auf. 250 ccm (1 g Einwaage) versetzt man mit Natronlauge (1 : 3) und 5 ccm 3%iger Wasserstoffperoxydlösung, erhitzt zum Sieden und läßt absitzen. Nach etwa 4 Stunden filtriert man durch ein schnellaufendes Filter und löst den Rückstand in verdünnter Salzsäure (7 ccm konz. Salzsäure, 3 ccm Wasserstoffperoxyd (3%ig), 50 ccm heißes Wasser), gibt 20 ccm 25%ige Ammonchloridlösung hinzu und fällt zweimal mit Bromammoniak. Seite 48 In den vereinigten Filtraten wird Magnesium mit Ammoniumphosphat gefällt. Den Rückstand von der Bromammoniakfällung löst man mit verdünnter Schwefelsäure (5 ccm konz. Schwefelsäure, 3 ccm Wasserstoffperoxyd (3%ig), 75 ccm heißes Wasser), raucht kurz ab, nimmt wieder mit Wasser auf und titriert in der Seite 79 Kälte das Eisen mit Titantrichlorid.

Für die Manganbestimmung werden die restlichen 250 ccm in der angegebenen Weise mit Natronlauge gefällt und nach dem Absitzen filtriert. Man löst den Rückstand in verdünnter Salzsäure und bestimmt Mangan nach Volhard-Wolff. Man kann den Seite 114 Rückstand jedoch auch in verdünnter Salpetersäure lösen und Mangan nach Hampe oder mit Wismutat bestimmen. Seite 110 u. 113

3. Trennungsgang für Aluminiumlegierungen, welche neben Si und Fe, Cu, Mn, Mg, Zn, Ni, Ti enthalten

Man löst 2 g Späne nach Otis-Handy und bestimmt nach dem Seite 36 Filtrieren in der dort angegebenen Weise die Kieselsäure. Im Filtrat wird Kupfer elektrolytisch bestimmt. Salpetersäurezusatz Seite 217 ist wegen der späteren Zinkabscheidung zu vermeiden.

Die kupferfreie Lösung gibt man in einen 500-ccm-Meßkolben und füllt auf. 250 ccm werden mit Natronlauge (1 : 3) im Überschuß versetzt und anschließend mit 3 ccm 3%iger Wasserstoffperoxydlösung. Man kocht auf und filtriert nach dem Absitzen. Man löst den Rückstand in verdünnter Salzsäure (7 ccm konz. Salzsäure, 3 ccm Wasserstoffperoxyd (3%ig), 50 ccm heißes

Seite 114 Wasser) und titriert Mangan nach Volhard-Wolff. Man kann den Rückstand stattdessen auch mit verdünnter Salpetersäure (10 ccm konz. Salpetersäure, 3 ccm Wasserstoffperoxyd (3%ig), 50 ccm heißes Wasser) lösen und nach dem Einengen die Manganbestim-
Seite 110 u. 113 mung entweder nach Hampe oder nach der Wismutatmethode ausführen.

Zur Zinkbestimmung fällt man die restlichen 250 ccm aus dem Meßkolben ebenfalls mit Natronlauge und Wasserstoffperoxyd, löst den Rückstand nach dem Filtrieren in verdünnter Schwefelsäure (5 ccm konz. Schwefelsäure, 3 ccm Wasserstoffperoxyd [3%ig], 75 ccm heißes Wasser) und wiederholt die Natronlaugefällung, da der Rückstand immer eine gewisse Menge des Zinks zurückhält. In den vereinigten Filtraten wird Zink elektrolytisch
Seite 223 bestimmt.

In dem Rückstand von der Natronlaugetrennung werden Titan, Magnesium und Nickel bestimmt. Man löst den Rückstand in verdünnter Salzsäure (s. oben), gibt 20 ccm 25%ige Ammonchloridlösung hinzu und fällt zweimal mit Bromammoniak, um
Seite 48 Magnesium und Nickel abzutrennen. Den Rückstand löst man in verdünnter Salzsäure (s. oben), engt etwas ein und bestimmt
Seite 149 Titan kolorimetrisch.

Zu den vereinigten Filtraten von der Bromammoniakfällung gibt man Ammonphosphat und bestimmt Magnesium. Im Filtrat von der Magnesiumfällung bestimmt man Nickel entweder elektro-
Seite 219 u. 52 lytisch oder mit Diacetyldioxym.

Die Eisenbestimmung wird in einer gesonderten Einwaage vorgenommen.

Die Eisenbestimmung kann auch aus dem Niederschlag der Zink-
Seite 79 oxydfällung nach der Mangantitration nach Volhard-Wolff erfolgen. Man kann zu diesem Zweck den Niederschlag abfiltrieren, in verdünnter Salzsäure lösen und mit Titantrichlorid titrieren.

4. Trennungsgang für eine Vielstofflegierung, welche neben Fe und Si, Cu, Pb, Sn, Zn, Cr, Mn, Mg, Ti, Ni, Co enthält

Zur Bestimmung sind in diesem Fall drei gesonderte Einwaagen nötig. In der ersten Einwaage werden Cu, Pb, Sn, Cr bestimmt, in der zweiten Einwaage Mn, Mg, Ti, Ni, Co, Zn und in der dritten Einwaage Fe und Si.

a) Man löst 2 g Späne in 20 ccm konz. Salzsäure nach Zusatz von ca. 1 g Kaliumchlorat. Man verkocht das Chlor, verdünnt mit heißem Wasser und filtriert heiß von der ausgefallenen Kieselsäure ab. In das heiße Filtrat leitet man Schwefelwasserstoff ein und filtriert durch eine mit Asbest präparierte Nutsche. Im Filtrat befindet sich das Chrom neben anderen Legierungsbestandteilen. Zur Chrombestimmung versetzt man das Filtrat (150—200 ccm) mit Natronlauge (1 : 3) im Überschuß und 10 ccm 10%iger Natriumsulfidlösung. Der Rückstand enthält neben Eisensulfid, Chrom als Hydroxyd. Man löst ihn mit verdünnter Salpetersäure (10 ccm konz. Salpetersäure, 3 ccm Wasserstoffperoxyd, 3%ig, 75 ccm heißes Wasser) und verkocht den Schwefelwasserstoff. Das Chrom kann dann durch Oxydation mit Natriumwismutat be- Seite 95
stimmt werden.

Den Niederschlag von der H_2S-Füllung zieht man mit farblosem Natriumsulfid aus. Der Auszug enthält das Zinn als Sulfostannat, aus welchem es nach der beschriebenen Weise elektrolytisch oder titrimetrisch bestimmt werden kann. Seiten 124 u. 225

Die Sulfide des Bleis und Kupfers werden mit verdünnter Salpetersäure (s. oben) vom Asbest gelöst. Die durch Filtration vom Asbest befreite Lösung wird mit 5 ccm Schwefelsäure (1 : 1) versetzt und abgeraucht. Man nimmt die Sulfate in der beschriebenen Weise auf und filtriert Bleisulfat ab. Im Filtrat bestimmt man Kupfer nach dem Verkochen des Alkohols elektrolytisch. Seite 217
Es ist natürlich auch möglich, Blei und Kupfer gemeinsam elektrolytisch abuzscheiden, wobei Blei anodisch als PbO_2 bestimmt wird. Seite 213

b) Man löst 2 g Späne nach Otis-Handy und dampft ein. Nach dem Lösen des Abrauchrückstandes in 400 ccm Wasser leitet man in die etwa 70° heiße Lösung eine halbe Stunde lang Schwefelwasserstoff ein und filtriert die Sulfide nebst Kieselsäure ab. Das Filtrat gibt man in einen 500-ccm-Meßkolben und entnimmt einerseits zur Manganbestimmung 250 ccm und andererseits zur Bestimmung von Magnesium, Titan, Nickel, Kobalt und Zink ebenfalls 250 ccm. Man verkocht zunächst den Schwefelwasserstoff, gibt Natronlauge (1 : 3) im Überschuß hinzu, versetzt mit 3 ccm Wasserstoffperoxyd (3%ig) und kocht auf. Die Hydroxyde werden abfiltriert, der Rückstand mit verdünnter Schwefelsäure(5 ccm konz. Schwefelsäure, 3 ccm Wasserstoffperoxyd, 3%ig, 50 ccm heißes Wasser) gelöst und die Natronlaugefällung wiederholt, um die Trennung des Zinks vom Rückstand quantitativ durchzuführen. Seite 223 In den vereinigten Filtraten bestimmt man Zink elektrolytisch. Der Rückstand wird in verdünnter Salzsäure gelöst (7 ccm konz. Salzäure, 3 ccm Wasserstoffperoxyd (3 $^0/_0$ig), 50 ccm heißes Wasser) und nach Zugabe von 20 ccm 25%iger Ammon- Seite 48 chloridlösung die beschriebene Bromammoniakfällung zweimal ausgeführt. Der Rückstand enthält Eisen, Mangan, Titan und Reste von Aluminium. Man löst ihn in verdünnter Salzsäure, engt auf ein Volumen von etwa 20 ccm ein, filtriert in einen 100-ccm- Seite 149 Meßkolben und bestimmt Titan kolorimetrisch.

Das Filtrat von der Bromammoniakfällung enthält Magnesium, Nickel und Kobalt. Man bestimmt zunächst Magnesium in der Seite 48 beschriebenen Weise als Phosphat. Aus dem Filtrat werden Nickel Seite 217 und Kobalt gemeinsam elektrolytisch abgeschieden. Die Trennung des Nickels und Kobalts erfolgt dann in der angegebenen Weise. Zur Manganbestimmung werden, wie oben erwähnt, aus dem Meßkolben 250 ccm entnommen. Aus der Lösung wird mit Natronlauge und Wasserstoffperoxyd in der beschriebenen Weise Braunstein abgeschieden und der Rückstand in verdünnter (s. oben) Salpetersäure gelöst. Im Anschluß daran bestimmt man Seite 110 Mangan entweder nach Hampe oder nach der Wismutatmethode.

c) Zur Bestimmung von Silicium und Eisen löst man 2 g nach Seite 36 Otis-Handy. Es ist nur darauf zu achten, daß wegen des Gehaltes an Blei ein Auswaschen der Kieselsäure mit heißer Ammonacetatlösung erforderlich ist. Da die Eisenbestimmung mit Titantrichlorid von Kupfer gestört wird, ist es erforderlich, das Filtrat von der Kieselsäurebestimmung mit Schwefelwasserstoff von fällbaren Bestandteilen zu befreien. Nach der Filtration wird der Schwefelwasserstoff verkocht, in der Kälte mit Permanganat oxy- Seite 79 diert und Eisen mit Titantrichlorid bestimmt.

5. Trennungsgang für eine Aluminiumlegierung, Bestimmung des Zinks und Magnesiums mit Oxychinolin

Grundsätzliches. Zink und Magnesium können nach der Abtrennung sämtlicher anderer Legierungsbestandteile mit Oxychinolin gefällt werden, und zwar wird zuerst das Zink aus essigsaurer Lösung und im Anschluß daran das Magnesium aus ammonikalischer Lösung gefällt. Es lassen sich nach dieser Methode sowohl kleine Mengen Zink von großen Mengen Magnesium als auch umgekehrt große Mengen Zink von kleinen Mengen Magnesium abtrennen. Diese Methode hat gegenüber der Phosphat-Methode den Vorteil, daß man die Zinkfällung sehr rasch abfiltrieren kann. Würde man die Magnesiumfällung mit Phosphat vornehmen und im Anschluß daran die Zinkbestimmung, so hätte man mit sehr viel größeren Wartezeiten zur Ausbildung genügend großer Kristalle zu rechnen.

Zu beachten ist ferner, daß Magnesium-Ammonium-Phosphat immer kleinere Mengen Zinkammon-Phosphat einschließt. Die Größe der Einschlüsse hängt von der Menge der beiden Bestandteile ab und von den physikalischen Bedingungen.

Ausführung der Bestimmung. Man löst 1 g der Legierung Seite 36 nach Otis-Handy. Aus dem Filtrat von der Kieselsäurebestimmung entfernt man Kupfer elektrolytisch oder durch Einleiten Seite 217 von Schwefelwasserstoff. Letztes ist vor allem dann zu empfehlen, wenn noch andere mit Schwefelwasserstoff fällbare Bestandteile vorhanden sind. Das Filtrat wird mit Natronlauge (1 : 3) übersättigt, auf etwa 400 ccm verdünnt und mit 15 ccm 10%iger Na_2S-Lösung versetzt. Man kocht kurz auf und läßt einige Stunden absitzen. Nach dem Abfiltrieren spritzt man den Niederschlag in das Becherglas zurück und löst mit verdünnter Salzsäure (7 ccm konz. Salzsäure, 3 ccm Wasserstoffperoxyd (3%ig), 50 ccm heißes Wasser). Die Lösung kocht man auf, versetzt mit 20 ccm 25%iger Ammonchloridlösung und fällt in der beschriebenen Weise mit Bromammoniak. Da der Niederschlag Seite 48 immer beträchtliche Mengen Zink und Magnesium einschließt, ist er noch einmal in verdünnter Salpetersäure (7 ccm konz. Salzsäure, 3 ccm Wasserstoffperoxyd (3%ig), 50 ccm 70° heißes Wasser) oder verdünnter Salzsäure zu lösen und die Fällung zu wiederholen. Aus den vereinigten Filtraten fällt man Nickel mit Diacetyldioxym. Die nickelfreie Lösung säuert man mit Seite 52 einigen Tropfen Salzsäure an, gibt Ammonacetat hinzu bis Kongopapier gerade nach rot umschlägt. Die essigsaure Lösung soll einen p_H-Wert zwischen 4,0 und 4,5 haben. Nun fällt man Zink bei Zimmertemperatur durch Zugabe von 15 ccm einer 2%igen alkoholischen Oxychinolinlösung in geringem Überschuß. Nach kräftigem Rühren läßt man den Niederschlag absitzen und filtriert durch einen gewogenen Porzellanfiltertiegel. Man wäscht 6mal mit heißem Wasser und trocknet entweder bei 100—105° C (Faktor = 0,1718) oder bei 120—130° C (Faktor = 0,1849). Der bei 105° C getrocknete Niederschlag enthält 1½ Mole Wasser, während der bei 120° C getrocknete Niederschlag wasserfrei ist. Das Filtrat von der Zinkfällung versetzt man mit 10 ccm 2%iger alkoholischer Oxinlösung und 15 ccm konz. Ammoniak. Man erhitzt kurz zum Sieden, läßt absitzen und filtriert durch einen gewogenen Porzellanfiltertiegel. Man trocknet bei 100—105° C (Faktor = 0,0698) oder bei 130—140° C (Faktor = 0,0778). Der bei 105° C getrocknete Niederschlag enthält 2 Mole Wasser, während der andere wasserfrei ist.

6. Trennungsgang für eine Aluminiumlegierung, Bestimmung von Silicium und Blei

Man löst 3 g der Legierung mit 100 ccm Säuregemisch nach Seite 36 Otis-Handy. Nach dem Filtrieren der Kieselsäure wäscht man mit 10%iger kalter Schwefelsäure aus. Der Niederschlag, welcher die gesamte Bleimenge enthält, wird in das Becherglas zurückgegeben und mit 40 ccm Ammonacetatlösung (500 ccm NH_4OH konz., 500 ccm H_2O, 500 ccm CH_3COOH konz.) gekocht. Man filtriert wieder durch dasselbe Filter, wäscht mit heißem Wasser und bestimmt die Kieselsäure in der üblichen Weise. Das Filtrat erhitzt man zum Sieden, versetzt tropfenweise mit 5 ccm 5%iger Kaliumchromatlösung, kocht 1 Minute und gibt noch 20 ccm Kaliumchromatlösung hinzu. Man erhitzt, bis der Niederschlag grob kristallin wird und eine orangefarbene Tönung annimmt, dann läßt man erkalten. Man filtriert, wäscht gut mit kaltem Wasser aus, löst den Niederschlag in 50 ccm kalter Salzsäure (1 : 1), versetzt mit 10 ccm 10%iger Kaliumjodidlösung und titriert mit $^1/_{20}$-n-Thiosulfatlösung und Stärke als Indikator. 1 ccm $^1/_{10}$-n-Thiosulfatlösung entspricht 0,0069 g Blei.

7. Trennungsgang für eine Aluminiumlegierung, Trennung von Mangan und Magnesium bei Anwesenheit von Blei [52])

Seite 6 Man löst 3 g Späne in 80 ccm 10%iger Natronlauge, verdünnt mit heißem Wasser auf etwa 300 ccm und filtriert. Aus dem Filterrückstand löst man durch Behandeln mit 30 ccm heißer 10%iger Schwefelsäure, welche in kleinen Portionen durch das Filter gegeben wird, Mangan und Magnesium heraus. Man wäscht mit heißem Wasser nach. Das Filtrat wird mit Ammoniak bis zum Auftreten eines leichten Niederschlages versetzt und darauf dieser wieder mit einigen Tropfen 10%iger Schwefelsäure gelöst. Man verdünnt auf 100 ccm, setzt 10 ccm 10%ige Schwefelsäure hinzu und 20 ccm 25%ige Ammonpersulfatlösung und kocht 10 Minuten zur Fällung des Mangans als MnO_2. Nach dem Abfiltrieren und Waschen des Niederschlages wird Mangan entweder nach Hampe Seite 110 in Oxalsäure gelöst und mit Permanganat titriert, oder in Salpetersäure gelöst und nach dem Wismutatverfahren bestimmt. Das Seite 113 Filtrat von der Abscheidung des Mangandioxyds kocht man 10 Minuten lang lebhaft. Man gibt eine Aluminiumdrahtspirale (75 ccm Draht 0,4 mm ∅) aus Raffinationsmetall hinzu und 10 ccm konz. Salzsäure. Damit wird das in der Lösung enthaltene Blei als Bleischwamm abgeschieden. Man kocht, bis die nach einiger Zeit auftretende Dunkelfärbung eine rötliche Tönung annimmt. Man filtriert, gibt 40 ccm Weinsäure (20%ig) und 30 ccm Ammonchloridlösung (25%ig) hinzu und fällt nach dem Abfiltrieren der durch Ammoniak fällbaren Kieselsäure das Magnesium wie üblich als Phosphat. Die Abtrennung des Bleis durch Reduktion ist erforder- Seite 48/49 lich, weil Blei durch Weinsäure nicht in Lösung gehalten wird.

A. Aluminium

II. Abschnitt. Volumetrische Methoden

a) Untersuchung von Reinmetall

Vorbemerkungen

Auch die volumetrischen Methoden finden bei der Leichtmetallanalyse weitgehende Anwendung. Die Grundlagen der volumetrischen Analyse sind allgemein bekannt, so daß an dieser Stelle auf weitere Ausführungen verzichtet werden kann.

Volumetrische Methoden werden bei der Leichtmetallanalyse angewandt, soweit es sich um die Bestimmung von Legierungsbestandteilen und die Bestimmung von größeren Mengen an Verunreinigungen handelt. Bei sehr geringen Verunreinigungen, wie sie beispielsweise im Reinstmetall vorliegen, sind die volumetrischen Methoden praktischerweise nicht anzuwenden, es sei denn, daß man Zeit und Arbeit für die Durchführung eines Anreicherungsverfahrens in Kauf nehmen will. Im allgemeinen aber werden bei der Bestimmung von kleinen und kleinsten Mengen an Verunreinigungen im Leichtmetall bevorzugt kolorimetrische Methoden angewandt. Diesen Überlegungen entsprechend wird im folgenden Reinstmetall nicht genannt.

Eisen-Bestimmung

1. Methode von Margueritte[13])

Grundsätzliches. Die klassische Methode nach Margueritte, bei der Eisen-II-sulfat durch Kaliumpermanganatlösung gemessen wird, ist seit Beginn der hüttenmäßigen Aluminiumerzeugung die in Deutschland übliche Betriebsmethode.

Der Reaktionsablauf vollzieht sich entsprechend der Gleichung:

$$10\,FeSO_4 + 2\,KMnO_4 + 8\,H_2SO_4$$
$$\rightarrow 5\,Fe_2(SO_4)_3 + 2\,MnSO_4 + K_2SO_4 + 8\,H_2O.$$

Reagentien. Man verwendet 25%ige Natriumhydroxydlösung, Schwefelsäure (1 : 1) und Kaliumpermanganatlösung ($^1/_{50}$ n). Es entspricht dann 1 ccm 0,0011168 g Fe, oder man wählt — zur Vereinfachung der Umrechnung — eine Lösung mit dem Eisen-Titer 0,0010 g Fe/ccm. In beiden Fällen nimmt man zur Einstellung Natriumoxalat nach Sörensen.

Apparatur. Als Gefäße benutzt man 500 ccm-Erlenmeyer-Kolben. Bei Massenanalysen empfiehlt sich die Aufstellung von Vorratsflaschen mit Heber und Hahn-Meßzylinder zum Abmessen von Lauge und Säure, sowie die Benutzung einer Bürette mit automatischer Nullpunktseinstellung.

Anwendungsbereich. Die Methode eignet sich für Eisengehalte über 0,05%.

Ausführung der Bestimmung. Man löst 2 g Bohrspäne in einem mit einem Uhrglas bedeckten Erlenmeyer-Kolben in 30 ccm Lauge. Zur Einleitung der Reaktion — aber auch gegen Ende zur Beschleunigung der Auflösung — kann man etwas erwärmen. Dann versetzt man in einem Guß mit 40 ccm Schwefelsäure und schwenkt kräftig um. Die schwefelsaure Lösung ist nach wenigen Augenblicken soweit geklärt, daß man die Titration nach dem Verdünnen mit ca. 200 ccm kaltem Wasser ausführen kann. Man läßt die Permanganatlösung bis zur schwachen, bleibenden Rötung hinzufließen. Diese Rötung, die man der Lösung gibt, ist in der Hand jedes Bearbeiters etwas verschieden. Subjektiv ist dementsprechend auch die Blindprobe, deren Ausführung aus diesem Grund unerläßlich ist. Man beschränkt sich hierbei meistens darauf, zur Lauge die Schwefelsäure zu geben und die Lösung nach dem Verdünnen vorsichtig mit Permanganatlösung zu versetzen und als Blindprobe den Verbrauch festzustellen, der zur deutlichen Rötung erforderlich ist. Man darf aber nicht annehmen, daß unter diesen Bedingungen ein etwaiger Eisengehalt des Natriumhydroxydes berücksichtigt sei. Das Eisen der Lauge verbraucht nur dann Permanganat, wenn es der reduzierenden Wirkung des sich lösenden Metalls ausgesetzt war. Da also die Blindprobe den

Eisengehalt der Lauge nicht erfaßt, kann nur eine praktisch eisenfreie Lauge benutzt werden. Zieht man dennoch aus Sparsamkeitsgründen — z. B. für Massenanalysen — eine Lauge geringerer Qualität vor, so vergewissere man sich des Eisengehaltes mit Hilfe einer Titan-III-chlorid-Lösung und Ammoniumrhodanid als Indikator und schlage den auf Permanganat umgerechneten Verbrauch der sonst unvollständigen Blindprobe zu. Seite 81

Die Methode muß auf Proben in Form von Bohrspänen normaler Stärke beschränkt bleiben, und zwar aus folgendem Grund: Kompakte Aluminiumstücke wie Bleche und Drähte lösen sich in Natronlauge infolge ihrer geringen Oberfläche verhältnismäßig langsam auf. Die Oxydation des feinstverteilten Eisens wird durch die nur am Metallrest vor sich gehende Wasserstoffentwicklung nicht völlig verhindert, so daß die mit Schwefelsäure versetzte Lösung bereits Eisen-III-sulfat enthält, das damit der Titration entgeht. Es ist notwendig, hieraus die Schlußfolgerung zu ziehen und die mit Kaliumpermanganat austitrierte Lösung noch einmal nach der Titanchloridmethode zu kontrollieren, wenn es sich in besonderen Fällen nicht umgehen läßt, das Material anders als in Form von Bohrspänen zur Analyse anzuwenden.

Zusätzliche Hinweise. Bei sich langsam lösenden Aluminiumproben ist die vorzeitige Oxydation nicht zu vermeiden. Diese bereits oben getroffene Feststellung bedeutet sinngemäß, daß auch die sich ausreichend schnell lösende Probe der Oxydation anheimfällt, wenn sie nicht sofort nach der Auflösung in Lauge mit Schwefelsäure versetzt und nach dem Verdünnen sogleich titriert wird.

Die Methode ist nur für Hüttenaluminium gedacht. Andere Metalle (z. B. Cu), die sich durch Permanganat in höhere Wertigkeitsstufen überführen lassen, stören die Titration.

2. Titantrichloridmethode[VII])

Grundsätzliches. Titan-III-chlorid wurde im Jahre 1903 durch E. Knecht in die Maßanalyse eingeführt. Für die Bestimmung des Eisens in salz- oder schwefelsaurer Lösung hat dieses Reagens seitdem immer eine wichtige Rolle gespielt. Der weitgehendsten Einführung in allen Laboratorien hat wohl die Titer-Unbeständigkeit der Titan-III-chloridlösung im Wege gestanden, ein Nachteil, der indessen bei Anwendung bekannter Hilfsmittel unschwer fast völlig behoben werden kann. (Vgl. darüber weiter unten.)

Der Reaktionsverlauf bei der Reduktion des Eisens ist:

$$FeCl_3 + TiCl_3 \rightarrow FeCl_2 + TiCl_4$$

Reagentien. Zur Bereitung von 5 l ca. $^1/_{50}$-n-Maßlösung verfährt man wie folgt:

90—100 ccm der handelsüblichen 15%igen Titan-III-chlorid-Lösung werden zusammen mit ca. 200 ccm Salzsäure (s=1,19) in die zur Vorratslösung bestimmte Flasche (aus braunem Glas) von 5 l Inhalt gebracht. Man füllt dann abgekochtes destilliertes Wasser von ca. 50° ein, bis sich ungefähr 5 l Lösung in der Flasche befinden und verschließt zum Umschwenken mit dem Schliffaufsatz. Darauf stellt man die Flasche auf ihren erhöhten Platz. Zum Schutz der Lösung gegen den Luftsauerstoff hat sich die in der Abbildung (Abb. 6) wiedergegebene Anordnung bewährt. Man stellt den Kohlensäuregasstrom an (Kipp-Apparat) und läßt bei geöffneten Hähnen A und C während des Abkühlens einen langsamen Strom durch Flasche und Bürette hindurchgehen. (Das

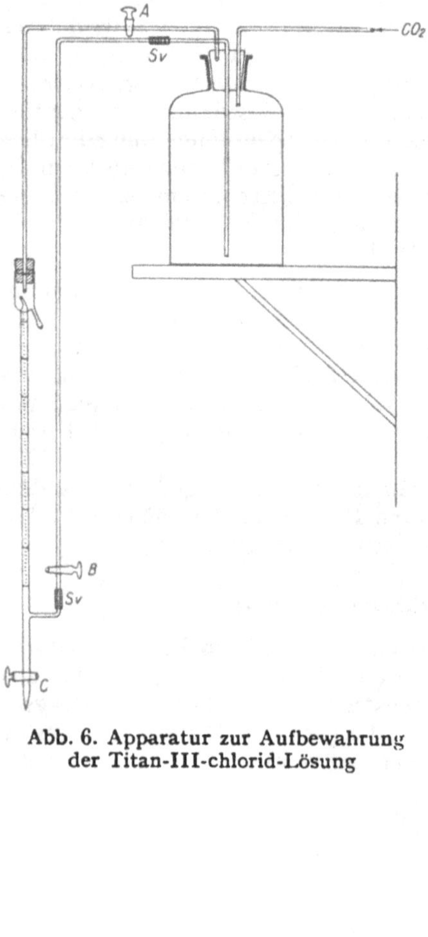

Abb. 6. Apparatur zur Aufbewahrung der Titan-III-chlorid-Lösung

Ablaufrohr am Bürettenaufsatz wird durch einen Gummischlauch mit einem Glasrohr verbunden, das in ein Auffanggefäß führt; die Gummiverbindung wird durch einen Quetschhahn abgeschlossen, der später beim Gebrauch von Zeit zu Zeit zur Entfernung der angesammelten Flüssigkeit geöffnet wird.) Dann schließt man den Hahn *A*, verstärkt den Kohlensäuredruck und öffnet Hahn *B*. Kommt es jetzt nicht sogleich zum Ablauf, so braucht man nur bei *C* einen geringen Unterdruck anzusetzen. Wenn dann bei *B* und *C* geschlossen und bei *A* geöffnet wird, ist die Bürette titrierbereit. Zu den Schlauchverbindungen bei *Sv* wähle man nach Möglichkeit statt Gummi Igelitschlauch.

Selbstverständlich kann auch jede andere ähnliche Vorrichtung benutzt werden, die den Zweck erfüllt, die Titan-III-chlorid-Lösung vor Oxydation zu schützen.

Zur Einstellung benutzt man eine aus Eisenoxyd hergestellte $^1/_{50}$-n-Eisen-III-chloridlösung. Zur Bereitung von 2 l dieser Lösung erwärmt man 3,1936 g Eisenoxyd (nach Brandt) mit 100 ccm Salzsäure (s = 1,19) und verdünnt nach vollständiger Auflösung und Abkühlung im 2 l-Meßkolben. 20 ccm dieser Lösung enthalten 0,022336 g Fe. Man verdünnt diese mit einer Pipette entnommene Menge auf ca. 75 ccm und versetzt mit je 10 ccm Schwefelsäure (1 : 1) und Ammonrhodanid (10%ig). Darauf titriert man — zuletzt langsam — auf farblos. Erwärmt man vorher auf ca. 35°, so geht die Reduktion schneller vor sich, wodurch die Gefahr des Übertitrierens verringert wird.

Den Eisentiter der Titanlösung erhält man sodann wie folgt:

$$\frac{0{,}022336}{a\ (\text{ccm Ti-Lsg.})} = \text{g Fe/ccm}$$

Anwendungsbereich. Die Methode eignet sich für alle Eisengehalte über 0,05%, die sich bis auf etwa ± 0,01% erfassen lassen.

Ausführung der Bestimmung. Zur Eisenbestimmung eignen sich alle Eisen-III-haltigen Lösungen, die keine sonstigen reduzierbaren Bestandteile enthalten. Die Titration selbst ist vorstehend bei der Einstellung der Titan-III-chlorid-Lösung beschrieben.

Besonders zweckmäßig ist die Methode zur Kontrolle der mit Hilfe von Permanganat erhaltenen Werte. Man kann die gerade mit Permanganat titrierte Lösung ohne Rücksicht auf die schwache

Rosafärbung mit Ammonrhodanid versetzen und bis zur Entfärbung mit Titan-III-chlorid-Lösung titrieren.

3. Diphenylaminmethode VII)

Grundsätzliches. In manchen Fällen möchte man eine Methode zur Kontrolle des Eisengehaltes im Aluminium besitzen, welche auf einer anderen Grundlage wie die der schon genannten, beruht. Es hat sich gezeigt, daß man dann, wenn man in salzsaurer Lösung mit einer Kaliumchromatlösung und Diphenylamin als Indikator titriert, zu recht brauchbaren Ergebnissen kommt. Da aber zurzeit die Nachprüfung über den Anwendungsbereich namentlich in bezug auf die Anwesenheit von Legierungsbestandteilen noch nicht abgeschlossen ist, wird die Ausführung der Bestimmung hier nicht beschrieben. Nach den bereits vorliegenden Ergebnissen eines unserer Leichtmetall-Laboratorien ist die Bestimmung, wenn neben Eisen nur Silicium (bis zu einem Gehalt von 0,7%) vorliegt, ohne einen besonderen Trennungsgang durchführbar.

Calcium-Bestimmung

1. Bestimmung über Oxyd

Grundsätzliches. Zur eigentlichen volumetrischen Bestimmung ist nur zu sagen, daß das Calcium als Oxalat abgetrennt, in Calciumoxyd übergeführt und dann mit $^1/_{100}$-n-Salzsäure gemessen wird. Es ist jedoch wichtig, noch hinzuzufügen, daß die Bestimmung wegen des geringen Calciumgehaltes im Metall nur bei richtig durchgeführtem Blindversuch brauchbare Werte ergeben kann.

Reagentien. Zur Durchführung der Analyse sind erforderlich: Salzsäure (1:1); Salzsäure (s = 1,19); Schwefelsäure (s = 1,84). Eisensalzlösung; Wasserstoffperoxyd, 3%ig; Natriumhydroxyd reinst; Natriumoxalat, fest; Ammoniumhydroxyd, kohlensäurefrei; Ammonoxalat, fest; $^1/_{100}$-n-Salzsäure.

Anwendungsbereich. Die Methode in der hierunter angegebenen Form bezieht sich nur auf Calciumgehalte von 0,001 bis 0,01%. Die Genauigkeit ist bei Gehalten von 0,001% Calcium nicht sehr hoch (± 25% des Wertes). Bei 0,01% Ca ist sie wesentlich besser und beträgt ± 3—5% des Wertes.

Ausführung der Bestimmung. Es wurde schon oben angedeutet, daß der blinde Versuch bei dieser Methode eine ausschlaggebende Rolle spielt.

Man wägt entsprechend 25 g Aluminium 230 g Aluminiumchlorid (wie oben beschrieben hergestellt) ab, bringt dieses in Seite 8/9 einen 2-Liter-Becher, gibt 50 ccm Salzsäure (1:1) hinzu, verdünnt auf ca. 500 ccm und stellt warm. Mit einigen Kubikzentimetern verdünnter Salzsäure bringt man soviel Eisensalz in Lösung wie dem Eisengehalt der zu untersuchenden Aluminiumprobe entspricht. Enthält z. B. das zu prüfende Metall 0,20% Eisen, so sind für 25 g Aluminium 0,05 g Eisen in Form des Salzes aufzulösen und der Lösung des blinden Versuches hinzuzufügen. Damit ist nun diese Lösung in jeder Hinsicht vergleichbar der eigentlichen Analysenlösung, die auf folgende Weise hergestellt wird: 25 g Bohrspäne, die sich in einem 2-Liter-Becher befinden, werden mit der erforderlichen Vorsicht in Salzsäure (1:1) gelöst. Man setzt die Salzsäure immer nur in kleinen Mengen hinzu, insgesamt sollen 500 ccm Salzsäure (1:1) angewandt werden. (Auch dann, wenn vielleicht schon 450 ccm zur Auflösung hinreichend erscheinen!) Schon während des Lösungsvorganges muß beim blinden Versuch folgendes genau beachtet werden: 1. Die Becher sollen neu und gleicher Art sein. 2. Die Temperatur der Blindlösung ist im Einklang mit der Analysenlösung zu steigern. Nur wenn beide Punkte befolgt werden, bleibt die aus dem Gerät herrührende Calciummenge vergleichbar. Daß überhaupt Calcium aus dem Glas in Lösung geht, ist vorauszusehen, daß jedoch die Menge nicht allein von der angewandten Salzsäure abhängt, sondern daß die Aluminiumchloridlösung ein weit größeres Lösungsvermögen besitzt, mußte erst erwiesen werden.

Das Volumen beider Lösungen wird nach erfolgtem Auflösen der letzten Metallspäne gleichgemacht und das Eisen der Analysenlösung mit 5—10 ccm Wasserstoffperoxyd oxydiert.

Zur Überführung der sauren Aluminiumchloridlösungen in Aluminatlösungen bereitet man sich — wieder in zwei Bechern gleicher Art — eine Lauge von je 200 g Natriumhydroxyd in 500 ccm Wasser. Man gibt die Lauge ca. 50° warm unter Umrühren in die sauren Lösungen und fügt sofort ca. 10 ccm 5%ige Natriumoxalatlösung hinzu. Die Aluminatlösungen werden noch etwa 5 Min. zum Sieden erhitzt und dann in der Wärme zum Absitzen abgestellt. Der Eisenniederschlag läßt häufig auf sich warten. Man filtriert deshalb frühestens nach Ablauf von 4 Std., wäscht mit carbonathaltigem Wasser aus und löst den Niederschlag auf dem Filter in 50—100 ccm warmer Salzsäure (1:1). Die in einem 500-ccm-Becher befindliche Lösung wird zur Vertreibung der Salzsäure weit eingeengt und wieder auf ca. 300 ccm verdünnt. Dann fällt man mit kohlensäurefreier Ammoniumhydroxydlösung das Eisen, dampft das Filtrat, das man sogleich schwach ansäuert (Methylorange) auf ca. 100 ccm ein und fügt eine kleine Menge festes Ammonoxalat hinzu. Aus der zum Sieden erhitzten Lösung wird sodann mit Ammonhydroxydlösung (1 : 1) das Calcium als Oxalat gefällt. Wenn man einige Minuten am Kochen hält, setzt sich der Niederschlag in gut filtrierbarer Form ab. Man filtriert ohne auszuwaschen und verascht in einem einwandfreien Porzellantiegel. Zur Titration gibt man ca. 3 ccm Wasser auf die Asche, fügt einige Tropfen Phenolrotlösung als Indikator hinzu und läßt aus einer Mikrobürette $^1/_{100}$-n-Salzsäure hinzutropfen, bis auch nach Auskochen der Lösung keine Nachrötung mehr auftritt.

Berechnungsbeispiel.

Verbrauch b. d. Analyse:	2,3 ccm	$^1/_{100}$-n-Lsg.
,, beim Blindversuch:	0,9 ,,	,,
,, für den Ca-Gehalt :	1,4 ,,	,,

$$\frac{1{,}4 \cdot 0{,}0002 \cdot 100}{25} = 0{,}0011\%\ \mathrm{Ca}$$

2. Bestimmung über Oxalat

Man fällt das Calcium in der beschriebenen Weise als Oxalat,
Seite 19 filtriert nach dem Absitzen durch einen mit Asbest präparierten

Goochtiegel und gibt den Tiegel in das Trennungsbecherglas zurück. Nun löst man das Oxalat durch Zugabe von 10 ccm Schwefelsäure (1:1) und 100 ccm Wasser unter Erhitzen zum Sieden. Nach Entfernen des Tiegels wird direkt mit $^1/_{100}$-n-Kaliumpermanganatlösung titriert.

Kohlenstoff-Bestimmung[66])

Grundsätzliches. Während die Kohlenstoffbestimmung im Eisen heute wohl kaum noch im Wege der nassen Verbrennung durchgeführt wird, weil wesentlich schnellere Methoden gefunden wurden, ist das Chrom-Schwefelsäure-Verfahren unter Benutzung des Corleis-Kolbens bei der Aluminiumuntersuchung auch jetzt noch üblich. Allerdings ist bei dem meist geringen Kohlenstoffgehalt des Aluminiums an die Stelle der Kohlensäurewägung die Titration getreten.

$$Ba(OH)_2 + CO_2 \rightarrow BaCO_3 + H_2O$$

Nach dieser Gleichung wird die Kohlensäure durch Baryt-Lauge bekannter Normalität als Absorptionsflüssigkeit gebunden. Durch Rücktitration der Lauge mit eingestellter Salzsäure läßt sich die aufgenommene Kohlensäure sehr genau bestimmen.

Reagentien. Zur Durchführung der Bestimmung sind folgende Lösungen erforderlich:

Kalilauge (1 : 1); Baryumhydroxydlösung für Spiralwaschflaschen und 3. Ente: 30 g $Ba(OH)_2 \cdot 8H_2O$ in 1 l Wasser lösen, Seite 86 abfiltrieren und gut verschlossen aufbewahren; Chromsäurelösung kalt gesättigt, zweckmäßig in Vorratsflasche mit Bodenkörper aufbewahren; Kupfersulfatlösung: 100 g $CuSO_4$ $5H_2O$ in 1 l Wasser lösen; Schwefelsäure, konzentriert; ferner als Maßlösungen: ca. $^1/_{10}$-n-Baryumhydroxydösung (die Lösung ist vor Kohlensäure geschützt aufzubewahren und vor jedem Gebrauch mit $^1/_{10}$-n-Salzsäure zu titrieren), ferner $^1/_{10}$-n-Salzsäure.

Anwendungsbereich. Der Kohlenstoffgehalt des Metalles kann 0,005—0,05% betragen. Die Genauigkeit beträgt etwa ±10% des Wertes.

Apparatur. Die Apparatur besteht aus einem Corleis-Kolben, dessen eingeschliffener Kühler mit einem fünf Kugelkühler der Abbildung entsprechend kombiniert ist. Vom Kugelkühler wird das Gas in die Volhardschen Enten (1—3) geleitet, die sich als Auffanggefäße hier weitaus am besten bewähren. Der durch diese Apparatur zu leitende Luftstrom muß sorgfältig von Kohlensäure befreit sein. Zu diesem Zweck passiert die Luft einen Turm, der unten mit Kalilauge (1 : 1) und oben mit Natronkalk beschickt wird, ferner mindestens eine Spiralgaswaschflasche mit Baryt-Lauge. Eine gleiche Anordnung, d. h. Turm und Waschflasche wird außerdem gebraucht, um die Volhardschen Enten (1) und (2) vor ihrer Beschickung mit eingestellter Barytlauge mit kohlensäurefreier Luft auszuspülen.

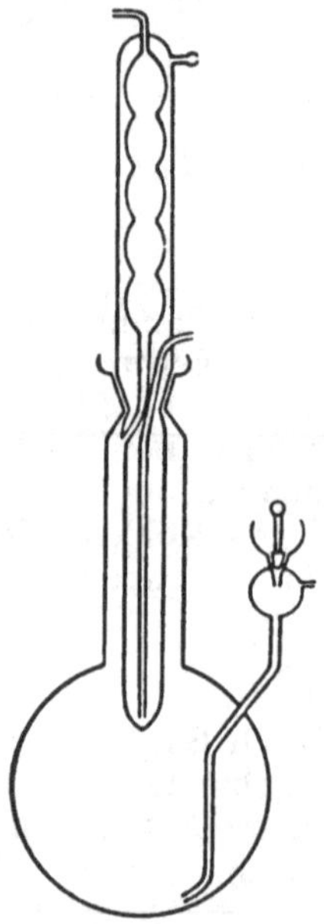

Abb. 7. Corleis-Kolben für die Kohlenstoff-Bestimmung

Ausführung der Bestimmung. Man gibt in den Corleis-Kolben von möglichst 1,5 l Fassungsvermögen 50 ccm Chromsäurelösung, 150 ccm Kupfersulfatlösung, sowie 200 ccm konzentrierte Schwefelsäure, stellt einen nicht zu langsamen Luftstrom ein und bringt die an sich schon warm gewordene Flüssigkeit innerhalb 10 Min. zum Sieden und kocht weitere 60 Min. Während dieser Zeit befindet sich nur die Volhardsche Ente (3) am Ende der Apparatur. Die Enten (1) und (2) werden leer an die parallel geschaltete Waschapparatur angeschlossen. Man läßt die Flüssigkeit im Corleis-Kolben auf ungefähr 50° abkühlen und kann dann mit dem eigentlichen Versuch beginnen. Die Volhardschen Enten (1) und (2) werden zwischen Corleis-Kolben und der Ente (3) angeschlossen, nachdem sie mit 15 ccm ca. $^1/_{10}$-n-Baryt-Lauge und 35 ccm ausgekochtem Wasser angefüllt sind. Dann hebt man den Kühler heraus und gibt durch einen langen und weiten Fülltrichter 3 g gut gesäuberte und entfettete Bohrspäne des zu untersuchenden Materials hinein und setzt den Kühler sofort wieder auf. Nachdem jetzt der Gasstrom etwas gedrosselt worden ist, steigert man die Temperatur, bis ein langsames gleichmäßiges Sieden einsetzt. Während dieser Zeit achtet man besonders darauf, daß sich das Gaseintrittsrohr des Corleis-Kolbens nicht durch auskristallisierende Chromsäure verstopft. Man vermeidet diesen Nachteil durch häufiges Bewegen des Kolbeninhaltes. Die Auflösung des Metalles geht praktisch ohne Wasserstoffentwicklung vor sich. Das Ende des Lösungsvorganges ist deshalb schlecht zu beobachten. Einstündiges Kochen und $^1/_4$stündiges Nachspülen mittels des Luftstromes — der nach dem Abstellen der Flamme etwas zu verstärken ist — wird jedoch mit Sicherheit ausreichen.

Die Titration. Die Volhardsche Ente (1) wird darauf mit Phenolphtalein versetzt und unverzüglich mit $^1/_{10}$-n-Salzsäure unter Schwenken und unter Ausspülen des Ansatzes auf farblos titriert. Zur Sicherheit wird auch die Ente (2) in gleicher Weise titriert. Wurde in dieser Vorlage ein deutlich sichtbarer Baryumkarbonat-Niederschlag erkannt, so ist der Gasstrom bei folgenden Versuchen etwas zu reduzieren.

Der Blindversuch. Trotz Durchspülens der Vorlagen (1 und 2) mit kohlensäure-freier Luft läßt sich das Hinzutreten von CO_2 beim Beschicken nicht ganz vermeiden. Man versäume deshalb nicht, einen Blindversuch durchzuführen.

Berechnungsbeispiel. Bei der Titration von 15 ccm Baryt-Lauge wurden 13,9 ccm $^1/_{10}$-n-HCl verbraucht.

Die Rücktitration der Vorlage (1) ergab 12,8 ccm.

Die Rücktitration der Vorlage (2) ergab 13,6 ccm.

Der Gesamtverbrauch beträgt also 27,8—26,4 = 1,4 ccm $^1/_{10}$-n-Lösung. Hiervon ist eventuell noch der beim Blindversuch erhaltene Wert abzuziehen:

$$\frac{1{,}4 \,.\, 0{,}0006 \,.\, 100}{3} = 0{,}028\,\%\ \mathrm{C}.$$

Zusätzliche Hinweise.

1. Die angegebene Einwaage von 3 g kann nicht beliebig erhöht werden, selbst wenn der geringe Gehalt an Kohlenstoff eine solche Erhöhung wünschenswert erscheinen läßt. Auf alle Fälle muß Einwaage und Verbrennungsflüssigkeit in allen ihren Teilen in dem angegebenen Verhältnis bleiben.

2. Die Chromsäuremenge in Sonderheit darf nicht verringert werden. Hier ergibt sich eine Explosionsgefahr besonders dann, wenn man auf ein mit Kupferoxyd beschicktes Verbrennungsrohr zwischen Corleis-Kolben und Gasauffanggefäßen nicht verzichten will. In diesem Falle sollte aus Sicherheitsgründen statt Luft Stickstoff durch die Apparatur geleitet werden.

3. Ist man nicht im Besitz des Corleis-Kolbens mit Kugelkühleraufsatz, so muß dem Blindversuch größere Beachtung zugewandt werden. Es ist dann das Übergehen kleiner Säuremengen aus dem Kolben nicht ganz zu vermeiden.

Natrium-Bestimmung [14] [15] [36]

Grundsätzliches. Die allgemeinen Gesichtspunkte, die das Natrium betreffen, sind schon im Abschnitt „Gravimetrische Seite 22 Methoden" erörtert worden. Titrieren läßt sich das Natrium, wenn es in irgendeiner Form angereichert wurde. Es sind hier zwei Verfahren zu besprechen, einmal die Titration des Zinkuranylacetats und zweitens die Titration nach dem Ausschmelzverfahren. Das Prinzip für die letzte Methode ist schon unter Seite 12 „Anreicherungsverfahren" beschrieben worden. Man benutzt die Eigenschaft des Natriums, sich im geschmolzenen Zustand weitgehend an der Oberfläche des Aluminiums zu sammeln. Dabei wird es oxydiert und zu Natriumcarbonat umgewandelt. Das Verfahren ist jedoch nur als ein technisches Schnellverfahren zu bezeichnen, da man nur einen ungefähren Anhaltspunkt über die vorhandenen Mengen an Natrium erhält.

1. Die Titration des Natrium-Zinkuranylacetates

a) Titration mit Kaliumpermanganat nach Gall und Heinig [14])

Man löst das Natrium-Zinkuranylacetat, welches man nach der unter „Gravimetrische Methoden" beschriebenen Weise gewonnen hat mit 30 ccm 5-n-Schwefelsäure und spült den Glassintertiegel mit kaltem Wasser nach. Man gießt diese Lösung durch einen Cadmium-Amalgam-Reduktor, wobei das 6-wertige Uran zu 4-wertigem Uran reduziert wird. Die reduzierte Lösung wird durch ein schnellaufendes Papierfilter filtriert, um Cadmiumreste zu entfernen und entstandenes 3-wertiges Uran zu 4-wertigem Uran aufzuoxydieren. Die grüne Lösung ($U^{····}$) wird mit $^1/_{50}$-n- oder $^1/_{100}$-n-Kaliumpermanganatlösung titriert. Seite 23

1. $2\,NaZn(UO_2)_3(CH_3COO)_9\ 6\,H_2O + 9\,H_2SO_4$
$= Na_2SO_4 + 2\,ZnSO_4 + 6\,UO_2SO_4 + 18\,CH_3COOH + 6\,H_2O;$

2. $UO_2SO_4 + H_2SO_4 + 2\,H = U(SO_4)_2 + 2\,H_2O;$

3. $5\,U(SO_4)_2 + 2\,KMnO_4 + 2\,H_2O$
$= 5\,UO_2SO_4 + K_2SO_4 + 2\,MnSO_4 + 2\,H_2SO_4.$

1 Äquivalent entspricht $^1/_6$ Atom Na und
1 ccm $^1/_{50}$-n-$KMnO_4$ entspricht 0,0767 mg Na.

Der Eisentiter der Kaliumpermanganat-Lösung multipliziert mit 0,06864 ergibt den Natriumtiter.

b) Titration mit Natronlauge und Salzsäure nach Dobbins und Byrd [36])

Man löst das nach der gravimetrischen Methode gewonnene Natrium-Zinkuranylacetat in heißem Wasser. Man versetzt mit einigen Tropfen Phenolphthalein und titriert mit $^1/_2$-n-Natronlauge bis zur deutlich alkalischen Reaktion. Dann erhitzt man zum Sieden. Wenn hierbei die Rotfärbung verschwindet, gibt man solange Natronlauge zu, bis die Farbe 5 Min. bestehen bleibt. Der Überschuß an Natronlauge wird anschließend mit $^1/_2$-n-Salzsäure zurücktitriert. Da es sich hier im allgemeinen um kleine Mengen Natrium handelt, verwendet man zur Titration zweckmäßig Büretten mit der Einteilung in $^1/_{100}$ Kubikzentimeter. Seite 23

$$NaZn(UO_2)_3(CH_3COO)_9 \cdot 6\,H_2O + 10\,NaOH$$
$$= 9\,NaC_2H_3O_2 + Na_2U_2O_7 + ZnUO_4 + 11\,H_2O.$$

10 Äquivalente NaOH entsprechen 1 Äquivalent Na und 1 ccm $^1/_2$-n-NaOH entspricht 1,150 mg Na.

2. Ausschmelzverfahren[15])

Ausführung der Bestimmung. 100 g der betreffenden Metallprobe werden in einen Eisentiegel gegeben, welcher am zweckmäßigsten einen wassergekühlten Deckel besitzt. Der Tiegel wird in einen Heizofen gesetzt, und zwar so, daß nur der untere Teil (2/3) der Hitze ausgesetzt ist. Sobald das Metall geschmolzen ist, hält man es 15 Minuten auf Temperatur, dann kühlt man die Probe ab und gibt sie in ein 250 ccm fassendes Becherglas. Das Innere des Tiegels, sowie die untere Seite des Deckels spült man gut mit heißem Wasser ab und gibt das Waschwasser in das Becherglas. Man füllt letztes so weit, daß die Probe gut mit Wasser bedeckt ist und erhitzt auf ca. 90° C (Wasserbad). Man nimmt die Metallprobe aus dem Becherglas heraus, färbt die Lösung mit Methylrot an und titriert mit $^1/_{100}$-n-Schwefelsäure auf rot (schwacher Überschuß), erhitzt zum Sieden und titriert mit $^1/_{100}$-n-Natronlauge zurück.

Man wiederholt das Einschmelzen und Titrieren, bis das Metall keine wesentlichen Mengen Alkali (weniger als 0,5 ccm $^1/_{100}$-n-Schwefelsäure) mehr enthält.

1 ccm $^1/_{100}$-n-Schwefelsäure entspricht 0,00023 g Na.

Stickstoff-Bestimmung

Ausführung der Bestimmung. Stickstoff findet sich im Aluminium in Form von Aluminiumnitrid und kann verhältnismäßig einfach durch Zersetzen des Metalles in Salzsäure und Bestimmung des erhaltenen Ammoniaks nach dem Kjeldahlverfahren ermittelt werden. In gleicher Weise kann man jedoch auch das Metall direkt mit Natronlauge zersetzen und Stickstoff als Ammoniak übertreiben.

Im allgemeinen kommt man mit einer Einwaage von 10 g Spänen aus, da bei einem Gehalt von 0,006% schon 4—5 ccm $^1/_{100}$-n-HCl verbraucht werden. Bei sehr reinem Metall setzt man etwas Quecksilberchlorid hinzu, um die Zersetzung in Salzsäure zu beschleunigen. Der Überschuß an Natronlauge wird so gewählt, daß sich das Aluminium gerade als Aluminat löst und noch ein Überschuß von etwa 20 ccm Natronlauge (1 : 3) vorhanden ist. Zum Auffangen des übergetriebenen Ammoniaks wird Salzsäure in üblicher Weise mit Methylrot angerötet. Seite 292

Diese Bestimmung ergibt sehr genaue Resultate.

---

b) Untersuchung von Legierungen

Chrom-Bestimmung

1. Titantrichloridmethode VIII)[67][68])

Grundsätzliches. Eine Chromi-haltige Aluminiumlösung läßt sich nicht unmittelbar mit Kaliumpermanganat titrieren. Auch wenn man dem Vorschlag von Reinitzer und Conrath[67]) folgt, die zur Abstumpfung der freien Mineralsäure Natriumacetat zusetzen, erfolgt die Oxydation nur zögernd. Bei Anwendung eines großen Permanganatüberschusses kann man dagegen auch in mineralsaurer Lösung $Cr^{\cdot\cdot\cdot}$ in CrO_4'' überführen. Damit sind dann die Voraussetzungen zur Anwendung solcher volumetrischen Methoden gegeben, die wiederum auf der Reduktion von Chromat beruhen. Nach Entfernung des überschüssigen Permanganates und Zersetzung des bei der Reduktion von Permanganat gebildeten Braunsteins kann man z. B. nach Jatar[68]) die chromathaltige Lösung auf überschüssige Ferrolösung einwirken lassen und das gebildete Ferriion mit Titan-III-chlorid-Lösung genau titrieren.

Die folgenden Reaktionsgleichungen geben die chemischen Vorgänge wieder:

1. $$Cr_2O_3 + Mn_2O_7 \rightarrow 2CrO_3 + 2MnO_2$$

2. $$2K_2CrO_4 + 6FeSO_4 + 8H_2SO_4 \rightarrow 3Fe_2(SO_4)_3 + Cr_2(SO_4)_3 + 2K_2SO_4 + 8H_2O.$$

Reagentien. Zur Oxydation des Chromisalzes benutzt man eine ca. $^1/_{10}$-n-Kaliumpermanganat-Lösung, deren Überschuß man mit 20%iger Ammonchloridlösung entfernt. Außerdem gebraucht man eine kalte gesättigte Kaliumbikarbonatlösung und eine 3—5%ige Lösung von Ammoneisensulfat $[(NH_4)_2\,Fe(SO_4)_2 \cdot 6H_2O]$, die in 1 Ltr. 100 ccm Schwefelsäure

(1 : 1) enthält. Die für die eigentliche Titration erforderlichen Lösungen sind an anderer Stelle angegeben. Seite 80/81

Anwendungsbereich. Der Chromgehalt kann beliebig sein. (Der angegebene Permanganatüberschuß ist ausreichend für Legierungen mit 1% Chrom.) Die Gehalte lassen sich bis auf etwa ± 0,01% erfassen, bei Anwesenheit von Kupfer bis auf etwa ± 0,02%.

Ausführung der Bestimmung. Von der Legierung werden 10 g wie beschrieben in Mischsäure gelöst. Nach dem Abrauchen, Seite 36 Lösen und Filtrieren wird in einem 500 ccm Meßkolben aufgefüllt. Anschließend werden 50 ccm in einen 500 ccm-Erlenmeyer-Kolben abpipettiert. Man erhitzt zum Sieden, läßt 15 ccm Kaliumpermanganatlösung hinzufließen und ca. 2 Minuten weiterkochen. Dann versetzt man mit 10 ccm Ammonchloridlösung und setzt das Kochen fort, bis aller Braunstein verschwunden ist. Man erhält eine Lösung, die je nach dem Chromgehalt mehr oder weniger stark gelb gefärbt ist. (Bei Gegenwart von viel Kupfer ist die Lösung grünstichig.) In die noch siedende Lösung gibt man zum Schluß ca. 50 ccm Bikarbonatlösung möglichst in einem Guß oder aus einer schnellaufenden Pipette. Nach dem Abkühlen versetzt man mit 20 oder 25 ccm Ferrolösung und dann mit 20 ccm Ammonrhodanidlösung und titriert wie üblich.

Der Verbrauch an Titanlösung umfaßt außer Chrom

1. Das Eisen der Legierung (Titration vergleiche vorstehend, Seite 80 — bei Gegenwart von Kupfer nachstehend). Seite 96
2. Einen evtl. Eisen-III-Gehalt der Eisen-II-Salzlösung. (Durch eine besondere Titration des gleichen Volumens zu ermitteln.)
3. Einen Kupfergehalt der Legierung (auch dieser ist gesondert zu bestimmen).

Man muß also alle mit Titan-III-chloridlösung reduzierbaren Bestandteile berücksichtigen und findet dann nach Abzug des Verbrauchs der genannten Bestandteile vom Gesamtverbrauch den prozentualen Chromgehalt aus:

ccm Ti-Lösung × Fe-Titer × 0,3105 × 100.

Zusätzliche Hinweise. Bei der Entfernung des Permanganatüberschusses und der Braunsteinsuspension durch Ammonchlorid in mineralsaurer Lösung soll nicht länger gekocht werden, als zu dem genannten Zweck erforderlich ist, weil sonst langsam die Reduktion von Chromat einsetzt.

Die Chromat-haltige Lösung muß zunächst mit Eisen-II-Salz-Lösung reduziert und darf dann erst mit dem Rhodanindikator versetzt werden, weil sonst augenblicklich — und zwar auch bei geringer Ammonrhodanidkonzentration — eine quantitative Reduktion des CrO_4-Ions vor sich geht. Es ist bemerkenswert, daß diese Reduktion überhaupt nicht eintritt, wenn der Kupfergehalt der Lösung beträchtlich ist. In solchem Falle kann man die Lösung unmittelbar mit Titan-III-chlorid-Lösung ohne Eisen-II-Salz-Zusatz titrieren. Auch schon kleine Mengen von Kupfer haben eine erstaunliche Wirkung: Die vorzeitige Reduktion des CrO_4-Ions durch Ammonrhodanid wird auf ein Bruchteil zurückgedrängt, selbst wenn die Rhodanidkonzentration vervielfacht wird!

2. Eisensulfat-Permanganat-Methode VIII)[69])

Grundsätzliches. An volumetrischen Methoden zur Chrombestimmung, die auf der Reduktion des Chromations beruhen, besteht bekanntlich kein Mangel. Nachdem hier bereits die
Seite 92 Titantrichloridmethode ihren Platz gefunden hat, soll bei der Auswahl einer weiteren Methode der Gesichtspunkt maßgebend sein, daß eine fast hundertjährige Anwendungszeit eindeutig dann für eine Methode spricht, wenn diese, selbst nach so langer Zeit noch zu den gebräuchlichsten gehört. Dies trifft zu für die von Schwarz[69]) im Jahre 1849 mitgeteilte Methode, bei der eine gemessene Menge Eisen-II-Salz-Lösung zur Analysenlösung gegeben und der Überschuß durch eine Kaliumpermanganattitration ermittelt wird.

Reagentien. Bezüglich der zur Vorbereitung bis zur eigentlichen Titration erforderlichen Lösungen kann auf die Angaben
Seite 92 der vorstehenden Methode verwiesen werden.

Die Maßlösungen werden wie folgt bereitet: $^1/_{50}$-n-Kaliumpermanganatlösung ist mit Natriumoxalat nach Sörensen einzustellen.

Für die Eisen-II-Salz-Lösung wägt man 8 g Eisenammonsulfat $[(NH_4)_2Fe(SO_4)_2\ 6H_2O]$ ab und verdünnt nach Zusatz von 25 ccm Schwefelsäure (1 : 1) auf 1 Liter.

Anwendungsbereich. Der Chromgehalt kann beliebig sein; die Legierung darf Kupfer nicht enthalten. Es läßt sich der Gehalt bis auf etwa ± 0,01% erfassen.

Ausführung der Bestimmung. Man löst 5 g der Legierung in ca. 115 ccm Mischsäure unter vorsichtigem Zusatz von ca. 40 ccm Seite 36
Salzsäure (s = 1,19) und dampft die Lösung bis zum Rauchen der Schwefelsäure ein. Danach wird mit 250 ccm heißem Wasser aufgenommen, bis zur Klärung gekocht und — falls die Bestimmung des Siliciums erforderlich ist — die Kieselsäure abfiltriert. Das Filtrat wird im Meßkolben auf 250 ccm verdünnt. Jetzt entnimmt man 50 ccm der Lösung zur Überführung des Chromisulfats in Chromat. Dieser Vorgang ist vorstehend genau Seite 93
beschrieben. Liegt die Chromatlösung fertig vor, so läßt man unter leichtem Schwenken 25 ccm Eisen-II-Salz-Lösung hinzufließen und titriert sofort den Überschuß der Eisen-II-Salz-Lösung mit eingestellter $^{1}/_{50}$-n-Permanganatlösung zurück. Zur Berechnung des Chromgehaltes ist folgende Vortitration erforderlich: 25 ccm Eisen-II-Salz-Lösung werden mit 10 ccm Schwefelsäure (1:1) versetzt, mit ca. 75 ccm kaltem, abgekochtem Wasser verdünnt und sofort mit Permanganatlösung bis zur gerade erkennbaren Rosafärbung titriert. Von diesem Verbrauch ist der Permanganatverbrauch bei der eigentlichen Titration abzuziehen. Die Differenz in Kubikzentimetern ausgedrückt multipliziert mit 0,0003467 (dem Chromtiter einer $^{1}/_{50}$-n-Lösung) ergibt den Chromgehalt je 1 g Legierung.

3. Wismutatmethode

Grundsätzliches. Die Bestimmung des Chroms in Vielstofflegierungen läßt sich zweckmäßig auch in der Weise ausführen, daß man Chrom in salpetersaurer Lösung mit Natriumwismutat zu Chromat oxydiert und dann mit Ferrosulfat und Kaliumpermanganat titriert.

Ausführung der Bestimmung. Man löst 2 g Späne mit ca. 50 ccm Salzsäure (1:1). Bei Anwesenheit von Kupfer gibt man etwas Salpetersäure hinzu. Man verdünnt auf etwa 200 ccm und fügt Natronlauge im Überschuß hinzu. Um Kupfer, Kobalt und Nickel in Lösung zu halten, setzt man 30 ccm einer 20%igen Kaliumcyanidlösung hinzu und fällt die übrigen Bestandteile mit

15 ccm 10%iger Natriumsulfidlösung. Man kocht auf, läßt absitzen und filtriert. Den Niederschlag gibt man in das Becherglas zurück und löst mit verdünnter Salzsäure (10 ccm konz. Salzsäure, 3 ccm Wasserstoffperoxyd, 3%ig, 75 ccm heißes Wasser). Man versetzt mit 5 ccm Schwefelsäure (1 : 1) und dampft bis zum Rauchen ab. Man verdünnt auf 80 ccm, versetzt mit 30 ccm Salpetersäure (1 : 1) und 3 g Natriumwismutat. Durch halbstündiges Kochen wird das Mangan zuerst zu Permanganat umgesetzt und dann als MnO_2 abgeschieden; man kann die Ausscheidung durch Zusatz von einigen Mangansulfat-Kristallen beschleunigen. Man filtriert nach dem Einengen auf 20 ccm durch eine Glasfilternutsche mit Asbestpolster und wäscht kalt mit ca. $^1/_{10}$-n-Salpetersäure. Das Filtrat verdünnt man auf etwa 150 ccm, gibt einen Überschuß an ca. $^1/_{50}$-n-Ferroammonsulfatlösung hinzu und titriert mit $^1/_{50}$-n-Kaliumpermanganatlösung bis zur schwachen Rotfärbung. Die gleiche Menge Ferroammonsulfatlösung gibt man zu dem Blindversuch und titriert mit Kaliumpermanganatlösung zurück. Die Differenz dieser beiden Bestimmungen ergibt die für die Chrombestimmung verbrauchten Kubikzentimeter an $^1/_{50}$-n-Kaliumpermanganat. Der Umrechnungsfaktor für Chrom ist 0,0003467.

Zusätzliche Hinweise. Ist sehr viel Chrom vorhanden, so muß besonders sorgfältig darauf geachtet werden, daß das zuerst sich bildende Kaliumpermanganat durch weiteres Kochen der Lösung mit Wismutat völlig in MnO_2 umgewandelt wird.

Eisen-Bestimmung

Titantrichloridmethode bei Gegenwart von Kupfer[16])

Grundsätzliches. Eine wesentliche Vervollkommnung der Titantrichloridmethode stellt der Vorschlag Kolthoffs dar, bei Anwesenheit von Kupfer die Eisenbestimmung mit Mekonsäure als Indikator durchzuführen.

Mekonsäure 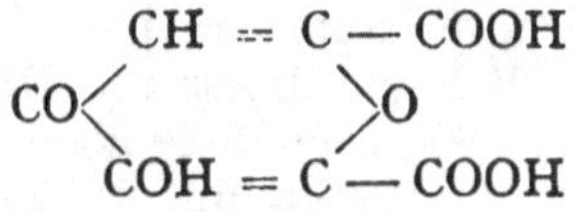 bildet mit $Fe^{\cdot\cdot\cdot}$ eine braunrotgefärbte Verbindung. Beim Versetzen mit Titan-III-chlorid-Lösung geht die Färbung der Lösung zurück bis schließlich bei vollständiger Reduktion des Eisens eine gelbliche oder eine hellgrünlichblaue Lösung hinterbleibt, d. h. sofern die Kupferkonzentration überhaupt groß genug ist, eine Blaufärbung hervorzurufen.

Reagentien. Zur Auflösung der Legierung verwendet man die auch sonst gebräuchliche Mischsäure, die aus 300 ccm Salpetersäure (s = 1,4) und 700 ccm Schwefelsäure besteht. Ferner braucht man Salzsäure (s = 1,19) Aceton, Mekonsäure, Äther und Ammonrhodanid (10%ig). Über die Bereitung, Aufbewahrung und Einstellung der ca. $^1/_{50}$-n-Titan-III-chloridlösung befinden sich oben nähere Angaben. Seite 80

Apparatur. Beabsichtigt man, nur eine Eisenbestimmung durchzuführen, so genügen (zum Auflösen von 2 g Legierung) Becher oder besser Philipps-Becher von 500 ccm Inhalt. Will man jedoch mit Eisen zweckmäßigerweise gleichzeitig Kupfer und evtl. Chrom bestimmen, so empfiehlt es sich, für eine größere Einwaage (10 g) 2 l-Becher zu verwenden und die Lösung im 500 ccm-Meßkolben aufzufüllen. Die Titrationen werden im 500 ccm-Erlenmeyer-Kolben ausgeführt.

Anwendungsbereich. Die Methode eignet sich für alle bei Legierungen (und evtl. Vorlegierungen) vorkommenden Eisengehalte über 0,1%.

Ausführung der Bestimmung. 10 g Legierung übergießt man in einem großen Becher mit ca. 225 ccm Mischsäure und leitet die Auflösung durch vorsichtige Zugabe von konz. Salzsäure ein. Man wiederholt den Salzsäurezusatz, wenn jeweils die Reaktion nachzulassen beginnt und verbraucht insgesamt ca. 75 ccm Salzsäure zum Auflösen, das man zuletzt durch Erwärmen beschleunigt. Wenn alles gelöst ist, kocht man bis zum Rauchen der Schwefelsäure ein. Nach dem Abkühlen nimmt man mit ca. 450 ccm heißem Wasser wieder auf und kocht bis zur Klärung. (Die abgeschiedene Kieselsäure kann man jetzt — falls erwünscht — abfiltrieren und zur Wägung bringen.) Die Lösung bzw. das Filtrat wird in einem 500 ccm-Meßkolben aufgefüllt. 100 ccm dieser Lösung (Pipette!) werden mit ca. 2 g fester Mekonsäure und 25 ccm Aceton versetzt. Beim Erwärmen tritt sogleich die Wiederauflösung der etwa ausgeschiedenen Salze ein, gleichzeitig färbt sich die Lösung je nach dem Eisengehalt mehr oder weniger stark durch Bildung von rotbraunem Ferrimekonat. Die warme Lösung muß jetzt auf 30—35° abgekühlt werden. Erst wenn diese Temperatur erreicht ist, versetzt man mit 20 ccm Äther und titriert sofort auf gelblich bzw. blaßblau. Bei dieser Titration ist die Erwärmung ebenso wie die Zugabe von Aceton und Äther unbedingt erforderlich. Soll die Untersuchung einer Legierung auf Silicium und Eisen beschränkt bleiben, so genügt eine Einwaage von 2 g. Man löst in 45 ccm Mischsäure, scheidet die Kieselsäure wie üblich ab, dampft das Filtrat auf ca. 100 ccm ein und verfährt genau wie oben.

Zusätzliche Hinweise. Der Umschlag erfordert etwas Übung; es wird leicht übertritiert, und zwar um so eher, je langsamer man vor dem Endpunkt titriert.

Aus dem Verbrauch an Titan-Lösung ergibt sich unter Berücksichtigung ihres Eisen-Titers und der in beiden Fällen 2 g betragenden Substanzmenge der prozentuale Eisengehalt.

Es sei darauf verwiesen, daß durch diese Eisenbestimmung die volumetrische Kupferbestimmung mittels Titan-III-chlorid-
Seite 99 Lösung in einfacher Weise ermöglicht wird.

Calcium-Bestimmung

Grundsätzliches. Es kann hier auf die Ausführungen verwiesen werden, die sich auf die Calciumbestimmung im Rein-
Seite 19 Aluminium beziehen. Soweit der Calciumgehalt in Legierungen von gleicher Größenordnung wie im Rein-Aluminium ist, muß auch der Blindversuch in der gleichen Weise durchgeführt werden.

Im übrigen kommen höhere Calciumgehalte in Aluminiumlegierungen nur ausnahmsweise vor. Die sich aus dem Vorhandensein anderer Legierungsbestandteile ergebenden Abweichungen von dem geschilderten analytischen Verfahren können als bekannt vorausgesetzt werden.

Das erhaltene Calciumoxyd wird zweckmäßig mit $^1/_{100}$-n-Kaliumpermanganatlösung titriert!

Kupfer-Bestimmung

Titantrichloridmethode[17])[VII])

Grundsätzliches. Der quantitative Ablauf der Reaktion

$$CuCl_2 + TiCl_3 \rightarrow CuCl + TiCl_4$$

ist die Grundlage der Kupferbestimmung mittels der Titan-III-chlorid-Methode. Da das Cuprorhodanid in verdünnter Lösung keine definierte Eigenfarbe besitzt, braucht man zur Erkennung des Endpunktes einen Indikator. Die Rolle des Indikators kann hierbei Eisen übernehmen. Das ist einfach, wenn an sich eisenfreie Lösungen vorliegen. Man braucht nur eine kleine Menge Eisen-II-Salzlösung zur Kupferlösung hinzuzufügen und erhält augenblicklich die Ferrirhodanidfärbung durch Reduktion der äquivalenten Kupfermenge. Enthält aber die zu titrierende Kupferlösung bereits Eisen-III-Salz, was natürlich bei Legierungen immer zutrifft, so braucht man zwar kein Eisen-II-Salz mehr hinzuzugeben, muß jedoch den Eisen-III-Gehalt in einer besonderen Titration ermitteln, um ihn bei der Gesamt-Titration Fe + Cu zu berücksichtigen.

Reagentien. Es werden die gleichen Reagentien und Hilfsmittel gebraucht wie bei der Eisenbestimmung in kupferhaltigen Legierungen. Seite 96

Anwendungsbereich. Der Kupfergehalt der zu untersuchenden Proben kann 0,1—10% betragen. (Bei Kupfergehalten über 5% ist eine ca. $^1/_{10}$-n-Titan-Lösung der $^1/_{50}$-n-Lösung vorzuziehen.) Es ist der Kupfergehalt bis zu $\pm$ 0,02% erfaßbar.

Ausführung der Bestimmung. Auch an dieser Stelle kann auf die vorstehende Eisenbestimmung verwiesen werden, die in Seite 96 allen Teilen der Kupfer-Titration voraufzugehen hat. Die Titration selbst wird wie üblich ausgeführt. Man versetzt 50 ccm der Lösung (1 g Einw. entsprechend) mit ca. 30 ccm Wasser und titriert nach Zusatz von 20 ccm Ammonrhodanid bis zum Verschwinden der Rotfärbung. Die bei der Titration auftretende Trübung bzw. Fällung von weißem Kupfer-I-rhodanid stört nicht. Dagegen darf das schwarze Kupfer-II-rhodanid nicht ausfallen. Unter den genannten Bedingungen von Titrationsvolumen und Säuregehalt wird die Bildung von Kupfer-II-rhodanid bei normalen Kupfergehalten sicher vermieden. Bei Gehalten über 5% empfiehlt sich eine größere Verdünnung bzw. Abstumpfung der Säure mit Natronlauge.

Seite 96 Die Eisenbestimmung mit Mekonsäure als Indikator ist ein Bestandteil dieser Methode zur Kupferbestimmung. Es ist der auf Eisen bezügliche Verbrauch an Titanlösung vom Gesamtverbrauch abzuziehen. Dann ergibt sich der prozentuale Kupfergehalt bei 1 g Einwaage aus:

ccm Titanlösung × Eisentiter × 1,1384 × 100.

Zusätzliche Hinweise. Die Eisenbestimmung unter Verwendung von Mekonsäure mit ihrer für Ungeübte etwas schwierigen Endpunktbestimmung belastet naturgemäß auch die Kupferbestimmung.

Magnesium-Bestimmung

1. Oxinbetriebsmethode [IX), XXX)]

Grundsätzliches. Die Arbeiten von R. Berg[XXX)] und anderen über das o-(8)-Oxychinolin haben die analytische Chemie um eine große Anzahl hervorragend zuverlässiger Methoden bereichert. Man kann leicht feststellen, daß die Anwendung dieses Reagenses, das der Kürze halber meistens „Oxin" genannt wird, immer allgemeiner wird. Es wird wohl kaum ein Laboratorium geben, das nicht zur Benutzung immer weiterer Oxinmethoden schreitet.

wenn erst einmal die eine oder die andere Bestimmung mit Hilfe von Oxin als gut erkannt wurde.

Selbstverständlich konnte auch die Maßanalyse erhebliche Vorteile aus der Einführung des Oxins ziehen. Es kann hier nur auf die Arbeiten von R. Berg[xxx]) verwiesen werden.

Allen in den genannten Arbeiten beschriebenen volumetrischen Methoden liegt nun — wenn auch in verschiedener Weise — die Äquivalenzbeziehung zwischen dem zu bestimmenden Element und Oxin zu Grunde. Es muß also eine quantitative Trennung von allen Oxychinolate bildenden Elementen voraufgehen. Für Betriebslaboratorien sind volumetrische Methoden aber gerade dann besonders geeignet, wenn sie ohne zeitraubende Trennungsverfahren die Bestimmung einzelner Bestandteile unmittelbar gestatten. Diesem Idealfall stehen noch nahe genug solche Arbeitsverfahren, bei denen die Abtrennung in einfacher und schneller Weise nur soweit durchgeführt wird, daß die beabsichtigte volumetrische Bestimmung durch die nicht vollständig abgetrennten Begleitmetalle nicht mehr gestört wird. So ist Magnesium-Oxychinolat, verunreinigt durch die Oxychinolate von Mangan, Eisen, Aluminium, Titan, Nickel und Kupfer (d. h. einzeln oder gemeinsam) einer acidimetrischen Bestimmung zugänglich, die nicht nur einfach, sondern auch genau ist.

Versetzt man die gut ausgewaschene Oxin-Fällung mit einem Überschuß eingestellter Schwefelsäure, so löst sich Magnesium-Oxin leicht auf. Die verunreinigenden Metall-Oxine lösen sich je nach der Größe des gewählten Säureüberschusses zum Teil ebenfalls, aber weniger leicht. Fügt man nun einen Indikator hinzu und titriert die überschüssige Säure mit eingestellter Natriumhydroxyd-Lösung, so bilden sich entsprechend dem Fortschreiten der Neutralisation die begleitenden Oxychinolate zurück. Am Neutralpunkt gibt es keine Sulfate der Begleitmetalle mehr, sondern nur noch Oxychinolate. Die überschüssige Säure ist also, selbst wenn sie vorübergehend gebunden war, eindeutig titrierbar. Magnesium dagegen beginnt erst gerade wieder Oxin zu binden, wenn die überschüssige Schwefelsäure neutralisiert ist. Entsprechend der folgenden Gleichung

$$MgSO_4 + 2\,Oxin \rightarrow Mg(Oxin)_2 + H_2SO_4$$

entsteht jedoch hierdurch aufs neue Schwefelsäure. Der „Endpunkt" würde jetzt verwischt erscheinen. Man würde weiter Lauge hinzusetzen, der Vorgang der Säurebildung würde sich wiederholen und man würde einen scharfen Endpunkt überhaupt nicht erhalten. Versetzt man aber mit Äther, so tritt der Umschlagspunkt mit der notwendigen Deutlichkeit auf, weil die Ätherschicht das freie Oxin aufgenommen hat und so den Ablauf der Reaktion im Sinne der Pfeilrichtung verhindert. (Bei dieser Gelegenheit sei noch erwähnt, daß die Ätherlöslichkeit ebenfalls mit der Neutralisation Hand in Hand geht. Oxychinolin hat bekanntlich nicht nur sauren, sondern auch basischen Charakter und bildet mit Säuren Salze, die nicht ätherlöslich sind.)

Reagentien. Zur Durchführung der Analyse braucht man die folgenden Lösungen: 10%ige Natriumhydroxyd-Lösung; Salzsäure (s = 1,19) (1:9); 20%ige Ammonchlorid-Lösung; 3%ige Wasserstoffperoxyd-Lösung; Methylrot-Lösung 0,02% (alkohol.); Ammoniak-Wasser (1:1) und (1:3); Oxin-Lösung (45 g 8-Ortho-Oxychinolin lösen in 960 ccm Methanol); $^1/_5$-n-Schwefelsäure; $^1/_5$-n-Natriumhydroxyd-Lösung; Äther (neutral) und Indikatorlösung (1 g Phenolrot lösen in 250—300 ccm Methanol, mit Wasser auf 2 l verdünnen).

Anwendungsbereich. Nach dieser Methode lassen sich alle magnesiumhaltigen Aluminiumlegierungen analysieren. Die Begleitmetalle sind in der weiter unten beschriebenen Weise zu berücksichtigen.

Die Genauigkeit schwankt naturgemäß entsprechend dem Magnesiumgehalt und der gewählten Einwaage. Bei einem Gehalt von 0,1% Mg ist die Genauigkeit mindestens ± 10% des Wertes, bei einem Gehalt von 10% Mg ist die Genauigkeit ± 1% des Wertes, bei einiger Übung sogar leicht doppelt so groß.

Ausführung der Bestimmung. Bei der Mannigfaltigkeit der magnesiumhaltigen Legierungen ist es notwendig, einige Gruppen zu unterscheiden, weil die Arbeitsweise aus später zu erläuternden Gründen den jeweils vorliegenden Verhältnissen anzupassen ist.

1. Gruppe. Die Legierung enthält außer Magnesium kein Mangan oder höchstens 25% des Magnesiums. Kupfer und Nickel (sowie Kobalt) können zugegen sein, jedoch nicht mehr als 50%

des Magnesiumgehaltes, und zwar einzeln oder zusammengenommen.

2. Gruppe. Die Legierung enthält mehr Mangan als 25% des Magnesiumgehaltes. Für Kupfer und Nickel (sowie Kobalt) gilt das oben Gesagte.

3. Gruppe. Die Legierung ist in bezug auf das Mangan-Magnesium-Verhältnis wie unter 1) zusammengesetzt, der Gehalt an Kupfer und Nickel (sowie Kobalt) beträgt einzeln oder zusammengenommen jedoch ein Mehrfaches des Magnesiumgehaltes, oder doch mehr als 50%.

4. Gruppe. Die Legierung enthält Mangan wie bei Gruppe 2, außerdem aber noch Kupfer und Nickel (sowie Kobalt) wie bei Gruppe 3.

Diese Gruppeneinteilung gilt ausschließlich vom analytischen Standpunkt aus; sie betrachtet das Verhältnis der genannten Legierungsbestandteile zueinander, nicht aber das Verhältnis zum Aluminium. Das Magnesium-Mangan-Verhältnis ist hierbei von besonderer Bedeutung, weil Mangan von allen vorkommenden Begleitmetallen in analytischer Beziehung mit Magnesium die größte Ähnlichkeit hat. Größere Mengen von Mangan-Oxychinolat würden die Magnesium-Titration stören. Es muß deshalb die Manganabtrennung gründlicher vorgenommen werden, sobald der Mangangehalt etwa 25% des Magnesiumgehaltes ausmacht (vgl. Gruppe 2 und 4).

Bei der Gruppe 3 u. 4 ist ein hoher Gehalt an Kupfer oder Nickel (oder auch Kobalt) aus anderem Grunde und in anderer Weise zu berücksichtigen: Die Oxychinolate dieser Metalle bilden sich leicht, d. h. sie sind auch in schwach saurer Lösung noch beständig und stören deshalb die Titration an sich nicht. Sie verbrauchen jedoch Oxin, was wohl bedacht sein muß, damit die zur Bildung von Magnesium-Oxin erforderliche Menge sicher vorhanden ist. Besser ist es, die Metalle von vornherein größtenteils abzutrennen. Sie befinden sich bei der Auflösung der Legierung in Lauge zusammen mit Magnesium im alkalischen Rückstand. Durch Behandlung dieses Rückstandes mit warmer Salzsäure wird nur Magnesium und — weniger leicht — Mangan gelöst, praktisch ungelöst bleiben Kupfer und Nickel (sowie Kobalt).

5. Gruppe. Hierher gehören die auf Silumingrundlage aufgebauten magnesiumhaltigen Legierungen. Bei der alkalischen Auflösung befindet sich die Masse der Kieselsäure als Aluminiumsilikat gebunden im Rückstand. Durch die Behandlung mit Salzsäure wird das Silikat zersetzt, wodurch unverhältnismäßig viel Aluminium in die mit Ammoniak zu fällende Lösung gelangt. Es ist aus diesem Grunde zweckmäßig, das Aluminiumhydroxyd wegen seiner okkludierenden Eigenschaften aus angemessen großem Volumen zu fällen.

Für die Ausführung der Bestimmung gilt die folgende Orientierungstabelle, die nähere Angaben enthält:

1. über die je nach dem Magnesiumgehalt zu wählende Einwaage,
2. über den Oxinbedarf,
3. über die erforderliche Säuremenge zur Messung des Oxinniederschlages,
4. über die Genauigkeit. Hier ist jeweils eine Durchschnittszahl angegeben, die sich auf den — in der ersten Spalte nicht verzeichneten — mittleren Mg-Gehalt der Legierung bezieht. Grundsätzlich stützt sich die Errechnung der Genauigkeit auf einen Fehlverbrauch von ± 1 ccm $^1/_{10}$-n-Lösung entsprechend 0,001216 g Mg. Dieser Fehler läßt sich wie schon oben gesagt, bei Einarbeitung in die Methode leicht auf die Hälfte reduzieren.

Orientierungstabelle

Mg	Einwaage	angew. Substanz d. h. 4/5 der Einwaage	Oxin-lösg.	1/5-n-H_2SO_4	Genauigk.
%	g	g	ccm	ccm	% d. Wertes
0,1—0,5	12,5	10	15—20	25—50	± 6
0,5—1,0	6,25	5	15—20	50	± 3
1,0—5,0	2,5	2	15—40	50—100	± 2
5—10	1,25	1	20—40	50—100	± 1,5

Ist man sich auf Grund dieser Angaben klar geworden, welche Einwaage etwa in Frage kommt und zu welcher Gruppe die Legierung (in analytischer Hinsicht) gehört, so halte man sich möglichst genau an die hierunter folgenden Vorschriften.

Arbeitsweise für die 1. Gruppe. Man löst die Bohrspäne der Legierung in Lauge; man braucht ca. 25 ccm für je 1 g Legierung. Bei großen Einwaagen (vgl. Tabelle) trägt man die Späne portionsweise in die zuvor erwärmte Lauge ein. Nach beendeter Auflösung verdünnt man etwa um die Hälfte des Volumens und filtriert durch ein Rundfilter ab, das man später mehrfach mit 1%iger Lauge wäscht. Hierauf durchstößt man das Filter mit einer Glasstabspitze und spült den in Lauge unlöslichen Rückstand mit heißem Wasser in einen 500 ccm-Meßkolben, senkt die Glasspitze in das Trichterrohr und bringt in den Trichter einen Teil von 50 ccm der Salzsäure (1 : 9), die in dem zur Auflösung der Legierung benutzten Becher erhitzt wurde. Auf dem Filter verbliebene Reste lösen sich jetzt sofort, zumal die Säure nur langsam ablaufen kann. Man gießt dann die übrige Säure hinterher und spült mit heißem Wasser nach. Sobald sich im Kolben alles gelöst hat, fügt man 50 ccm Ammonchloridlösung hinzu, versetzt mit ca. 5 ccm Ammoniakwasser (1 : 1) sowie mit 2 ccm Wasserstoffperoxyd und verdünnt heiß auf 400—450 ccm. In die dicht vor dem Sieden befindliche Lösung tropft man weiter unter Umschwenken Ammoniak (1 : 1) ein, bis eine leichte Opaleszenz wahrnehmbar wird. Jetzt gibt man Methylrot hinzu und vervollständigt die Fällung mit Ammoniakwasser (1 : 3) bis zum Umschlag in rein gelb. Nach kurzem Aufkochen wird abgekühlt. (Bei Gegenwart von viel Eisen ist der Indikatorumschlag nach gelb schlecht erkennbar. Man hilft sich leicht durch wiederholte Methylrotzugabe und achtet auf den einfallenden Tropfen. — Bei Gegenwart von Kupfer läßt sich der Umschlag ebenfalls nicht erkennen, es genügt jedoch, auf die Blaufärbung zu achten und die Ammoniakzugabe einzustellen, wenn sich die Blaufärbung nicht mehr vertieft).

Nach dem Abfiltrieren der auf 500 ccm aufgefüllten Lösung durch ein Faltenfilter, mißt man 400 ccm ab und hat damit die ursprüngliche Einwaage auf 1, 2, 5 oder 10 g reduziert. Jetzt versetzt man die Lösung mit der erforderlichen Oxinmenge. Die Fällung tritt erst ein, wenn man zur Abstumpfung der freiwerdenden Mineralsäure 5—15 ccm Ammoniak (1:1) hinzugefügt hat (Geruchsprobe!). Der Niederschlag, der zuerst milchig aussieht, nimmt beim Erwärmen auf ca. 60° bald eine gut filtrierbare Form an. Man kann sofort heiß filtrieren und warm waschen. Der ammoniakfreie Niederschlag wird dann samt Filter in einen 500—750 ccm-Erlenmeyer-Kolben gebracht und nach dem Zerreißen des Filters mittels einer Glasspitze mit einer gemessenen Menge $^1/_5$-n-Schwefelsäure übergossen. Der Niederschlag löst sich leicht. Ist der Oxin-Niederschlag durch Begleitmetalle stark verunreinigt, so kann man etwas erwärmen, um sicher zu gehen, daß alles Magnesium-Oxin gelöst ist. Auf völlige Lösung der begleitenden Oxichinolate kann man dagegen verzichten. Nach dem Abkühlen versetzt man mit ca. 50 ccm neutralem Äther. Die gemäß Orientierungstabelle vorgelegte Säuremenge ist normalerweise reichlich bemessen, so daß sich die Rücktitration eines Teils des Überschusses mit $^1/_5$-n-Lauge empfiehlt. Gegen den Endpunkt hin jedoch verwendet man $^1/_{10}$-n-Lauge, die man unter starkem Schütteln einfließen läßt. Der Umschlagspunkt, durch Phenolrot angezeigt (15—20 ccm Indikatorlösung), ist im allgemeinen scharf. Ist er durch reichliche Mangan-Oxin-Mengen (bräunlichgelbe Färbung des Oxingemisches) verschwommen, so kann man bei einer neuen Lösung eine Verbesserung dadurch erzielen, daß man das in diesem Falle allerdings auskristallisierende Oxin erst kurz vor dem erwarteten Umschlag durch Zugabe von Äther in Lösung bringt. Die Rückbildung des Mangan-Oxychinolins scheint auf diese Weise beschleunigt werden zu können.

Zusätzliche Hinweise. Es muß noch kurz erwähnt werden, daß sich der Indikator bei gewissen Stufen der Neutralisation vorzugsweise in der ätherischen Schicht löst und dann verfrüht alkalische Reaktion anzeigt. Man darf sich hier nicht täuschen lassen. Gegen Ende der Reaktion befindet sich das Phenolrot ausschließlich im wässerigen Teil der Lösung und zeigt den Umschlagspunkt scharf an. Bei Serienanalysen und bei ungefähr bekanntem Magnesiumgehalt wird man es deshalb vorziehen, auch den Indikator erst kurz vor dem Endpunkt zuzugeben.

Arbeitsweise für die 2. Gruppe. Die Trennung des Magnesiums vom Mangan läßt sich unter den hier vorliegenden Bedingungen nur dann annähernd vollständig gestalten, wenn die oxydierende

Ammoniakfällung (H_2O_2) bei geringer Ammonsalzkonzentration vorgenommen wird.

Lösen der Legierung, Filtration und Auflösung des Rückstandes erfolgt genau wie bei 1. Gruppe. Der Ammonchloridzusatz fällt jedoch weg. Nachdem man mit 5—8 ccm Ammoniak (1 : 1) die Säure abgestumpft hat, verdünnt man auf ca. 300 ccm, erwärmt auf ca. 60° und gibt 10 ccm Wasserstoffperoxyd und etwas Phenolrotlösung hinzu. Unter Umschwenken tropft man weiter Ammoniak (1 : 1) in den Kolbenhals hinein. Dicht vor dem Neutralpunkt wird die Lösung hellgelb (wenn genügend Eisen-III-salz zugegen ist!), um dann bei beginnender Trübung in rötlich überzugehen. Von diesem Punkt ab gibt man unter starkem Schwenken 18—22 Tropfen 25%iges Ammoniak hinzu und erhitzt bis zum Sieden. Nach dem Abkühlen und Auffüllen werden 400 ccm des Filtrats genau so weiterbehandelt, wie bei Gruppe 1 beschrieben. Auch die Titration selbst wird genau wie dort ausgeführt. (Eisen und Kupfer werden, wenn diese Metalle die Beobachtung des Indikators stören, in der oben angegebenen Weise berücksichtigt. — Es soll hier noch nachgetragen werden, daß reichliche Mengen Nickel unmittelbar im Anschluß an die Ammoniakfällung in der üblichen Weise mit Dimethylglyoxim ausgefällt werden können; ferner sei Seite 52
daran erinnert, daß diese gemeinsame Fällung, die verschiedene Elemente in verschiedener Form enthält, nicht quantitativ zu sein braucht.)

Arbeitsweise für die 3. Gruppe. Auch hier erfolgt Lösung und Filtration wie bei 1. und 2. Lediglich die Behandlung des ausgewaschenen alkalischen Rückstandes ist anders. Um eine, wenn auch nicht vollständige Trennung von Kupfer und Nickel (sowie Kobalt) zu erzielen, läßt man die erwärmte Salzsäure im Filter auf den Rückstand einwirken. Infolge auftretender Wasserstoffentwicklung beim Lösen des metallischen Magnesiums werden die edleren Metalle kaum gelöst. Kupfer und Nickel (sowie Kobalt) bleiben also größtenteils auf dem Filter, das danach gut mit heißem Wasser auszuwaschen ist.

Falls der Rückstand sehr beträchtliche Mengen der genannten Begleitmetalle enthält, kann man natürlich die oben beschriebene

Trennung auch in einem Becher vornehmen, in den man den gesamten Rückstand hineingebracht hat. Man fügt die Salzsäure (1 : 9) hinzu, erwärmt gelinde und filtriert ab, sobald die Wasserstoffentwicklung aufhört. Das Magnesium befindet sich im Filtrat, das man mit dem Waschwasser zusammen im 500-ccm-Meßkolben wie bei Gruppe 1 beschrieben, weiterbehandelt.

Arbeitsweise für die 4. Gruppe. Die bestmögliche Abtrennung der Metalle Kupfer und Nickel (sowie Kobalt) geschieht in der bei Gruppe 3 beschriebenen einfachen Weise. Da sich das Mangan beim Magnesium befindet, ist danach nach Gruppe 2 weiter zu verfahren.

Arbeitsweise für die 5. Gruppe. Zu dieser Gruppe gehören, wie oben bereits gesagt, die siluminartigen Legierungen, in denen Magnesium als Legierungsbestandteil vorkommt. Der Magnesiumgehalt dieser Legierungen ist aber gewöhnlich gering, so daß gemäß Tabelle die Einwaage groß ist. Dadurch ist natürlich ein sehr großer alkalischer Rückstand zu erwarten, dessen erhebliche Aluminiummenge statt aus 400—450 ccm im 500-ccm-Meßkolben aus ca. 900 ccm im 1-Ltr.-Kolben gefällt werden sollte. Dementsprechend verdoppelt man auch das zum Lösen des Rückstandes erforderliche Salzsäurequantum und — falls gleichzeitig zur Gruppe 1 und 3 gehörig — auch die Ammonchloridzugabe. Es sei noch darauf hingewiesen, daß jetzt 800 ccm des Filtrates mit Oxin zu fällen sind!

Beispiel für die Berechnung des Magnesiumgehaltes.

Angewandt:	100 ccm $^1/_5$-n-Schwefelsäure
	50 ccm $^1/_5$-n-Natriumhydroxyd-Lösung
	41,5 ccm $^1/_{10}$-n-Natriumhydroxyd-Lösung

verbraucht:

$$\begin{array}{r} 200{,}0 \\ -\ 141{,}5 \\ \hline 58{,}5 \text{ ccm } ^1/_{10}\text{-n-Schwefelsäure} \end{array}$$

$$\frac{58{,}5 \quad 0{,}001216 \quad 100}{1(\text{g E})} = 7{,}12\%\ \text{Mg}$$

Zusätzliche Hinweise. Der Oxinzusatz nach der Tabelle ist zu gering, wenn die Abtrennung der Begleitmetalle sehr unvollständig war. (Man erkennt größere Mengen Oxychinolate der Begleitmetalle an der Verfärbung des sonst rein hellgelben Magnesiumoxychinolat-Niederschlages). Besteht eine solche Vermutung, so prüfe man das Filtrat durch Zugabe von ca. 5 ccm Oxinlösung.

Andere Hinweise sind im Verlauf der obigen Arbeitsvorschrift mitgeteilt.

2. Phosphatmethode[19])X)

Grundsätzliches. Aus magnesiumhaltigen Lösungen, die allerdings frei sein müssen von allen Elementen, die unter den hier vorliegenden Bedingungen mineralsäurelösliche Phosphate liefern, wird Magnesium als Magnesiumammoniumphosphat gefällt. Der Niederschlag wird ammoniakfrei gewaschen und in einer gemessenen Menge eingestellter Schwefelsäure gelöst und durch Rücktitration mit eingestellter Lauge der Schwefelsäureverbrauch festgestellt. Die Messung vollzieht sich entsprechend der folgenden Reaktion:

$$MgNH_4PO_4 + H_2SO_4 \rightarrow MgSO_4 + NH_4H_2PO_4.$$

Diese Methode kann also im Gegensatz zur Magnesiumbestimmung mit Hilfe von Oxin nicht als Schnellmethode bezeichnet werden. Sie setzt eine quantitative Trennung voraus und wird zweckmäßig im Anschluß an die Manganabtrennung mittels Ammonpersulfat anzuwenden sein. Seite 256

Reagentien. Man braucht Ammoniakwasser (1 : 10) und (1 : 100) zum Auswaschen, ferner als Maßflüssigkeit $^1/_{10}$-n-Schwefelsäure und $^1/_{10}$-n-Natriumhydroxydlösung.

Anwendungsbereich. Die Methode eignet sich zur Magnesiumbestimmung in reinen Lösungen. Bei der Analyse von Aluminiumlegierungen ist sie deshalb da am Platze, wo sich bei der Bestimmung anderer Legierungsbestandteile solche reinen Lösungen zwanglos ergeben. Die Genauigkeit beträgt $\pm$ 5% des Wertes bei Gehalten von ca. 1%, ferner $\pm$ 2% des Wertes bei Gehalten um 5%.

Ausführung der Bestimmung. Die Magnesiumfällung wird in Seite 47 der oben beschriebenen Weise erzeugt. Ob man Weinsäure zusetzen muß, wird davon abhängen, ob man durch eine Ammoniakfällung das Eisen und Aluminium entfernt hat oder nicht. Die Lösung wird dekantiert und der Niederschlag mit Ammoniak (1 : 10) auf das Filter gebracht. Darauf wäscht man wiederholt mit Ammoniak (1 : 100) und schließlich 1—2 mal mit destilliertem Wasser. — Sehr viel weniger Waschflüssigkeit braucht man, wenn man statt eines Papierfilters einen Glasfiltertiegel benutzt. — Dann löst man den Niederschlag in 50—100 ccm warmer $^1/_{10}$-n-Schwefelsäure und titriert nach Zusatz von Methylorange mit $^1/_{10}$-n-Natriumhydroxyd auf rein gelb.

Berechnungsbeispiel. Bei 5 g Einwaage und bei Anwendung von 50 ccm $^1/_5$-n-Schwefelsäure wurden 23,5 ccm $^1/_{10}$-n-Natriumhydroxyd-Lösung titriert.

$$\frac{76{,}5 \cdot 0{,}001216 \cdot 100}{5} = 1{,}86\%\ \mathrm{Mg}$$

Zusätzliche Hinweise.

Das letzte Waschwasser wird getrennt aufgefangen und soll nicht mehr als 0,3—0,5 ccm $^1/_{10}$-n-Schwefelsäure verbrauchen.

Mangan-Bestimmung

1. Kaliumchloratmethode [1])

Grundsätzliches. Mangan wird in salpetersaurer Lösung durch Kaliumchlorat in Mangandioxyd übergeführt; der Niederschlag wird in schwefelsaurer Natriumoxalatlösung reduziert und der Überschuß von Natriumoxalat mit Kaliumpermanganat zurückgemessen.

Diese Vorgänge werden durch die folgenden Gleichungen dargestellt:

1. $Mn(NO_3)_2 + 2KClO_3 \rightarrow MnO_2 + 2KNO_3 + 2ClO_2$

2. $MnO_2 + Na_2C_2O_4 + 2H_2SO_4$
$\rightarrow MnSO_4 + Na_2SO_4 + 2CO_2 + 2H_2O$

3. $Na_2C_2O_4 + 4H_2SO_4 + 2KMnO_4$
$\rightarrow K_2SO_4 + Na_2SO_4 + 2MnSO_4 + 2CO_2 + 4H_2O$

Anwendungsbereich. Die Methode ist für alle Legierungen geeignet, die mehr als 0,2% Mangan enthalten. Die Genauigkeit kann mit $\pm$ 1—3% des Wertes angegeben werden.

Reagentien. Zur Durchführung der Methode sind erforderlich: Salpetersäure (s = 1,4); Salzsäure (s = 1,19); Kaliumchlorat; $^1/_{10}$-n-Natriumoxalat-Lösung, sowie $^1/_{10}$-n-Kaliumpermanganatlösung; verdünnte Schwefelsäure (1 : 5).

Ausführung der Bestimmung. Man löst die in einem Erlenmeyer-Kolben befindliche Legierung (2—5 g E) vorsichtig in Salpetersäure unter Zusatz von Salzsäure. Je 1 g Legierung erfordert etwa 15 ccm Salpetersäure und 10 ccm Salzsäure. Wenn alles gelöst ist, dampft man weit ein und vertreibt die Salzsäure durch mehrmaligen Zusatz von konzentrierter Salpetersäure. Erst wenn sich beim Zugeben keine nitrosen Gase mehr entwickeln, darf man annehmen, daß Salzsäure nicht mehr vorhanden ist. Man engt bis zur öligen Konsistenz ein (bei 2 g Einwaage beträgt das Endvolumen ca. 10 ccm), gibt 5—10 ccm konz. Salpetersäure hinzu, erhitzt wieder bis zum Sieden und streut einige Körner Kaliumchlorat in den Kolben, um gleich darauf mit etwa 3 g Chlorat das Mangan als Braunstein auszufällen. Unter Bewegen der Flüssigkeit läßt man noch einmal aufschäumen, kühlt ab, verdünnt mit ca. 150 ccm kaltem Wasser und filtriert ohne absitzen zu lassen durch ein Papierfilter (evtl. auch Schüttelfilter, besser Asbestfilter, um ein Einwirken organischer Substanzen zu vermeiden!) ab, das man danach sehr gründlich mit heißem Wasser auswäscht, nicht ohne vorher die Hauptmenge des Filtrats vorsichtshalber zu entfernen. Das Wasser soll hierbei nicht gespritzt, sondern vorsichtig aufgegossen werden. Die Filtration bereitet Schwierigkeiten, wenn die Legierung mehr als 1% Si enthält. In diesem Falle ist eine richtige Abscheidung der Kieselsäure erforderlich, die man durch starkes Einengen bis zum Auftreten des Aluminiumsalzes und Wiederaufnehmen und Erwärmen mit Salpetersäure erreicht. (Ist die Kieselsäure außerdem dunkel gefärbt, so ist nach der Abscheidung auch die Filtration zu empfehlen, weil man sonst bei der Weiterbehandlung den Zeitpunkt der völligen Auflösung des Braunsteins schlecht erkennen kann).

Der dunkelbraune Mangandioxyd-Niederschlag wird samt Filter in den ausgespülten Fällungskolben zurückgegeben und 50 ccm $^1/_{10}$-n-Natriumoxalatlösung sowie ca. 25 ccm Schwefelsäure (1 : 5) hinzugesetzt. Man stellt warm (nicht kochen!) und bewegt die Flüssigkeit von Zeit zu Zeit bis alles gelöst ist. Dann verdünnt man auf ca. 200 ccm und titriert ca. 70° heiß das überschüssige Natriumoxalat mit $^1/_{10}$-n-Kaliumpermanganat zurück.

Bei der Einstellung der Maßlösungen überzeuge man sich von der möglichen Einwirkung der Filtermasse auf Kaliumpermanganat. Der Mehrverbrauch soll bei 50 ccm 0,1 ccm nicht überschreiten.

Berechnungsbeispiel. Bei 2 g Einwaage und Anwendung von 50 ccm $^1/_{10}$-n-Natriumoxalatlösung werden 36,38 ccm $^1/_{10}$-n-Kaliumpermanganat verbraucht.

$$\frac{13{,}62 \cdot 0{,}0027465 \cdot 100}{2(\text{g E})} = 1{,}87\%\ \text{Mn}$$

Zusätzliche Hinweise. Es sei auf bereits erwähnte Fehlermöglichkeiten kurz noch einmal hingewiesen:

1. Fällung mit Kaliumchlorat nur bei völliger Abwesenheit von Salzsäure ausführen (Explosionsgefahr!).

2. Zur Gewährleistung einer glatten Filtration: Braunsteinfällung erst abkühlen dann mit kaltem Wasser verdünnen, beim Filtrieren nicht dekantieren; Waschwasser vorsichtig aufgießen; größere Mengen SiO_2 abscheiden.

3. Die saure Oxalatlösung darf nicht gekocht werden.

4. Die Filtermasse darf nicht mit Kaliumpermanganat reagieren, eine Forderung, die bei Verwendung von Asbest ohne weiteres zutrifft.

2. Wismutatmethode[20])

Grundsätzliches. Mangan wird durch Natriumwismutat (desgl. durch Perjodat) in Permangansäure übergeführt, die dann mit überschüssiger Natriumoxalatlösung gemessen wird, indem man den Überschuß mit Kaliumpermanganatlösung zurücktitriert.

Die Oxydation des Mangans (1.) und die Titration der Permangansäure (2.) vollzieht sich den folgenden Gleichungen entsprechend:

1.) $2Mn(NO_3)_2 + 5NaBiO_3 + 16HNO_3$
$\rightarrow 2HMnO_4 + 5Bi(NO_3)_3 + 5NaNO_3 + 7H_2O$

2.) $2HMnO_4 + 5Na_2C_2O_4 + 7H_2SO_4$
$\rightarrow 2MnSO_4 + 5Na_2SO_4 + 10CO_2 + 8H_2O$

Reagentien. Zur Durchführung der Methode braucht man: 20%ige Natriumhydroxydlösung; Salpetersäure ($s = 1,4$); Natriumwismutat; Schwefelsäure (1 : 1); ferner als Maßlösungen: $^1/_{10}$-n-Natriumoxalatlösung und $^1/_{10}$-n-Kaliumpermanganatlösung.

Anwendungsbereich. Die Methode ist anwendbar bei Aluminiumlegierungen mit mehr als 1% Mangan. Sie leistet auch dann gute Dienste, wenn die auf gleicher Grundlage beruhende kolorimetrische Methode zur Bestimmung des Mangans zu Permanganatlösungen führt, deren Gehalte über kolorimetrisch meßbare Konzentrationen hinausgehen. Die Genauigkeit beträgt etwa ± 2% des ermittelten Wertes.

Ausführung der Bestimmung. Man löst 2 g Legierung, die sich in einem 600 ccm-Becher befinden, mit 30 ccm Natriumhydroxydlösung und setzt dann unter Umrühren 30 ccm Salpetersäure hinzu. Hierauf kocht man bis zur beginnenden Kristallisation ein, verdünnt mit ca. 50 ccm heißem Wasser, setzt noch einmal 15 ccm Salpetersäure hinzu und läßt auf Zimmertemperatur abkühlen. Dann trägt man ca. 1 g Natriumwismutat ein und rührt wiederholt um. Nach ca. $^1/_4$ Stunde ist die Umsetzung beendet. Man filtriert den Wismutatschlamm durch einen Jenaer Glasfiltertiegel ab (zweckmäßig ist eine Auflage von Asbestwolle) und wäscht etwas mit kalter Salpetersäure (1 : 20) aus. Das dunkelblaurot gefärbte Filtrat bringt man dann in einen Erlenmeyer-Kolben, versetzt mit 10 ccm Schwefelsäure (1 : 1) und verdünnt auf ca. 200 ccm. Die Titration wird jetzt wie üblich ausgeführt: Man gibt 20—50 ccm $^1/_{10}$-n-Natriumoxalat-Lösung hinein, stellt warm und titriert, wenn ca. 70° erreicht ist, mit $^1/_{10}$-n-Kaliumpermanganat-Lösung zurück.

Berechnungsbeispiel. Bei 2 g Einwaage wurde eine Permanganatlösung vorgelegt, die mit 50 ccm $^1/_{10}$-n-Oxalat-Lösung entfärbt wurde. Bei der Rücktitration des Oxalatüberschusses wurden 14,8 ccm $^1/_{10}$-n-Kaliumpermanganat-Lösung verbraucht:

$$\frac{35{,}2 \cdot 0{,}0010986 \cdot 100}{2} = 1{,}93\,\%\ \mathrm{Mn}$$

Zusätzliche Hinweise. Es ist wichtig, darauf zu achten, daß die für den zweiten Zusatz erforderliche Salpetersäure frei von salpetriger Säure ist.

3. Volhard-Wolff-Methode VII)

Grundsätzliches. Diese seit langem bekannte Methode leistet auch bei der Analyse manganhaltiger Aluminiumlegierungen gute Dienste. Man gelangt durch alkalische Auflösung sehr schnell zu einer weitgehenden Abtrennung des Aluminiums. Den Rückstand bringt man mit Salzsäure in Lösung. Nicht ohne vorher das Eisen zu oxydieren, versetzt man mit der ausreichenden Menge Zinkoxyd und titriert dann heiß mit $^1/_{10}$-n-Kaliumpermanganatlösung.

Der Reaktionsgleichung entsprechend

$$2\,KMnO_4 + 3\,MnCl_2 + 2\,ZnO \rightarrow 5\,MnO_2 + 2\,KCl + 2\,ZnCl_2$$

zeigt 1 ccm $^1/_{10}$-n-Kaliumpermanganat-Lösung 0,0016479 g Mn an.

Reagentien. Zur Durchführung der Methode braucht man: 10%ige Natriumhydroxydlösung; Salzsäure (1 : 9); Zinkoxyd (indifferent gegen $KMnO_4$); sowie als Maßlösung $^1/_{10}$-n-Kaliumpermanganatlösung, die gegen $^1/_{10}$-n-Natriumoxalat-Lösung einzustellen ist.

Anwendungsbereich. Die Methode ist für alle manganhaltigen Legierungen geeignet; die Bestimmung läßt sich mit einer Genauigkeit von ± 2% des ermittelten Wertes durchführen.

Ausführung der Bestimmung.

a) Man wägt im allgemeinen 2 g Legierung ein (bei Gehalten unter 1% 3 g E und unter 0,5% 5g E) und löst in 10%iger Natriumhydroxydlösung, von der man je 1 g Legierung 20—25 ccm anwendet. Nach dem Verdünnen auf das dreifache Volumen filtriert man durch ein schnellaufendes Filter. Der in Lauge unlösliche Metallschlamm wird mit 50—100 ccm warmer, verdünnter Salzsäure*) behandelt. Mangan gehört zu den Metallen des Rückstandes, die sich sofort lösen. Man kann zur Abtrennung von Kupfer, Nickel (sowie Kobalt) auch hier wie oben angegeben verfahren. Seite 107 Nachdem man einige Minuten gekocht hat, verdünnt man mit heißem Wasser auf ungefähr 150 ccm, stumpft die Säure durch Zugabe von festem Natriumkarbonat ab und fügt Zinkoxyd hinzu, bis eine schwache Verfärbung nach gelbbräunlich erfolgt. (Ferrihydroxydausfällung.) Darauf gibt man noch einen weiteren kleinen Löffel Zinkoxyd hinzu und titriert sodann die siedend heiße Lösung mit $^1/_{10}$-n-Kaliumpermanganat-Lösung. Gegen Ende der Titration beobachtet man die sich schnell absetzende Lösung und liest den Verbrauch ab, sobald eine schwache Rotfärbung erkennbar ist.

b) Es soll nicht unerwähnt bleiben, daß auch eine andere noch wesentlich schnellere Arbeitsweise zu brauchbaren Werten führt:

**) 2 g-Legierung werden in einem 750 ccm Erlenmeyer-Kolben mit ca. 45 ccm Salzsäure (1 : 1) gelöst. Die Lösung wird mit ca. 5 ccm Wasserstoffperoxyd versetzt und bis zur beginnenden Kristallisation eingekocht. Dann fügt man 250 ccm heißes Wasser hinzu, erhitzt zum Sieden und gießt unter Umschwenken eine Zinkoxydsuspension hinein von 12 g ZnO in 150 ccm siedend heißem Wasser. Man titriert sofort mit $^1/_{10}$-n-Kaliumpermanganatlösung. Die Lösung setzt schlecht ab; man kann also auf das Absetzen nicht oft, sondern n u r e i n m a l w a r t e n! Man erkennt jedoch schon beim Titrieren deutlich, wann ein Kaliumpermanganatüberschuß zugegen ist. Man läßt nun absitzen, dekantiert (oder filtriert) einen Teil der Lösung, um in diesem Teil auf kolorime-

*) Man gibt in 50 ccm heißes Wasser 7 ccm Salzsäure und 3 ccm Wasserstoffoxyd.

**) Diese Arbeitsweise ist zu den im Anhang beschriebenen weniger genauen Schnellmethoden zu zählen!

trischem Wege den Kaliumpermanganatgehalt zu ermitteln. Man gibt zu diesem Zweck in ein gleiches Volumen Wasser soviel $^1/_{10}$-n-Kaliumpermanganatlösung, daß Farbengleichheit besteht, rechnet sodann den Verbrauch im Verhältnis der angewandten Teilmenge zum Gesamtvolumen um und zieht die errechneten $^1/_{10}$ ccm — um mehr wird es sich meistens nicht handeln — vom Verbrauch bei der eigentlichen Titration ab.

Berechnungsbeispiel. Für die Gehaltsberechnung gilt dann für beide Arbeitsweisen folgendes Beispiel:

2 g Legierung erfordern 14,7 ccm $^1/_{10}$-n-Kaliumpermanganat-Lösung.

$$\frac{14{,}7 \cdot 0{,}0016479 \cdot 100}{2} = 1{,}21\%\ \text{Mn}$$

Kennt man bei einer beliebigen Kaliumpermanganatlösung den Eisentiter, so rechnet man wie folgt:

$$\frac{14{,}7 \cdot \text{Fe-Titer} \cdot 0{,}295 \cdot 100}{2} = \%\ \text{Mn}$$

(Hierin ist 0,295 der Umrechnungsfaktor von Eisen auf Mangan.)

Zusätzliche Hinweise.

1. Der Kaliumpermanganatverbrauch des Zinkoxydes in dem bei der Titration angewandten Flüssigkeitsvolumen muß geprüft und eventuell abgezogen werden.

2. Ein gewisser Eisengehalt der Lösung ist erwünscht. Man wird deshalb einige ccm $^1/_{50}$-n-Ferrichlorid-Lösung hinzusetzen, wenn man die Verfärbung der Zinkoxydsuspension nicht deutlich erkennt, weil der Eisengehalt der Legierung vielleicht zu gering ist.

3. Das zur Oxydation des Eisens erforderliche Wasserstoffperoxyd muß vor der Titration zerstört sein. Man verwende deshalb, um die Zeit des Kochens abzukürzen, nur sehr wenig Wasserstoffperoxyd.

4. (bei der Ausführungsform b) Die Zinkoxydzugabe von 12 g ist nur dann ausreichend, wenn eine praktisch salzsäurefreie Aluminiumchloridlösung vorliegt. Deshalb soll gerade bis zum Kristallisieren eingekocht werden.

Nickel-Bestimmung[VI]) [70])

Grundsätzliches. G. Spacu[70]) veröffentlichte 1923 eine Reihe von analytischen Methoden, die auf der Ausfällung verschiedener Metalle als Pyridin-Rhodan-Komplexsalze beruhen.

Die hier interessierende Nickelverbindung hat die Formel $(NiPy_4)\ (SCN)_2$. Hiernach ist der Nickel-Pyridin-Komplex das Kation, das mit Rhodan als Anion das schwerlösliche und deshalb zur quantitativen Abscheidung und Wägung wohlgeeignete Salz bildet. Von der gravimetrischen zur volumetrischen Methode war wie häufig bei ähnlichen Gegebenheiten nur ein Schritt. G. Spacu und R. Ripan fällten den Körper mit einer überschüssigen Ammonrhodanidmenge und bestimmten im Filtrat mit eingestellter Silbernitratlösung den Rhodanüberschuß. Die Umsetzung erfolgt nach der Gleichung:

$$Ni(NO_3)_2 + 4\ Py + 2\ NH_4SCN \rightarrow (NiPy_4)\ (SCN)_2 + 2\ NH_4NO_3.$$

Für die Anwendung dieser Methode zur Nickelbestimmung in Legierungen ist Art und Menge der Begleitmetalle wichtig. Gemeinsam mit Nickel werden unter Bildung ähnlicher rhodanhaltiger Komplexsalze Zink, Kupfer, Cadmium und Kobalt gefällt; eventuell vorhandenes Blei bildet unlösliches basisches Bleirhodanid. Alle diese Metalle würden also, da sie Rhodan verbrauchen, die volumetrische Bestimmung stören. Der Analysengang hat deshalb die genannten Metalle zu berücksichtigen. Die Einzelheiten des Arbeitsganges, der zur Abtrennung führt, sind weiter unten beschrieben.

Reagentien. Zur Durchführung der Bestimmung sind erforderlich: 10%ige Natriumhydroxyd-Lösung; 1%ige Natriumhydroxyd-Lösung; Salpetersäure (1 : 1); Pyridin rein; wäßrige Pyridin-Lösung mit 5% Pyridin; Ammoniak, konzentriert und verdünnt; Indikator-Lösung: 200 g Ferri-Ammon-Alaun, gelöst in 400 ccm warmem Wasser und mit 50 ccm Salpetersäure (konz.) versetzt, ferner die Maßlösungen: $^1/_{10}$-n-Silbernitrat und $^1/_{10}$-n-Ammoniumrhodanid.

Anwendungsbereich. Die Methode ist geeignet für alle vorkommenden Nickelgehalte bis herab zu 0,1%. Die Genauigkeit bei geringen Gehalten beträgt ungefähr 10% des Wertes, bei Gehalten um 2% Nickel beträgt sie jedoch 1—2% des Wertes und zwar wird immer zuviel gefunden. (Darüber vgl. unter „Zusätzliche Hinweise".)

Ausführung der Bestimmung. Die hierunter folgende Tabelle enthält, den Nickelgehalten zugeordnet, nähere Angaben über die zweckmäßigen Einwaagen und Volumenverhältnisse (Meßkolben), sowie über die erforderlichen Mengen an Fällungsmitteln und Maßlösungen. Man wird sie mit Vorteil benutzen können, wenn der Nickelgehalt ungefähr bekannt oder roh bestimmt ist.

Orientierungstabelle.

Ni	Einwaage	Meßkolben	NH^4SCN 1/10 n	Pyridin	Filtratentnahme	angew. Subst.	angew. 1/10 n NH^4SCN-Lsg	vorgel. $AgNO$-Lsg. 1/10 n
%	g	ccm	ccm	ccm	ccm	g	ccm	ccm
2	6,25	250	75,0	10	200	5	60	25—35
1	12,50	250	75,0	10	200	10	60	25—35
0,5	12,50	250	50,0	10	200	10	40	25—35
0,25	12,50	125	30,0	5	100	10	24	15—25

Hat man die Einwaage gemäß der Tabelle gewählt, so löst man in 10%iger Natriumhydroxyd-Lösung. Für je 1 g Legierung braucht man 20—25 ccm Lauge. Bei den hier geforderten Einwaagen, die zum Überschäumen neigen, ist es zweckmäßig, die Späne portionsweise in die erwärmte Lauge einzutragen und jedesmal die Hauptreaktion abzuwarten. Der umgekehrte Weg, die gesamte Metallmenge mit Bruchteilen der Lauge zu übergießen, ist nicht zu empfehlen. Während des Lösevorganges tritt Verarmung an freiem Alkali ein. Ein solcher Mangel führt daher zur Tonerdeabscheidung aus der übersättigten Aluminatlösung. Nach erfolgter Auflösung des Metalles verdünnt man um die Hälfte des Volumens, filtriert den unlöslichen Rückstand ab und wäscht ihn 3—4 mal mit Lauge aus. Den ausgewaschenen Rückstand bringt man in einen Becher und setzt zwecks Lösung 20 ccm Salpetersäure (1 : 1) hinzu. Dabei wird vorausgesetzt, daß bereits 30—50 ccm Spülwasser benutzt worden sind, andernfalls verdünnt man die Säure entsprechend und erhitzt zum Sieden. Tritt jetzt eine weißliche Trübung auf, so ist mit der Gegenwart von Zinn zu rechnen. Man dampft weit ein, nimmt wieder mit 10 ccm Salpetersäure (1 : 1) auf und filtriert das unreine Zinnoxyd ab. Das Filtrat wird, falls Kupfer und Blei (oder eines der beiden Metalle) zugegen sind, der Elektrolyse unterworfen. Die nickelhaltige Lösung wird dann — nötigenfalls nach dem Einengen — in einen Meßkolben übergeführt. Hierbei ist nun zu beachten, daß nach Zusatz der Fällungsreagentien nicht nur noch Platz für Ammoniaklösung zur Neutralisation bleiben muß, sondern daß die Neutralisation selbst unter Umschwenken erfolgen muß. Hieraus ergibt sich also, daß der kugelige Teil des Meßkolbens noch nicht ganz gefüllt sein darf. Zu der im Kolben befindlichen kalten Lösung gibt man zunächst die gemäß Tabelle erforderliche Menge von $^1/_{10}$-n-Ammoniumrhodanid-Lösung und Pyridin, dann bringt man einen ca. 5 cm langen Lakmuspapierstreifen hinein und gibt tropfenweise unter Umschütteln Ammoniak hinzu (zuerst konzentriert, gegen Ende verdünnt) bis sich der Streifen blau färbt. In der schwachammoniakalischen Lösung sind sowohl das Nickel als $NiPy_4 \cdot (CNS)_2$ als auch das Eisen und eventuell vorhandenes Chrom als Sesquioxyde gefällt. War durch die Neutralisation Erwärmung aufgetreten, so wird wieder abgekühlt und mit 5 prozentiger wäßriger Pyridinlösung aufgefüllt. Die genaue Erkennung der Füllmarke wird häufig durch Schaumbildung erschwert; der Nachteil läßt sich aber durch wenige Tropfen Äther beheben.

Man filtriert dann die Lösung durch ein Faltenfilter ab und entnimmt dem Filtrat die vorgeschriebene Menge, die man mit 10 ccm Salpetersäure (1 : 1) ansäuert. Hierauf folgt die Titration nach Volhard mit $^1/_{10}$-n-Silbernitrat-Lösung, abschließend wird dessen Überschuß nach Zusatz von 10 ccm Ferriammonalaun-Lösung als Indikator mit $^1/_{10}$-n-Ammoniumrhodanid-Lösung zurücktitriert.

Berechnungsbeispiel. Bei Anwendung von 5 g Legierung (6,25 g Einwaage) und 60 ccm $^1/_{10}$-n-Ammoniumrhodanid-Lösung (das ist $^4/_5$ der ursprünglichen Menge) wurden von 30 ccm zugesetzter $^1/_{10}$-n-Silbernitrat-Lösung 4 ccm zurücktitriert. Es wurden also 64 — 30 = 34 ccm $^1/_{10}$-n-Ammonrhodanid-Lösung verbraucht:

$$\frac{34 \cdot 0{,}0029345 \cdot 100}{5} = 2{,}0\% \text{ Ni}$$

Zusätzliche Hinweise. Die gefundenen Werte liegen meistens etwas zu hoch. Diese Erscheinung ist wahrscheinlich auf die verhältnismäßig große Fällung aus geringem Volumen zurückzuführen. Bei großen Gehalten an Eisen und Chrom (> 1%) ist deshalb auf große Genauigkeit nicht zu rechnen.

Titan-Bestimmung[VIII])

Grundsätzliches. Die oben beschriebene titanometrische Me-
Seite 79 thode von Knecht zur Bestimmung des Eisens läßt sich umkehren und als Titanbestimmung anwenden. Diesen Gedanken verwirklichte Knecht bereits selbst. Nach seinem Vorschlag sollte man die Titanlösung mit Zink reduzieren und danach soviel einer Ferrilösung bekannten Gehaltes hinzufügen bis ein der Lösung entnommener Tropfen mit Rhodanlösurg Rotfärbung anzeigt. Gallo[71]) wies einige Jahre später darauf hin, daß man die Indikatorlösung ohne Nachteil direkt in die Analyse hineingeben kann. Wenn man nun statt Zink als Reduktionsmittel Aluminium anwendet, das in allen mit der Analyse von Leichtmetallen beschäftigten Laboratorien immer und in jeder Form zur Hand ist, hat man die einfache Arbeitsweise, die weiter unten beschrieben werden soll.

Gemäß der Reaktionsgleichung

$$TiCl_3 + FeCl_3 \rightarrow TiCl_4 + FeCl_2$$

entspricht die angewandte Fe-Menge der gesuchten Ti-Menge. Eine $^1/_{50}$-n-Ferri-Lösung, die im Kubikzentimeter 0,0011168 g Fe enthält, zeigt also 0,000958 g Ti je Kubikzentimeter an.

Reagentien. Man braucht zur Durchführung der Methode Salzsäure (1 : 1); Al-Grieß (Fa. Dujardin u. Co. Düsseldorf) oder feine abgesiebte Bohr- oder Sägespäne; Bikarbonat-Pulver;

10%ige Ammoniumrhodanid-Lösung und als Maßlösung eine $^1/_{50}$-n-Ferrichlorid-Lösung (1,5968 g Fe_2O_3 nach **Brandt** werden mit ca. 50 ccm konzentrierter Salzsäure bis zur vollständigen Lösung erwärmt, sodann wird nach dem Abkühlen auf 1 l verdünnt).

Anwendungsbereich. Die Methode eignet sich für alle Legierungen mit ungefähr 0,1% Titan und darüber. Sie liefert zuverlässige Werte.

Ausführung der Bestimmung. 5 g einer Legierung (mit 0,3% Ti) werden vorsichtig in ungefähr 100 ccm Salzsäure (1 : 1) gelöst (d. h. also bei anderen Einwaagen 20 ccm je 1 g Legierung). Zur Reduktion gibt man noch etwa 2 g Al hinzu, und zwar je nach der Form und Feinheit in größeren oder kleineren Teilmengen. Man schwenkt dauernd etwas, um alle Teile der Lösung mit dem Reduktionsmittel in Berührung zu bringen; fügt auch noch etwa 25 ccm Salzsäure (1 : 1) hinzu, damit die Lösungsgeschwindigkeit nicht nachläßt. Dann gibt man wiederholt kleine Mengen Bicarbonat in die Lösung und kühlt ab, um — nach Zusatz von ca. 50 ccm Wasser und 20 ccm Ammonrhodanid — bei ca. 30° sofort und ohne Anhalten auf hellbräunlich zu titrieren. Daß die Färbung häufig wieder verschwindet, ist ohne Bedeutung.

Zusätzliche Hinweise.

1. Das zur Reduktion angewandte Aluminium muß praktisch frei von Titan sein, es soll andererseits nicht eisenarm sein; denn Eisen beschleunigt das Lösen des Reduktionsmetalles.

2. Hinterläßt die Legierung nach Aufhören der Wasserstoffentwicklung einen feinen schwarzen Schlamm, der sich zum Teil am Boden absetzt, so enthält die Probe Titan in Form von Carbid. Dieses gebundene Titan entzieht sich der Titration. Wenn man in einem solchen Fall nicht kolorimetrisch arbeiten will, und zwar in einer Lösung, die — sauer oder alkalisch — oxydierend bereitet war, so muß man die salzsaure Lösung zunächst mit konzentrierter Salpetersäure kochen, danach durch viel Salzsäure wieder die Salpetersäure vertreiben, um schließlich die Reduktion des Titans mit Aluminium durchzuführen.

Zink-Bestimmung

Grundsätzliches. Die Bestimmung des Zinks im Aluminium macht besondere Schwierigkeiten, auf die im Abschnitt „Gravi-
Seite 59 metrische Methoden“ besonders hingewiesen ist. Hier soll nun ein Verfahren beschrieben werden, welches die Fällung des Zinks in Anwesenheit anderer Elemente gestattet und bei welchem das Zink titriert werden kann. Dies hat den Vorzug, daß viele der oben erwähnten Fehlerquellen ausgeschlossen sind und infolge des großen Moleküls noch Mengen erfaßt werden können, welche unter anderen Bedingungen nicht mehr fällbar sind. Die Methode kann also auch zur Zinkbestimmung im Reinmetall verwandt werden. Die Fällung des Zinks wird als Zink-Quecksilber-Rhodanid ausgeführt; der Vorgang ist in folgenden Formeln festgelegt *):

1. $Zn^{\cdot\cdot} + (NH_4)_2\,Hg(CNS)_4 = ZnHg(CNS)_4 + 2\,NH_4^{\cdot}$.

2. $ZnHg(CNS)_4 + 6\,KJO_3 + 12\,HCl =$
$ZnCl_2 + HgCl_2 + 4\,H_2SO_4 + 4\,KCN + 2\,KCl + 6\,JCl + 2\,H_2O$.

Kupfer, Nickel und Kobalt werden von dem Rhodanid mitgefällt, sie müssen daher abgetrennt werden. Eisen fällt mit dem Reagens an sich nicht, wird aber gern von dem Zink-Quecksilber-Rhodanid eingeschlossen und ist an einer Violettfärbung zu erkennen. Bei normalem Hüttenaluminium, bei welchem der Eisengehalt ein Vielfaches vom Zinkgehalt beträgt, ist daher eine Abtrennung des Eisens unerläßlich. Bei Aluminium mit weniger als 0,05% Fe kann man sich die Trennung sparen.

Ausführung der Bestimmung. 20 g Späne werden in Natronlauge (1 : 3) (je 10 ccm pro g) durch Eintragen der Späne in Lauge gelöst. Man verdünnt auf 2000 ccm, erhitzt zum Sieden, versetzt mit 100 ccm 10%iger Natriumsulfidlösung und läßt über Nacht absitzen. Man filtriert durch eine mit Asbest präparierte Nutsche, wäscht den Rückstand mit heißem Natrium-

---

*) 1) $ZnHg(CNS)_4 + 4\,HCl + 4\,KJO_3\;4\,H_2O$
$\rightarrow ZnCl_2 + HgCl_2 + 4\,KCN + 4\,H_2SO_4 + 2\,H_2 + 2\,J_2$;
2) $2\,J_2 + 2\,H_2 + 8\,HCl + 2\,KJO_3 \rightarrow 6\,JCl + 2\,KCl + 6\,H_2O$.

sulfid- und Natronlauge-enthaltendem Wasser und löst mit verdünnter Salzsäure (10 ccm konz. Salzsäure, 5 ccm 3%iges Wasserstoffperoxyd und 50 ccm heißes Wasser) von der Nutsche. Man filtriert nötigenfalls von mitgerissenem Asbest ab, verdünnt auf 200 ccm und stellt mit Ammoniak (1 : 1) auf einen p_H-Wert von 1 ein (Lyphanpapier). Man fällt das Kupfer durch ½-stündiges Einleiten von Schwefelwasserstoff in die 70° heiße Lösung. 5 Minuten vor Beendigung der Fällung setzt man 10 ccm 1%ige Quecksilberchloridlösung hinzu, um das fein verteilte Kupfer niederzuschlagen. Aus dem Filtrat dieser Lösung wird der Schwefelwasserstoff verkocht und die Lösung nach Zugabe von 4—5 g Ammonsulfat pro 100 ccm, um Nickel und Kobalt in Lösung zu halten, auf etwa 400 ccm verdünnt. Man stellt durch Zugabe von Ammoniak auf einen p_H-Wert von 3,1—3,3 ein (Lyphanpapier) und fällt das Zink durch Einleiten von Schwefelwasserstoff in die 70° heiße Lösung. Diese Fällung ist zum Abtrennen von der Hauptmenge des Eisens und von Nickel und Kobalt erforderlich. Auch in diesem Fall werden 5 Minuten vor Beendigung der Fällung 10 ccm 1%ige Quecksilberchloridlösung zugesetzt. Die Sulfide werden filtriert und mit Waschwasser vom p_H-Wert 3,1—3,3, welches ebenfalls etwas Ammonsulfat und Schwefelwasserstoff enthält, gewaschen. Die Sulfide werden in 10%igem Königswasser gelöst, die Lösung wird vom Filterbrei abfiltriert, mit 5 ccm Schwefelsäure (1 : 1) versetzt und nach Zusatz von etwas Kaliumsulfat, um ein Ausfallen von basischem Zinksulfat zu vermeiden, abgeraucht. Man löst mit wenig Wasser, verdünnt auf etwa 50 ccm, gibt 4 Tropfen 3%ige Wasserstoffperoxydlösung hinzu, ferner 3 ccm konz. Phosphorsäure und 25 ccm Fällungslösung. Die Fällungslösung enthält im Liter 27 g Quecksilberchlorid und 39 g Ammoniumrhodanid. Man rührt ½ Stunde kräftig, filtriert den Niederschlag von Zink-Quecksilber-Rhodanid durch einen Jenaer Glasfiltertiegel G 4, wäscht 5 mal mit möglichst wenig 2%iger Fällungslösung, saugt gut ab und löst den Rückstand in 80 ccm Salzsäure (1 : 1). Zu der Lösung gibt man 5 ccm Chloroform und titriert mit einer Kaliumjodatlösung bis zum Verschwinden der zuerst auftretenden Violettfärbung des Chloroforms. Die Kaliumjodatlösung enthält 3,929 g KJO_3 im Liter. 1 ccm entspricht 0,002 g Zink.

Zusätzliche Hinweise. Bei der Fällung des Zinks aus saurer Lösung mit Schwefelwasserstoff wurde durch Versuche festgestellt, daß bei einem p_H-Wert von 1 noch kein Zink mitfällt, sondern nur Kupfer. Bei einem p_H-Wert von 3,3 fällt das gesamte Zink, ohne daß schon Aluminiumhydroxyd mit ausgefällt würde. Die angegebenen p_H-Werte müssen allerdings ziemlich genau eingehalten werden.

Da der Rhodanrest titriert wird, muß nach dem Waschen mit Waschwasser, welches Fällungsmittel enthält, möglichst *trocken* gesaugt werden, sonst fallen die Titrationswerte zu hoch aus. Auf der anderen Seite ist der Niederschlag auch in dem Waschwasser etwas löslich, so daß Verluste möglich sind. Bei einiger Übung gelingt es jedoch leicht, so zu arbeiten, daß sich beide Fehler gerade kompensieren bzw. überhaupt nicht mehr ins Gewicht fallen.

Zinn-Bestimmung[V)]

Grundsätzliches. Die titrimetrische Zinnbestimmung beruht auf der Oxydation von Zinnchlorür zu Zinnchlorid in salzsaurer Lösung. Bei kupferarmen (weniger als 0,5% Kupfer) oder kupferfreien Legierungen kann die Titration nach der Zementierung des Kupfers, Arsens, Antimons mit Eisenpulver und der anschließenden Reduktion mit Aluminiumspänen direkt ausgeführt werden. Bei Anwesenheit größerer Mengen Kupfer ist vorher eine Abtrennung mit Schwefelwasserstoff und ein Auszug mit Natriumsulfid erforderlich.

a) in kupferarmen oder kupferfreien Legierungen

Ausführung der Bestimmung. Man löst 3 g Späne mit 60 ccm Salzsäure (1 : 1) und versetzt gegen Ende der Reaktion mit 0,5 g Kaliumchlorat, um Zinnverluste durch Bildung von

H_2SnCl_6 zu vermeiden. Gleichzeitig geht dabei der vorhandene Metallschwamm in Lösung. Man verkocht das überschüssige Chlor, indem man bis zur Kristallbildung eindampft. Den Kristallbrei nimmt man mit etwa 50 ccm Wasser und 2 ccm konz. Salzsäure auf, reduziert mit 1 g Ferrum reductum, wobei Kupfer, Arsen und Antimon metallisch abgeschieden werden. Man filtriert die Lösung, welche noch Eisenpulver enthalten soll, durch ein schnellaufendes Filter in einen Erlenmeyer-Kolben und wäscht einige Male mit heißem Wasser nach. Das Filtrat versetzt man mit etwa 2 g Aluminiumspänen, welche fettfrei sein müssen und weder Kupfer noch Zinn enthalten dürfen. Man verschließt den Kolben mit einem doppelt durchbohrten Stopfen; durch die eine Bohrung leitet man Kohlensäure unter gelindem Erwärmen in den Kolben, die andere Öffnung ist mit einem Bunsenventil verschlossen. Lösen sich die Aluminiumspäne zu stürmisch, so muß man etwas verdünnen, im anderen Fall etwas Salzsäure zusetzen. Das Zinn scheidet sich als Metallschwamm ab. Man löst den Metallschwamm einschließlich der Reste der Aluminiumspäne durch Zugabe von 50 ccm konz. Salzsäure und kühlt den Kolben unter ständigem Einleiten von Kohlensäure ab. Nach dem Abkühlen entfernt man den Stopfen und leitet durch ein rechtwinklig gebogenes Glasrohr weiter Kohlensäure in den Erlenmeyer-Kolben, um eine Oxydation zu verhindern. Man gibt 3 ccm 0,5 %iger Stärkelössung hinzu und titriert mit $^1/_{10}$-n- oder $^1/_{50}$-n-Jodlösung bis zur auftretenden Blaufärbung.

1 ccm $^1/_{10}$-n-Jodlösung entspricht 5,935 mg Sn,
1 ccm $^1/_{50}$-n-Jodlösung entspricht 1,187 mg Sn.

b) in kupferreichen Legierungen

Ausführung der Bestimmung. Man löst 3 g Späne wie angegeben und dampft bis zur Kristallbildung ein. Man versetzt mit etwa 400 ccm Wasser und leitet in die heiße Lösung $^1/_2$ Stunde Schwefelwasserstoff ein. Man filtriert durch eine mit Asbest präparierte Nutsche und wäscht den Rückstand 3—4 mal mit Schwefelwasserstoff-enthaltendem Wasser aus. Nach dem Entfernen des Filtrates saugt man durch die Nutsche langsam 50 ccm einer etwa 1%igen farblosen **heißen** Natriumsulfidlösung. Den Sulfoauszug spült man in ein Becherglas, säuert mit etwa 15 ccm konz. Salzsäure an und löst das Zinnsulfid durch Erhitzen. Im Anschluß daran reduziert man mit Ferrum reductum und arbeitet wie unter a) weiter.

A. Aluminium

III. Abschnitt. Kolorimetrische Methoden

Vorbemerkungen zu den kolorimetrischen Methoden

Kolorimetrische Methoden finden bei der Leichtmetallanalyse eine bevorzugte Anwendung. Besonders gilt dies für die analytische Untersuchung von reinem und reinstem Aluminium.

Da es sich bei der Kolorimetrie um Absorptionsmessungen handelt, ist Voraussetzung für die exakte Durchführbarkeit dieser die Gültigkeit des bekannten Lambert-Beerschen Gesetzes:

$$\lg \Phi_0/\Phi = E = \varepsilon \cdot c \cdot d.$$

Hiernach ist also die Extinktion E, das logarithmische Verhältnis zwischen eingestrahlter und ausgestrahlter Lichtenergie, der Konzentration c des absorbierenden Stoffes in Mol/Ltr. und der Schichtdicke des durchstrahlten Mediums, ausgedrückt in cm, proportional. Der dekadische Extinktionskoeffizient ε wird unter gleichen äußeren Bedingungen als nur von der Wellenlänge des Lichtes abhängig angenommen. Hierbei ist aber zu berücksichtigen, daß das Lambert-Beersche Gesetz ein Grenzgesetz für verdünnte Lösungen ist. Auf Grund theoretischer Überlegungen muß man bemüht sein, stets innerhalb des Konzentrationsgebietes $c < 10^{-2}$ Mol/Ltr. zu arbeiten. Ferner ist darauf zu achten, daß während der Messung bei den absorbierenden Stoffen in der Lösung keine Gleichgewichtsverschiebungen oder auch Umsetzungen vorkommen. Endlich ist auch den Lichtverhältnissen, unter denen die Messung vorgenommen wird, besondere Beachtung zu schenken.

Aus den vorstehenden Gründen folgt, daß keine kolorimetrische Methode ohne vorhergehende gründliche Überprüfung angewandt werden sollte. Liegt sie aber einmal fest, d. h. kennt man die Bedingungen, unter denen gearbeitet werden muß, so erreicht man meist unter einfachsten Verhältnissen mit einer primitiven Apparatur, wie sie beispielsweise die Neßlergläser darstellen — ergänzt zwar durch den wertvollen natürlichen optischen Apparat: das menschliche Auge — erstaunlich zuverlässige Werte[36]).

Die einfache Kolorimetrie arbeitet mit Vergleichslösungen. Es sind daher relative Messungen, die aber weitgehend unabhängig von der Spektralreinheit des verwendeten Lichtes sind. Sie wird vorwiegend als subjektive Methode unter Verwendung von einfachen Vergleichsgläsern mit plan geschliffenem Boden oder unter Verwendung von Duboscq- oder ähnlichen Kolorimetern ausgeführt. Die Einstellung erfolgt auf gleiche Farbstärke, d. h. auf gleiche Farbsättigung.

Verwendet man zur Erhöhung der Empfindlichkeit Farbfilter, so wird auf gleiche Farbtöne eingestellt. Hierbei ist zu erwähnen, daß die Empfindlichkeit um so größer wird, je größere Intensitätsunterschiede bei einer kleinen Änderung der Schichtdicke auftreten. Dies ist im Gebiet der stärksten Absorption der Fall. Es ist also darauf zu achten, daß die Auswahl des Filters so erfolgt, daß der sogenannte Schwerpunkt des Filters mit dem Absorptionsmaximum der betreffenden Farblösung zusammenfällt.

Das Absorptionsmaximum findet man durch Aufstellen einer Absorptionskurve über den gesamten Meßbereich unter Verwendung eines Photometers. Man erhält dann eine sogenannte Farbkurve, deren Verlauf auch in anderer Beziehung recht aufschlußreich sein kann z. B. für die Ausarbeitung von Methoden, zwei Farbträger in einer Lösung nebeneinander zu bestimmen. Davon wird bei der Bestimmung von Titan und Vanadium im nachfolgenden Gebrauch gemacht.

Optische Geräte, die an Stelle einer Vergleichslösung meßbare Lichtschwächungseinrichtungen verwenden, ermöglichen die Durchführung spektralphotometrischer Messungen. Die Lichtschwächung kann durch verstellbare Blenden, Polarisationsprismen und ähnliche Einrichtungen vorgenommen werden. A. Thiel[XI]) verwendet Graulösungen bzw. einen Graukeil. Er hat diese Lösungen sehr sorgfältig untersucht und mit ihrer Hilfe zahlreiche kolorimetrische Methoden ausgearbeitet. A. Thiel hat für seine Arbeitsweise den Namen „Absolutkolorimetrie" geprägt und hat in Gemeinschaftsarbeit mit der Fa. Leitz, Wetzlar, geeignete Photometer ausgebildet. Das Pulfrich-

Photometer der Firma Zeiß, Jena, ist mit verstellbaren Blenden ausgerüstet. Auch dieses Gerät ist für subjektive spektralphotometrische Messungen geeignet*).

Die Spektralphotometer haben den Vorteil, daß sie optisch vorzüglich ausgerüstet sind, und infolgedessen kann man mit ihnen sehr saubere Messungen ausführen. Man benötigt keine Vergleichslösungen. Dies ist einerseits eine Vereinfachung der Arbeitsweise, hat aber andererseits den Nachteil, daß die optischen Verhältnisse auf beiden Meßseiten nicht mehr so ausgeglichen sind wie bei der einfachen Kolorimetrie. Aus diesem Grunde ist es zu empfehlen, bei den Arbeiten mit dem Photometer in den Strahlengang Blindlösungen zu schalten, die bis auf den Farbträger der Analysenlösung genauestens angepaßt sind. Es sind Filter mit engen Spektralbereichen anzuwenden, deren Schwerpunkt mit dem Absorptionsmaximum der zu untersuchenden Lösung zusammenfällt.

In neuerer Zeit sind verschiedene Geräte für objektive spektralphotometrische Messungen entwickelt worden. Theoretisch ist zu erwarten, daß man mit derartigen Meßeinrichtungen noch wesentlich höhere Genauigkeiten als bei der normalen Kolorimetrie erzielen kann. Derartige hochempfindliche lichtelektrische Photometer sind aber noch recht kompliziert und infolgedessen sehr teuer. Die zurzeit gangbaren Laboratoriumsgeräte sind nach unseren Erfahrungen bisher nur beschränkt anwendbar**).

Zusammengefaßt sei nochmals betont, daß zur gründlichen Überprüfung und Ausarbeitung einer kolorimetrischen Methode das optische Gerät unerläßlich ist. Bei der praktischen Anwendung der Kolorimetrie lassen sich schon unter einfachsten Arbeitsbedingungen, wie z. B. bei Verwendung von Neßler-Gläsern, sehr schöne Ergebnisse erzielen[23]).

*) G. Kortüm[11]) empfiehlt mit Recht eine grundsätzliche sachliche Unterscheidung kolorimetrischer und photometrischer Meßverfahren.

**) Von R. Havemann[37]) ist neuerdings zwar ein lichtelektrisches Photometer entwickelt worden, welches bezüglich Empfindlichkeit und Meßgenauigkeit den oben geschilderten Erwartungen zu entsprechen scheint.

Bei den visuellen Methoden, die wir bei der Leichtmetallanalyse vornehmlich anwenden, liegt die Genauigkeitsgrenze für den kleinsten relativen Intensitätsunterschied bei etwa 1%. Auf diesen spricht das Auge noch eben an. Diese Genauigkeit wird aber im allgemeinen nicht erreicht, einerseits weil die Einstellungsmöglichkeit der Meßvorrichtung nicht entsprechend genau ist, andererseits weil einige Unsicherheiten in der Herstellung der Lösung liegen. Im allgemeinen rechnet man mit einer erreichbaren Genauigkeit von etwa 2%. Bei den im nachfolgenden beschriebenen Methoden ist erfahrungsgemäß die höchste Genauigkeit mit $\pm$ 5% des Sollwertes angegeben, wobei zwar die besonderen Verhältnisse in einem Betriebslaboratorium — nämlich die Forderung nach Vermeidung langwieriger Anreicherungsverfahren — durch Begrenzung der Einwaage auf 2 g, in Sonderfällen auf max. 5 bis 10 g, Berücksichtigung gefunden haben.

a) Untersuchung von Reinmetall und Reinstmetall

Eisen-Bestimmung

1. Rhodanidmethode [22] [23]

Grundsätzliches. Die Arbeitsweise beruht auf der Bildung der roten Farbe des Eisen-III-rhodanides in salzsaurer Lösung. Bekannt ist, daß die rote Farbe des Eisenrhodanides mehr oder weniger rasch verblaßt. Um diese Schwierigkeit zu überwinden, wird der Farbkörper mit Äther ausgeschüttelt und der Ätherauszug kolorimetriert. Aber auch hierbei wird anfangs noch ein sehr starker Abfall der Farbintensität beobachtet. Erst nach reichlich einer Stunde tritt Konstanz der Extinktion ein. Der einfachste und zuverlässigste Weg, sofort zu stabilen Farbverhältnissen zu gelangen, ist gegeben, wenn vor dem Ausschütteln mit Äther der Analysenlösung Äthylalkohol zugesetzt wird.

Vergleichslösungen. Den Vergleichslösungen, die dieselben, jedoch weitgehend eisenfreien Zusätze an Chemikalien wie die Analysenlösung enthalten sollen, fügt man ungefähr zu erwartende Eisenmengen hinzu und schüttelt diese nach Vorschrift aus.

Apparatur. Zum Kolorimetrieren können ein gewöhnliches Kolorimeter oder ein Photometer (in diesem Fall ohne Vergleichslösung, wohl aber mit einer Blindlösung — Kompensationslösung — zum Erfassen des Eisens in den Chemikalien) oder auch einfache Neßlergläser Verwendung finden.

Anwendungsbereich. Die Methode eignet sich vorzugsweise für die Bestimmung geringer Gehalte ($< 0{,}05\%$ Fe) unter Berücksichtigung einer Einwaage von 2 g gelöst in 100 ccm. Bei höheren Gehalten muß entsprechend verdünnt oder die Einwaage verringert werden. Die Genauigkeit der Methode beträgt $\pm 5\%$ des gefundenen Meßwertes. Dies gilt bis zu Gehalten von

0,005% Fe. Bei kleineren Gehalten wird eine geringere Genauigkeit erreicht.

Ausführung der Bestimmung. 2 g Aluminiumspäne werden in einem Becherglas oder 500-ccm-Erlenmeyer-Kolben mit 45 ccm Seite 36 Mischsäure (300 ccm konzentrierte Salpetersäure auf 700 ccm Schwefelsäure 1 : 1) versetzt und unter Abdecken mit einem Uhrglas durch portionsweise Zugabe von 15 ccm konzentrierter Salzsäure ohne Erwärmung gelöst. Nunmehr wird auf dem Sandbad bis zum Festwerden eingedampft. Hiernach läßt man ½ Stunde stark rauchen. Dann läßt man erkalten, gibt 200 ccm heißes Wasser dazu, erwärmt bis zur klaren Lösung und filtriert die Kieselsäure ab. Das Filtrat füllt man in einem 250-ccm-Meßkolben bis zur Marke mit Wasser auf. Nunmehr entnimmt man der Lösung einen Teil, dessen Eisengehalt zwischen 0,005 und 0,2 mg Fe liegt, und schüttelt in einem Scheidetrichter aus, nachdem zuvor 5 ccm Salzsäure, 10 ccm 50%ige Kaliumrhodanidlösung, 25 ccm Alkohol und 15 ccm Äther zugesetzt sind. Man läßt die Salzlösung nach kurzem Absitzen ablaufen und gibt den Auszug in ein trockenes 50 ccm-Kölbchen. Unabhängig von der vorhandenen Eisenmenge wird das Ausschütteln noch 3mal unter weiterer Zugabe von je 10 ccm Äther wiederholt. Die vereinigten Ätherauszüge werden in einem 50-ccm-Kolben mit Äther bis zur Marke aufgefüllt und nunmehr kolorimetiert.

Der meist geringe Eisengehalt der Reagentien muß Berücksichtigung finden. Hierzu raucht man 45 ccm Milchsäure und 15 ccm konzentrierte Salzsäure ebenso lange wie die Analyse ab und behandelt den Flüssigkeitsrest wie den Analysenrückstand. Der auf diese Weise gefundene Korrekturwert braucht bei Reihenuntersuchungen erst wieder bei Reagentienwechsel neu bestimmt zu werden. Bei Einzeluntersuchungen dagegen muß er immer mitbestimmt werden.

Zusätzliche Hinweise.

1. Die zum Ausschütteln zu verwendende Menge ist begrenzt, weil bei Gehalten über 0,2 mg Fe das Eisen sich nicht mehr vollständig durch viermaliges Ausschütteln entfernen läßt. Schüttelt man häufiger, so benötigt man größere Sammelmeßkolben, so daß die Verdünnung im Äther/Alkohol größer wird.

2. Gewisse organische Stoffe, wie Natriumoxalat, Weinsäure, Zitronensäure und ähnliche, lösen sich in Äther und stören. Sie dürfen daher nicht in der Analysenlösung vorhanden sein.

3. Die Glasgefäße müssen vor ihrer Verwendung mit einer wäßrigen Lösung, der Salzsäure, Rhodankalium, Alkohol und Äther zugesetzt ist, ausgeschüttelt werden, da schon kleinste Staubteilchen eine merkliche Rotfärbung bedingen.

4. Der Blindwert soll möglichst niedrig gehalten werden.

2. Sulfidmethode [24]) [25]) [76])

Grundsätzliches. Der von C. W. Winkler 1902 vorgeschlagene kolorimetrische Nachweis von Eisen in Wässern als kolloidales Eisensulfid hat durch H. Ginsberg und G. Holder eine neue Anwendung bei der Bestimmung von Eisen in Aluminium und Aluminiumlegierungen gefunden. Im Gegensatz zu Winkler findet dabei als Reagens nicht Schwefelwasserstoffwasser, sondern Natriumsulfidlösung Verwendung. Statt der durch das Sulfid braun gefärbten Lösungen, wie sie Winkler anwendet, wird mit intensiv blaugrün gefärbten Lösungen gearbeitet. Die Beständigkeit dieser Lösungen ist genau untersucht und kann für technische Analysen als ausreichend bezeichnet werden. Wenn diese Methode auch nicht ganz so empfindlich ist wie die vorstehend beschriebene Rhodanidmethode, so ist sie bezüglich Einfachheit bei der Ausführung und Zeitersparnis letzter überlegen.

Die typische Farbkurve dieser Sulfidfärbung zeigt 2 Absorptionsmaxima, und zwar bei 4360 Å und bei 6100 Å. Obwohl im gelben Gebiet die Eichkurve etwas steiler verläuft, ist es im allgemeinen für das Auge angenehmer, im violetten Gebiet zu messen.

Die Methode beruht also darauf, daß alkalische eisenhaltige Lösungen bei Zusatz von Natriumsulfid durch Bildung von kolloidalem Schwefeleisen blaugrün gefärbt werden.

Vergleichslösungen. Arbeitet man mit Vergleichslösungen, so sind diese von Fall zu Fall frisch anzusetzen, und zwar wiederum genau entsprechend der Zusammensetzung der Analysenlösung. Als Standardlösung verwendet man eine titrimetrisch eingestellte Eisensalzlösung, von der man einige Tropfen je nach dem zu erwartenden Eisengehalt der Vergleichslösung zusetzt.

Apparatur. Die Methode eignet sich vorzüglich als Schnellmethode für den Betrieb. Hier arbeitet man praktischerweise mit Neßler-Gläsern. Genauere Analysen werden unter Verwendung des Kolorimeters oder Photometers durchgeführt. Arbeitet man mit einem Photometer, so ist wie in jedem derartigen Fall eine Eichkurve aufzustellen. Hierbei verwendet man eine Ferri- oder Ferrosalzlösung, z. B. eine schwachsaure Eisenlösung aus Mohrschem Salz hergestellt, die 0,02 mg—0,03 mg Fe im Kubikzentimeter enthält.

Anwendungsbereich. Praktische Bedeutung hat die Sulfidmethode nur bei der Bestimmung kleinerer Gehalte (< als 0,08% Fe); andernfalls führen titrimetrische Methoden rascher zum Ziel.

Ausführung der Bestimmung. Liegt, wie beispielsweise bei der Aufstellung der Eichkurve, schon eine schwachsaure Lösung vor, so werden 1—10 ccm in einem 100-ccm-Meßkolben abpipettiert und mit 5 ccm 5%iger Natriumtartratlösung versetzt. Unter Umschütteln gibt man tropfenweise 2 ccm Natronlauge (20%ig) bis zur alkalischen Reaktion (Tüpfeln auf Lackmuspapier) hinzu und färbt mit 5 ccm 10%iger Natriumsulfidlösung an. Die Reagentien müssen täglich frisch bereitet werden. Die anfänglich braune Farbe der Lösung geht rasch in eine blaugrüne über. Nach einer Wartezeit von 15 Minuten wird bis zur Marke mit Wasser aufgefüllt. Die Farbe der Lösung ist mehrere Stunden lang konstant.

Seite 36 1—2 g Aluminiumspäne werden nach Otis-Handy gelöst und abgeraucht. Die ausgeschiedene Kieselsäure wird abfiltriert und die Lösung im Meßkolben je nach dem Eisengehalt auf 100—500 ccm aufgefüllt. Von der Analysenlösung werden 2—25 ccm in einen 100-ccm-Meßkolben abpipettiert. Die Menge der angewandten Analysenlösung richtet sich nach dem Eisengehalt. Dieser soll zwischen 0,005 und 0,3 mg Fe liegen. Jetzt gibt man 5 ccm 5%ige Natriumtartratlösung zur Stabilisierung der kolloidalen Lösung hinzu und unter Umschütteln tropfenweise 2-n-Natronlauge, bis sich das ausgefallene Hydroxyd gerade wieder gelöst hat. Nunmehr setzt man 5 ccm 10%ige Natriumsulfidlösung hinzu und schüttelt um. Nach 15 Minuten wird bis zur Marke aufgefüllt. Jetzt kann kolorimetriert werden.

Zusätzliche Hinweise.

1. Die Lösung darf keine Schwermetalle wie Blei und Kupfer enthalten.

2. Die Vergleichslösungen sind frisch anzusetzen; und es ist eine Blindprobe durchzuführen.

3. Beim Zusatz der Natronlauge muß man rasch arbeiten, um ein Altern des zuerst ausfallenden Aluminiumhydroxydes zu vermeiden. Andernfalls gelingt es nicht, das Hydroxyd wieder in Lösung zu bringen.

3. Sulfosalizylsäuremethode [26] [27] [28] [29]

Grundsätzliches. Die Methode stammt von L. N. Lapin und W. E. Kill[26]). III-wertiges Eisen gibt in saurer Lösung mit Sulfosalizylsäure*) eine rote Färbung. Das Aluminiumion wird durch die Sulfosalizylsäure gleichzeitig komplex gebunden, so daß keine Ausflockung stattfindet. In ammoniakalischer Lösung geben Eisen-III- und Eisen-II-Salze eine gelbe Färbung, deren Extinktionskurve bei 4240 Å ein Maximum zeigt**).

Vergleichslösungen. Als Standardlösung finden eine 20%ige wäßrige Sulfosalizylsäurelösung und eine Eisensalzlösung von bekanntem Gehalt Verwendung. Die Vergleichslösung erhält die gleichen Zusätze wie die Analysenlösung (s. u.).

Apparatur. Die Bestimmung kann mit jedem Kolorimeter oder Photometer durchgeführt werden. Sehr bequem und mit genügender Sicherheit läßt sich die Methode auch mit einfachen Neßler-Gläsern als sogenannte „Kolorimetrische Titration" anwenden. Diese Arbeitsweise soll hier beschrieben werden.

Anwendungsbereich. Die Arbeitsweise ist nicht so genau wie die Rhodanidmethode. Trotzdem eignet sie sich erfahrungsgemäß recht gut für die Bestimmung von Eisen in Reinstaluminium, d. h.

---

*) $HO_3S \cdot C_6H_3(OH)COOH$ (5 : 2 : 1).

**) Für die Bestimmung wird die ammoniakalische Lösung gewählt, weil man hiernach unabhängig von der Wertigkeitsstufe ist, in der das Eisen in Lösung vorliegt. Der gelbe Farbkomplex wird jedoch in jedem Falle von III-wertigem Eisen gebildet; II-wertiges Eisen bildet farblose Verbindungen, die aber sofort an der Luft oxydieren.

also in Metallen mit weniger als 0,05% Fe. Die Genauigkeit beträgt etwa ± 8% des erhaltenen Wertes. Als Anwendungsbereich ist zu empfehlen 0,005—0,35 mg Fe in 100 ccm Lösung.

Ausführung der Bestimmung. Die Höhe der Einwaage richtet sich nach dem mutmaßlichen Eisengehalt. So werden z. B. 0,5 g Metallspäne mit 10 ccm 20%iger Natronlauge in Lösung gebracht. Nach vollständigem Lösen wird mit 10 ccm Schwefelsäure (1 : 1) angesäuert und erwärmt, bis die Lösung vollkommen klar ist. Dann wird auf Raumtemperatur abgekühlt und auf 500 ccm aufgefüllt. Eine Kieselsäureabtrennung ist nicht erforderlich, soweit es sich tatsächlich um die Untersuchung von Reinstmetall handelt. Nunmehr werden 5 oder mehr Kubikzentimeter (je nach dem mutmaßlichen Eisengehalt) der Lösung in einen Neßler-Zylinder gegeben, 5 ccm 10%ige Sulfosalizylsäurelösung und 3 ccm 25%iger Ammoniak hinzugefügt und auf 100 ccm aufgefüllt. In das zweite Neßler-Glas gibt man die gleichen Mengen Sulfosalizylsäure und Ammoniaklösung, füllt auf ungefähr 100 ccm auf und läßt jetzt aus einer Bürette in die ungefärbte Lösung tropfenweise Eisen-III-Salz-Standard-Lösung zufließen, bis die Färbung in beiden Gläsern die gleiche ist. Praktischerweise ist die Eisen-Standardlösung so angesetzt, daß 1 ccm 0,01 mg Fe^{III} entspricht.

Zusätzliche Hinweise.

1. Die zur Anwendung gelangenden Reagentien müssen eisenfrei sein (Blindprobe!)

2. Die angefärbten Lösungen sind nur begrenzt haltbar; beim Stehenlassen während eines Zeitraumes von 2 Stunden findet jedoch noch keine meßbare Farbänderung statt.

3. Die bei der Ausführung vorhandenen Alkali- und Aluminiumsalze stören nicht.

4. Mangan stört. Desgleichen stören Citrate und Tartrate.

Kupfer-Bestimmung

Grundsätzliches. Zur kolorimetrischen Bestimmung des Kupfers ist die Verwendung des blauen Kupferammoniakkomplexes am bekanntesten. Der blaue Farbkörper ist jedoch gegenüber Seite 169 sauren Ammonsalzen und anderen Salzen sehr empfindlich und erleidet vor allen Dingen durch Aufnahme von Kohlensäure eine Veränderung.

Bessere Erfahrungen sind, namentlich zur Bestimmung von kleinen Kupfermengen, wie sie hier interessieren, mit der Verwendung der rotbraunen kolloidalen Lösung von Kupferferrocyanid gemacht worden.

$$2\,Cu(NO_3)_2 + K_4[Fe(CN)_6] = Cu_2[Fe(CN)_6] + 4\,KNO_3.$$

Die Farbkraft ist etwa 15 mal so groß wie diejenige des Ammoniakkomplexes.

Es handelt sich hier um ein vereinfachtes Anreicherungsverfahren, in dessen Verlauf Kupfer aus der Analysenlösung mittels Schwefelwasserstoff ausgefällt und das abfiltrierte Kupfersulfid in Salpetersäure wieder gelöst wird.

Vergleichslösungen. Zur Kolorimetrie mit Vergleichslösungen werden solche mit wachsenden Kupfer-Gehalten z. B. mit 0,1, 0,2 mg Cu usw. in der gleichen Weise hergestellt wie es beim Ansetzen der Analysenlösung unten beschrieben ist, wobei nur die Fällung mit Schwefelwasserstoff wegfällt. Entsprechendes gilt für das Ansetzen der sogenannten Blindlösung. Der mögliche Kupfergehalt der Chemikalien ist zu ermitteln und in Rechnung zu setzen.

Apparatur. Die Bestimmung läßt sich mit einem Kolorimeter oder Photometer durchführen. Sehr bequem ist aber auch hier wieder die Verwendung einfacher Neßler-Gläser, wobei durchaus befriedigende Genauigkeiten erzielt werden.

Anwendungsbereich. Die Methode eignet sich für Gehalte unter 0,05% Cu, wobei zu berücksichtigen ist, daß man im Gegensatz zu den vorher beschriebenen Methoden in jedem Fall ein Anreicherungsverfahren anwenden muß. Infolgedessen ist die Einwaage dem jeweiligen mutmaßlichen Kupfergehalt anzupassen.

Bei 0,001% Cu geht man beispielsweise von einer Einwaage von 20 g Al aus.

Bei sorgfältigem Einhalten der Arbeitsvorschrift wird eine Genauigkeit von ± 2% des erhaltenen Wertes erreicht.

Ausführung der Bestimmung. 20 g Al werden mit 25 ccm Quecksilber-II-chloridlösung (1%ig) übergossen (s. w. u.), einige Minuten stehen gelassen und dann 250 ccm Salzsäure (s = 1,19) portionsweise zugegeben. Die Größe des Quecksilber-II-chloridzusatz richtet sich nach der Reinheit des zur Einwaage gelangenden Metalls. Die vorstehende Mengenangabe bezieht sich auf 99,95%iges und höherwertiges Metall. Bei unreinerem Metall kann der Zusatz ganz wegbleiben.

Nach Beendigung der Hauptreaktion wird bis zur völligen Lösung erhitzt, von den entstandenen Quecksilberkügelchen abgegossen und mit kochendem Wasser auf 800 ccm verdünnt. In diese Lösung wird 20 Minuten lang Schwefelwasserstoff eingeleitet. Die Quecksilberkügelchen werden in Salpetersäure gelöst, die Lösung bis zur Trockene eingedampft, mit 5 ccm verdünnter Salzsäure wieder aufgenommen und der Analysenlösung zugegeben. Danach wird nochmals 10 Minuten lang Schwefelwasserstoff eingeleitet und jetzt durch ein schnellaufendes Filter filtriert. — Der Zusatz des Quecksilbersalzes hat den Zweck, das fein verteilte Kupfersulfid niederzuschlagen, so daß beim Filtrieren keine Verluste auftreten können. — Das Filter wird mit salzsäurehaltigem Schwefelwasserstoffwasser ausgewaschen und im Porzellantiegel bei möglichst niedriger Temperatur unter dem Abzug (Quecksilberdämpfe!) verascht.

Der hier verbleibende Rückstand wird in 1/2 ccm Salpetersäure gelöst, gerade wieder bis zur Trockene eingedampft, mit 5 ccm Wasser aufgenommen und nach Zugabe von 5 Tropfen Ammoniaklösung (1 : 1) durch ein kleines Filter filtriert. Während des Auswaschens werden weitere 10 Tropfen Ammoniaklösung auf das Filter gegeben. Sind noch wesentliche Mengen Tonerde vorhanden, so treten an dieser Stelle Kupferverluste durch Adsorption auf (!)

Das ammoniakalische Filtrat wird je nach dem Kupfergehalt auf 50, 100 oder 250 ccm aufgefüllt und dann kolorimetriert. Hierzu werden 50 ccm abpipettiert, mit Essigsäure (s = 1,02) neutralisiert, 2 ccm Essigsäure im Überschuß zugegeben, auf 100 ccm aufgefüllt und mit 4 Tropfen 10%iger Ferrocyankaliumlösung — 2% Cyankalium enthaltend — versetzt. Die 100 ccm betragende Lösung soll nicht mehr als max. 1 mg Kupfer enthalten.

Zusätzliche Hinweise.

1. Infolge Ausflockung des Kupferkolloides durch Neutralsalze sind die Lösungen nur beschränkt haltbar.
2. Das Ausflocken ist ferner auch abhängig von der Konzentration an Kupfer. Es beginnt bei einem Kupfergehalt von etwa 1,5 mg/100 ccm.
3. Analysenreine frische Präparate von Kaliumferrocyanid geben oft keine genügende Farbkonstanz. Diese Unregelmäßigkeit beseitigt man, indem man dem Präparat bzw. seinen Lösungen etwas Kaliumcyanid hinzusetzt.

Phosphorbestimmung [30] [31] [32] [33]

Grundsätzliches. Von Treadwell und Hartnagel[33]) wurde die gravimetrische Methode von K. Steinhäuser abgewandelt. Seite 26
Zunächst wird ebenfalls das Metall unter Durchleiten von Wasserstoff in Salzsäure gelöst und der entwickelte Phosphorwasserstoff zu Phosphorsäure verbrannt. Die Phosphorsäure wird dann jedoch mit dem Wasserdampf, der bei der Verbrennung des Wasserstoffes in größeren Mengen entsteht, kondensiert. Die Bestimmung der Phosphorsäure erfolgt anschließend kolorimetrisch mit einer Molybdänblau-Sulfatlösung. Als Maß für die Phosphorsäure dient die Blaufärbung (Farbvertiefung), welche in einer Molybdänblau-Sulfatlösung, die bis zur Farblosigkeit verdünnt worden ist, durch Phosphorsäure erzeugt wird, gemäß der Formulierung von Denigès und Verda [30] [31]):

$$2\,(MoO_3)_4 : MoO_2 + H_3PO_4$$

$$(MoO_3)_4 : O\overset{\overset{OH}{|}}{Mo} \cdot \overset{\overset{OH}{|}}{P}O_3 \cdot \overset{\overset{OH}{|}}{M}oO : (MoO_3)_4 + H_2O.$$

Die bei der Verbrennung von Siliciumwasserstoffen entstehende Kieselsäure wird bei intensiver Kühlung der Verbrennungsglocke (s. Abb. 8, Teil C) nicht als fester Beschlag an den Glockenwandungen abgeschieden, sondern geht als kaum sichtbare Suspension ins Kondenswasser.

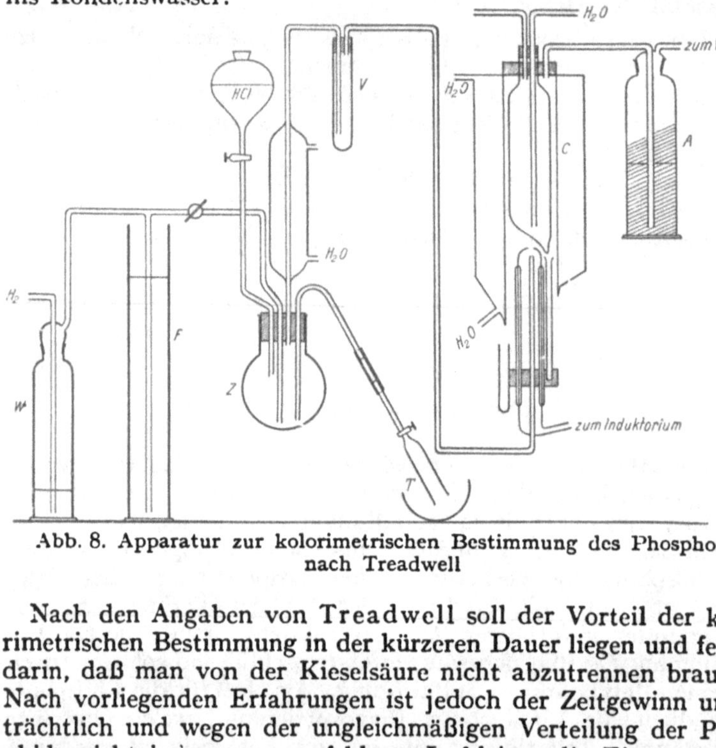

Abb. 8. Apparatur zur kolorimetrischen Bestimmung des Phosphors nach Treadwell

Nach den Angaben von Treadwell soll der Vorteil der kolorimetrischen Bestimmung in der kürzeren Dauer liegen und ferner darin, daß man von der Kieselsäure nicht abzutrennen braucht. Nach vorliegenden Erfahrungen ist jedoch der Zeitgewinn unbeträchtlich und wegen der ungleichmäßigen Verteilung der Phosphide nicht immer zu empfehlen. Je kleiner die Einwaage ist, um so stärker macht sich dieser Fehler bemerkbar. Es sei aber dennoch die kolorimetrische Methode hier angegeben, und zwar weitgehend im Originaltext, weil es öfters vorkommt, daß man nur sehr wenig Material zur Verfügung hat und deshalb von der Möglichkeit einer kolorimetrischen Bestimmung Gebrauch machen möchte.

Apparatur. Der verwendete Zersetzungsapparat ist in der Abbildung 8 dargestellt. Mit Hilfe des Blasenzählers W und des Druckreglers mit verstellbarem Flüssigkeitsverschluß F kann der Strom des Bombenwasserstoffs, der als Spülgas dient, auf die gewünschte Geschwindigkeit, ca. 160 ccm pro Minute, eingestellt werden. Der Zersetzer Z besteht aus einem 100 ccm fassenden Jenaer Rundkolben, der mit einem Rückflußkühler, einer Gasableitung und mit einem Tropftrichter ausgestattet ist. Das Trichterrohr T dient dazu, verbrauchte Säure aus dem Kolben abzuziehen oder die Reaktion durch Einführen von Wasser zu mildern. Der Rückflußkühler kondensiert mitgerissene Flüssigkeitsnebel schon sehr vollständig. Die durchgehenden Tröpfchen können dann noch, wenn nötig, in der Vorlage V abfiltriert werden. Bei Zersetzung unter vorsichtiger Kühlung ist dies aber nicht mehr nötig.

Der Wasserstoff entweicht durch eine Quarzkapillare von 3 cm Länge und 0,5 mm lichte Weite, an deren Ende die Zündung durch einen feinen elektrischen Funken zwischen zwei Platinspitzen erfolgt. Durch Regulierung des Spülwasserstoffes wird die Höhe der Flamme auf 6—8 mm eingestellt, derart, daß die Spitze derselben den Kühler nahezu berührt. Der Innenkühler im Zylinder C füllt die lichte Weite bis auf 2 mm aus. Am unteren Ende ist derselbe zu einer Spitze ausgezogen, von welcher das Kondenswasser in ein Reagenzglas abtropft. Eine ähnliche Einrichtung ist auch am Zylinder C für die Sammlung des Kondenswassers angebracht. Die Länge dieses Zylinders beträgt ca. 25 cm, die lichte Weite ca. 5 cm.

Um der Flamme die nötige Verbrennungsluft zuzuführen, wird durch die Spiralwaschflasche A am Schluß der Apparatur mit Hilfe der Wasserstrahlpumpe ein Luftstrom von ca. 1 Liter je Minute gesaugt. Nach den eigenen Erfahrungen gelangt keine Spur von Phosphorsäure in die Waschflasche A.

Ausführung der Bestimmung. Man wägt in das Zersetzungskölbchen 0,1—1 g des zu untersuchenden Aluminiums (entsprechend 1 — 60 γ Phosphor) in der Form feiner Bohrspäne. Sodann wird die Apparatur bis vor die Quarzkapillare mit Wasserstoff ausgespült. (Ableitung des Wasserstoffs durch einen in der

Figur nicht gezeichneten Dreiweghahn. Man vermeidet so die Demontierung der Verbrennungsglocke.) Nun wird der Gasstrom auf den Brenner umgestellt und zugleich mit dem Funken gezündet. Gleichzeitig schaltet man auch die innere und äußere Wasserkühlung der Glocke ein und beginnt dann mit der Auflösung der Metallprobe durch Zutropfen von 10 ccm 10%iger Salzsäure. Zur Auflösung der Probe benötigt man etwa 20—40 Minuten. Man spült nun noch ca. 15 Minuten mit Wasserstoff durch und füllt dann den Zersetzungskolben bis zum Hals mit Säure.

Das Kondensat von 5—10 ccm wird mit dem Waschwasser, das zum Ausspülen der Verbrennungsglocke nötig ist, in einer Platinschale vereinigt und nach Zusatz von 1—2 Tropfen verdünnter Schwefelsäure auf dem Wasserbad auf ca. 10 ccm eingeengt und darin die Phosphorsäure kolorimetrisch bestimmt.

Die Ausführung der kolorimetrischen Bestimmungen folgt den Angaben von Zinzadze.

Das auf ca. 10 ccm eingeengte Kondensat wird zunächst gegen Dinitrophenol (1:2:6) als Indikator auf $p_H = 4$ eingestellt und nun mit der genau vorgeschriebenen Menge von Zinzadze's Molybdänblau-Reagens versetzt, nämlich 0,14 ccm auf 10 ccm Lösung. Nun wird die Probe auf das gewünschte Volumen verdünnt (ca. 1 γ Phosphor pro ccm) und 10 Minuten im Wasserbad erhitzt, wobei sich die Blaufärbung entwickelt. Nach halbstündigem Stehen in der Kälte ist das Maximum der Färbung erreicht. Man bestimmt nun den Phosphorgehalt an Hand von Vergleichsproben[33]) mit Hilfe eines Leitz'schen Kolorimeters, wozu Proben von ca. 10 ccm Lösung benötigt werden. Die Blaulösungen blieben im Dunkeln 8—10 Tage konstant.

Herstellung der Molybdänlösung. In 50 g konz. reiner Schwefelsäure (s = 1,84) werden in der Hitze 3 g reinstes MoO_3 gelöst. Nach dem völligen Abkühlen wird in 50 ccm Wasser gegossen und die noch heiße Lösung mit 0,15 g Molybdänpulver (durch Reduktion von MoO_3 mit Wasserstoff bei 800° C hergestellt) versetzt und 5—10 Minuten erhitzt. Man läßt nun die blaue Flüssigkeit stehen, bis sich die Reste des Molybdänmetalles völlig abgesetzt haben, und gießt dann das Reagens vorsichtig ab.

2,5 ccm des Reagens sollen 2 ccm $^1/_{10}$-n-Permanganatlösung verbrauchen.

Zusätzliche Hinweise. Die Genauigkeit der Methode hängt infolge der kleinen Einwaage weitgehend von der Homogenität der Analysenprobe ab. Da aber nach den allgemeinen Erfahrungen die Phosphide ungleichmäßig im Aluminium verteilt sind, wird die Bestimmung umso ungenauer, je kleiner die Einwaage gewählt wird.

Die Färbung des Phosphormolybdänblau ist stark von der Wasserstoffionenkonzentration abhängig. Ungenauigkeiten bei der Neutralisation können zu schwankenden Ergebnissen führen.

Silicium-Bestimmung[34])

1. Normale Arbeitsweise

Grundsätzliches. Eine Kieselsäure enthaltende Lösung wird durch Zusatz von Ammonmolybdat gelb gefärbt. Die Färbung wird hervorgerufen durch die Bildung der komplexen Silikomolybdänsäure. Diese Methode ist nicht so sicher in ihrer Anwendung wie die übrigen in diesem Abschnitt beschriebenen kolorimetrischen Arbeitsweisen. Dennoch lassen sich bei genauer Einhaltung der Vorschrift und einiger Übung recht befriedigende Ergebnisse erzielen.

Vergleichs- und Hilfslösungen. Als Standardlösung verwendet man eine Pikrinsäurelösung (30 mg/l). Für diese wird mittels einer Natriumsilikatlösung bekannten Gehalts eine Eichkurve aufgestellt.

Zu diesem Zweck schließt man unter Berücksichtigung des Glühverlustes 214 mg reinste getrocknete Kieselsäure mit der 5 fachen Menge Natriumkaliumkarbonat auf, löst in Wasser und verdünnt auf 1 l. 1 ccm dieser Lösung enthält dann 0,1 mg Si. Nunmehr werden je 80 ccm rd. 15%iger Natriumperoxydlösung (s. u.) mit wechselnden Mengen Silikatlösung versetzt und 20 Min.

in einer Nickelschale gekocht. Diese Lösung wird unter Rühren mit einem Hartgummistab in 200 ccm Wasser eingetragen, mit 60 ccm 6-n-Salzsäure angesäuert, gekocht bis die Lösung vollständig klar ist und in einem 500-ccm-Kolben aufgefüllt. 90 ccm hiervon versetzt man mit 5 ccm 10%iger Ammonmolybdatlösung*) und 10 ccm einer Aluminiumchloridlösung (0,5 g/ccm) hergestellt durch Lösen von Reinstaluminium in Salzsäure und Aussalzen des gebildeten Aluminiumchlorides. Nach 1/4 Stunde vergleicht man mit einer Pikrinsäurelösung, die man durch Eintropfen der Standardlösung in das Vergleichsglas, in dem ebenfalls 10 ccm der Aluminiumchloridlösung vorgelegt sind, bis zur Farbgleichheit herstellt.

Die graphische Übertragung der bei den Vergleichslösungen ermittelten Pikrinsäurewerte gegen die bekannten Kieselsäuregehalte führt in jedem Fall zur Aufstellung einer Eichkurve. Der Blindwert wird in derselben Weise jedoch ohne Zusatz von Silikatlösung ermittelt.

Apparatur. Bei der Aufstellung der Eichkurve können Photometer, Kolorimeter oder auch Neßler-Gläser Verwendung finden. Dasselbe gilt auch für die Durchführung der Bestimmung selbst. Bei einer photometrischen Messung fällt naturgemäß die titrimetrische Kolorimetrie mittels Pikrinsäure fort. Da die Lösungen leicht ein wenig getrübt sind und nur das Auge Trübungen zu eliminieren versteht, werden in den meisten Fällen Neßler-Gläser vorgezogen.

Anwendungsbereich. Die kolorimetrischen Si-Bestimmungen finden vorzugsweise für geringe Gehalte, wie sie beispielsweise im Reinstmetall vorkommen, Anwendung. Bei Gehalten von 0,0002% bis 0,01% Si geht man von 5 g Einwaage, bei Gehalten von 0,01% bis 0,1% von 2 g Einwaage aus. Im ersten Fall erreicht man eine Genauigkeit, die bei den sehr niedrigen Gehalten nur ± 50%, im letzten Fall ± 5% des entsprechenden Wertes betragen kann. Man kann beim Arbeiten mit Neßler-Gläsern mit Sicherheit noch 0,001 mg Silicium schätzen.

---

*) Man löst 100 g im Achatmörser pulverisiertes, im kalten Wasser vollkommen klar lösliches Ammoniummolybdat, p. a., im 1-Liter-Meßkolben in 800 ccm Wasser, fügt 10 ccm Ammoniak (s = 0,96) hinzu und füllt auf.

Probenahme. Bei der Probenahme ist darauf zu achten, daß nach Abdrehen der Gußhaut die Probe über den ganzen Querschnitt des Probeblöckchens oder des Probestabes genommen wird.

Ausführung der Bestimmung. 5 g bzw. 2 g Metall werden mit 80 ccm bzw. 32 ccm Natriumperoxydlösung in einer Nickelschale unter portionsweiser Zugabe gelöst. Die Natriumperoxydlösung wird durch Lösen von 147 g Natriumperoxyd in 1 l Wasser hergestellt. Das Lösen erfolgt unter Kühlen und portionsweisem Eintragen in eine Silber- oder Nickelschale. Die Lösung ist darin 3 Tage lang haltbar.

Die Aufschlußlösung wird 20 Minuten gekocht, auf 50° abgekühlt und dann unter Rühren mit einem Hartgummistab in ein Becherglas mit 200 bzw. 80 ccm Wasser eingetragen. Jetzt versetzt man mit 145 bzw. 70 ccm 6-n-Salzsäure, erhitzt bis zum Klarwerden der Lösung und gibt diese dann in einen 500 bzw. 200 ccm-Meßkolben, rötet mit einigen Tropfen $^1/_{20}$-n-Kaliumpermanganatlösung an, nimmt den Überschuß der Färbung mit $^1/_{10}$-n-Oxalsäure wieder weg, läßt abkühlen und füllt auf.

100 ccm der so vorbereiteten Lösung werden mit 5 ccm 10%iger Ammonmolybdatlösung (s. o.) versetzt und nach $^1/_4$ Stunde Wartezeit kolorimetriert. Den entsprechenden Siliciumwert entnimmt man der Eichkurve.

Anstatt mit Salzsäure kann man auch die Aufschlußlösung mit Salpetersäure ansäuern. In salpetersaurer Lösung ist der Molybdänsäurekomplex etwas beständiger als in salzsaurer. Jedoch reicht nach unseren Erfahrungen die Salzsäurelösung in allen Fällen aus, in denen man die Aufschlußlösung in einem Arbeitsgang kolorimetriert.

Zusätzliche Hinweise.

1. Die Kieselsäureabgabe der Glasgefäße muß Berücksichtigung finden. Zu diesem Zweck führt man den gesamten Arbeitsgang unter Verwendung der gleichen Reagentienmengen als Blindprobe durch. Man erhält auf diese Weise einen Blind- oder Leerwert, der in Abzug zu bringen ist.

2. Die vorgeschriebenen Säuremengen müssen genau eingehalten werden, da die max. Färbung nur in einem bestimmten p_H-Intervall erreicht wird.

3. Kupfergehalte über 0,05% stören, da sie eine Grünfärbung geben. — Man kann den Einfluß des Kupfers durch Zusatz derselben Menge zu den Vergleichslösungen ausgleichen.

4. Bei Eisen- und Titangehalten in Höhe von 0,05 bis 0,11% erhält man Überbefunde. In solchen Fällen muß ein empirisch gefundener Abzug vom Kieselsäurewert gemacht werden. Dieser liegt etwa in der Größenordnung 0,003 bis 0,005%.

5. Der Aluminiumchloridzusatz erfolgt, um die Farbe der Pikrinsäure der der Silicomolybdänsäure anzugleichen.

2. Vereinfachte Arbeitsweise

Grundsätzliches. Wir geben im Anschluß an die vorgeschriebene Arbeitsweise noch eine Vereinfachung der Methode, welche sich für laufende Betriebsanalysen gut eignet. Die Genauigkeit ist dann naturgemäß etwas geringer, aber bei genügender Übung werden auch damit Werte erhalten, welche für die meisten Zwecke ausreichen. Die Vereinfachungen beziehen sich auf die Verwendung von Natronlauge statt Natriumperoxyd, auf die Art des Ansäuerns, auf den Fortfall der Oxydation mit Kaliumpermanganat und auf die Titration einer Blindlösung bis zur Farbgleichheit, so daß also im letzten Fall das Füllen von Neßler-Gläsern mit Pikrinsäure verschiedener Konzentration und das Aufstellen einer Eichkurve wegfällt.

Ausführung der Bestimmung. Zu 5 g Spänen und 12,5 g Natriumhydroxyd werden in einer Nickelschale 75 ccm Wasser in Portionen gegeben. Die Schale wird bedeckt gehalten. Nach Beendigung der ersten stürmischen Reaktion wird die Schale bis zur Beendigung der Wasserstoffentwicklung erwärmt. Man gibt 10 Tropfen einer 3%igen Wasserstoffperoxydlösung hinzu und erhitzt ¼ Stunde zum Sieden. Man gibt den Inhalt der Schale in ein 600 ccm-Becherglas, welches 300 ccm Wasser enthält, und spült die Nickelschale mit heißem Wasser aus. Zu der alkalischen Lösung gibt man unter gutem Umrühren 75 ccm konz. Salzsäure. Nach kurzem Erwärmen wird die Lösung völlig klar. Man verdünnt auf etwa 500 ccm und kühlt auf 40—50° ab. Man versetzt mit 20 ccm einer 10%igen Ammoniummolybdatlösung und rührt um. Nach 10 Minuten hat die Lösung das Maximum der

Farbintensität erreicht und kann auf einer weißen Unterlage kolorimetriert werden. Zu diesem Zweck gibt man in ein zweites Becherglas etwa 500 ccm Wasser und fügt aus einer Bürette solange Pikrinsäurelösung zu (etwa 125 mg Pikrinsäure im Liter), bis Farbgleichheit eintritt. 1 ccm Pikrinsäurelösung entspricht 0,1 mg Si.

Zusätzliche Hinweise. Im allgemeinen enthält Natronlauge etwas mehr Kieselsäure als Natriumperoxyd. Bei sehr kleinen Gehalten (z. B. 0,0005% Si im Aluminium) erreicht der Blindwert schon dieselbe Höhe wie der Analysenwert. Es ist deshalb erforderlich, für sehr genaue Bestimmungen solche Chemikalien zu verwenden, welche den kleinsten Siliciumgehalt aufweisen.

Aluminiumchlorid sowohl wie die Menge der Salzsäure haben einen gewissen Einfluß auf den Farbton und die Farbstärke der Silikomolybdänsäure und auf den Farbton der Pikrinsäure. Es ist daher zweckmäßig, die Konzentration an Chlorionen immer konstant zu halten und auch den Blindlösungen entsprechende Mengen zuzufügen. Aus diesem Grunde wird bei sehr genauen Analysen (s. ausführliche Bestimmung) ein entsprechender Zusatz Seite 146 vorgeschrieben.

Das Aluminium enthält manchmal kleine Mengen Karbide, welche bei der Zersetzung organische Verbindungen liefern. Diese haben einen Einfluß auf den Farbton und werden vorsichtshalber durch Oxydation mit Kaliumpermanganat zerstört. Da dieser Einfluß jedoch nur in manchen Fällen bemerkbar ist, hat man bei der vereinfachten Bestimmung von einer Oxydation abgesehen.

Im übrigen gelten die schon bei der Hauptbestimmung gemachten Angaben über Fehlermöglichkeiten.

Titan-Bestimmung [35]

Grundsätzliches. Die Methode beruht auf der Oxydation des in Lösung befindlichen Titansulfats mittels Wasserstoffperoxyd zu einer gelbgefärbten Peroxoverbindung. Vermutlich bildet sich das Anion der Peroxo-disulfato-titansäure $TiO_2(SO_4)_2''$. Eine entsprechende Verbindung entsteht zwar auch in jeder anderen Säurelösung. Jedoch ist im Hinblick auf das Aluminium eine schwefelsaure Lösung zu empfehlen. Eisenverbindungen müssen durch Zusatz von Phosphorsäure farblos gemacht werden. Fluorionen dürfen nicht zugegen sein, weil sie auf die Titanfarbe entfärbend wirken.

Vergleichslösung. Als Grundsubstanz für die Herstellung der Vergleichslösung verwendet man reinstes geglühtes TiO_2 oder Titanfluorkalium, aus dem das Fluor mittels Schwefelsäure abzurauchen ist. Auch kann man von Titanoxalat ausgehen. Man wählt die letzten beiden Verbindungen, weil sie sehr leicht rein darzustellen sind. Zur Herstellung der Vergleichslösung geht man von einer Standardlösung aus, die 0,1 g TiO_2 in 1 l 5%iger Schwefelsäure gelöst enthält. Das Titansäureanhydrid wird unter Berücksichtigung seines Glühverlustes eingewogen und mit 3 g Kaliumbisulfat aufgeschlossen. Nach Erkalten der Schmelze wird diese in 200 ccm Wasser und 50 ccm konzentrierter Schwefelsäure gelöst und die Lösung auf 1 l aufgefüllt. Von dieser Standardlösung werden jeweilig eine entsprechende Anzahl Kubikzentimeter zur Herstellung der Vergleichslösung benutzt.

Apparatur. Für die Messung findet am besten ein gutes Photometer mit Quecksilberlampe (Filter Hg 436) Verwendung, nachdem vorher eine Eichkurve aufgestellt worden ist. Die Messungen lassen sich aber auch bei einiger Übung mit jedem einfachen Kolorimeter oder auch mit Neßler-Gläsern durchführen.

Anwendungsbereich. Der auf die Metalleinwaage zu beziehende Anwendungsbereich ist, soweit ein Anreicherungsverfahren durch Ausfällen angewandt wird, nahezu unbegrenzt. Bestimmt man in der Aufschlußlösung, so sind Gehalte, bei entsprechender verringerter Einwaage bzw. Verdünnung der Analysenlösung, bis 2% Ti im Metall erfaßbar.

Die Genauigkeit der Methode beträgt unter Berücksichtigung
Seite 132 einer normalen Arbeitsweise (siehe Einleitung zu diesem Abschnitt) ± 5% des Wertes, bei Verwendung eines Pulfrichphotometers mit Quecksilberlampe und 25 cm langen Kuvetten ± 0,0008 mg je 100 ccm.

Ausführung der Bestimmung. Als Ausgangslösung wird praktischerweise das Filtrat von der Siliciumbestimmung gewählt und direkt kolorimetriert, oder man löst besser das Metall in Natronlauge unter Zusatz von Wasserstoffperoxyd. Es wird 10 Minuten gekocht, filtriert und der verbleibende Rückstand in Schwefelsäure unter Zusatz von ein paar Tropfen Wasserstoffperoxyd gelöst.

Von der auf ein bestimmtes Volumen aufgefüllten Analysenlösung werden 50 ccm, max. 2 g Metalleinwaage entsprechend, mit 5 ccm 3%iger Wasserstoffperoxydlösung, 10 ccm Phosphorsäure (konz.) und 10 ccm Schwefelsäure (1 : 1) versetzt und auf 100 ccm aufgefüllt. Als Vergleichslösung wählt man eine solche mit annähernd gleichem Titangehalt und denselben Reagentienmengen. Beim Kolorimetrieren mit Neßler-Gläsern oder mit dem Kolorimeter ist darauf zu achten, daß möglichst gleiche Flüssigkeitshöhen verglichen werden.

Zusätzliche Hinweise.

1. Die für die Vergleichslösung zur Anwendung kommenden Salze sind besonders sorgfältig auf Reinheit zu prüfen.

2. Fluoride stören, weil — wie oben erwähnt — Fluor die Titanfarbe schwächt.

3. Chrom, Vanadium, Molybdän, Wolfram und Cer geben unter gleichen Bedingungen ebenfalls Gelbfärbungen und stören infolgedessen. Chrom und Vanadium werden bei Anwendung des alkalischen Anreicherungsverfahrens abgetrennt, wenn gleichzeitig genügend oxydiert wird, um das Chrom in Chromat umzuwandeln. Über gleichzeitige Bestimmung von Titan und Vanadium nebeneinander enthält der Abschnitt über Vanadiumbestimmung Näheres.

4. Die Lösungen sind möglichst vor direktem Licht zu schützen.

5. Es ist anzuempfehlen, nicht in Lösungen zu arbeiten, die einen übertrieben hohen Salzgehalt aufweisen. Jedenfalls muß darauf geachtet werden, daß die Vergleichslösung auch bezüglich der Salze ebenso zusammengesetzt ist wie die Analysenlösung.

Vanadium- und Chrom-Bestimmung in Anwesenheit von Titan[23])

1) Nacheinander

Grundsätzliches. Bei der Titanbestimmung wurde bereits erwähnt, daß Chrom und Vanadium unter Umständen stören, Chrom als gelbes Chromat, Vanadium in Gegenwart von Wasserstoffperoxyd als entsprechende gelb bis gelbrot gefärbte Perverbindung. Bei gleichzeitiger Anwesenheit dieser drei Metalle muß daher ein Trennungsgang durchgeführt werden. Löst man das Aluminium alkalisch oxydierend und filtriert, so findet sich das Chrom als Chromat, das Vanadium als Vanadat im Filtrat, während Titan im Rückstand verbleibt. Das Chromat kann im Filtrat direkt kolorimetrisch bestimmt werden. In einem Teil des Filtrats wird das Chromat durch Ansäuern reduziert und in dieser Lösung endlich das Vanadium kolorimetriert.

Vergleichslösungen. Zur Herstellung der Vanadium-Vergleichslösungen verwendet man reinste Vanadinsäure. Vanadinsäureanhydrid wird vor der Einwaage im Trockenschrank bei 250° C getrocknet und hiernach 0,1 g V_2O_5 eingewogen und in 10 ccm konzentrierter Schwefelsäure gelöst. Die Lösung wird auf 1 Liter aufgefüllt. Von der so hergestellten Standardlösung gibt man eine entsprechende Anzahl Kubikzentimeter zur Meßlösung. Zur Herstellung der Chrom-Vergleichslösungen geht man von titrimetrisch eingestellten Chromatlösungen aus. Die Vergleichslösungen erhalten außerdem wieder Zusätze, die der Zusammensetzung der Analysenlösung entsprechen.

Apparatur. Für die Durchführung der Bestimmungen sind die gleichen Geräte verwendbar, wie sie bei der Titankolorimetrie angegeben wurden. Bei der Vanadium- und Chromkolorimetrie hat sich die Verwendung von Neßlergläsern bewährt, wobei man die Vergleichslösung praktischerweise durch Zutropfenlassen der Standard-Lösungen auf gleiche Farbintensität bringt.

Anwendungsbereich. Auch diese Methoden eignen sich vorzugsweise für die Bestimmung geringer Gehalte, bei einer Einwaage von 2 g Metall in 100 ccm Lösung 0,05% bis etwa 0,002% Cr bzw. V. Der Meßfehler beträgt in diesem Konzentrationsbereich weniger als ± 10% des ermittelten Wertes.

Ausführung der Bestimmung. 10—20 g Metall werden in Salzsäure*) gelöst und aus der Lösung das Aluminiumchlorid durch Einleiten von Salzsäuregas soweit wie möglich ausgesalzen und von der Lösung getrennt. Das Filtrat wird bis zur Trockene eingedampft, der verbleibende Rückstand mit Natronlauge aufgenommen und durch Wasserstoffperoxyd Chrom und Vanadium zu Chromat und Vanadat oxydiert. Hierbei bleiben Eisen und Titan (evtl. auch Mangan und Kupfer) zurück. Der abfiltrierte Rückstand wird in Schwefelsäure gelöst und in dieser Lösung das Titan kolorimetriert. In einem Teil des alkalischen Filtrats wird das Chrom als Chromat in Neßler-Gläsern titrimetrisch-kolorimetrisch (siehe oben) direkt bestimmt. Darauf wird die alkalische Lösung durch vorsichtige Zugabe von konz. Schwefelsäure angesäuert. Alsdann setzt man noch 15 ccm konz. Schwefelsäure und 10 ccm 3%ige Wasserstoffperoxydlösung hinzu. Nach etwa einer Stunde wird das Vanadium kolorimetriert.

Seite 7

Seite 137

Zusätzliche Hinweise.

1. Die Titanmessungen sind möglichst sofort nach Vorliegen der Lösungen durchzuführen. Bei Vanadium ist etwa eine Stunde zu warten.
2. Das Anfärben der Vergleichslösungen erfolgt gleichzeitig mit dem Anfärben der Analysenlösungen.
3. Molybdän könnte stören, es findet sich aber nicht im Reinaluminium.
4. Sind größere Eisenmengen vorhanden, so wird Chromhydroxyd von Eisenhydrat festgehalten. Es ist in diesem Fall eine Umfällung erforderlich.

Vanadium und Titan nebeneinander

1. Ausführungsart[24])

Grundsätzliches. Bei der Bestimmung geringer voneinander größenordnungsmäßig nicht abweichender Gehalte an Titan und

*) Bei Legierungen Bromsalzsäure.

Vanadium läßt sich nach H. Ginsberg dadurch eine Vereinfachung treffen, daß man den farbschwächenden Einfluß der Phosphorsäure auf die Titanfärbung ausnutzt. Dieser geht soweit, daß in einem bestimmten Spektralbereich die Absorption durch das Titan praktisch Null wird, während die Absorption durch die Vanadiumfärbung noch hinreichend genau meßbar ist. Eine

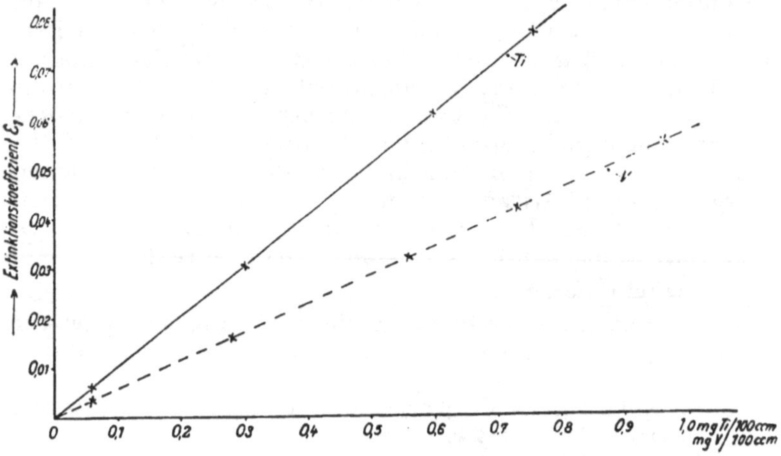

Abb. 9. Eichkurven zur Titan- und Vanadin-Bestimmung (nebeneinander) Meßbereich Å 4360

zweite Messung in einem anderen Spektralbereich ergibt die additive Extinktion der Titan- und Vanadiumfärbung.

Vergleichslösung und Apparatur. Für die Durchführung dieser Bestimmung ist die Verwendung des Zeiß'schen Pulfrichphotometers mit den Filtern Hg 436 und Hg 578 zu empfehlen. An die Stelle der Vergleichslösung tritt eine Blindlösung.

Anwendungsbereich. Auf die übliche max. Einwaage von 2—3 g Metall in 100 ccm Lösung bezogen läßt sich die Methode nur für Gehalte von 0,1 bis 0,003% anwenden. Die Genauigkeit beträgt hierbei $\pm$ 10% des Meßwertes.

Ausführung der Bestimmung. Auf 100 ccm Analysenlösung werden 10 ccm Phosphorsäure gegeben, ferner die gleichen Zusätze wie unter „Titanbestimmung" angegeben. Nun wird zu- Seite 151 nächst im Spektralgebiet des Farbfilters 5780° Å gemessen. Der in diesem Gebiet gefundene Extinktionswert $V\varepsilon_2$ entspricht dem Vanadiumgehalt. An Hand der für das Meßgebiet festgelegten Eichkurve wird dessen zahlenmäßiger Wert erhalten. Nunmehr wird der abgelesene Wert — mit Hilfe der entsprechenden Eichkurven für ε_1 — auf das Spektralgebiet des Filters 4360 Å über-

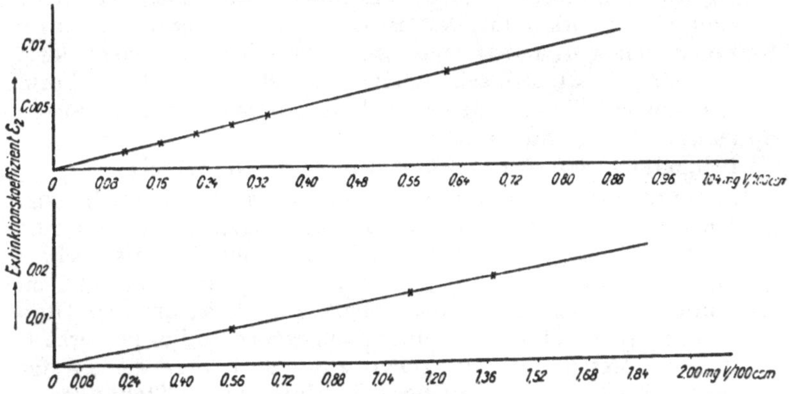

Abb. 10. Eichkurve zur Titan- und Vanadin-Bestimmung (nebeneinander) Meßbereich Å 5780

tragen und von der in diesem Gebiet durch eine zweite Messung erhaltenen Gesamtextinktion $\Sigma\varepsilon$ die Extinktion $V\varepsilon_1$ in Abzug gebracht. Die Differenz entspricht dem Titangehalt: $\Sigma\varepsilon - V\varepsilon_1 = Ti\varepsilon_1$. Der Analysengang ist damit denkbar einfach geworden. In einem Teil der Aufschlußlösung, in der das Eisen bestimmt ist, lassen sich nunmehr im gleichen Arbeitsgang die Gehalte an Titan und Vanadium ebenfalls auffinden.

2. Ausführungsart

Grundsätzliches. Die oben angeführte Methode ist ausdrücklich beschränkt auf verhältnismäßig kleine Gehalte an Titan und Vanadium, wobei außerdem noch gefordert wird, daß beide Komponenten in annähernd der gleichen Menge vorhanden sein sollen. Dies ist erforderlich, weil die Messung mit dem Farbfilter 5780 Å selbst bei reinen Titanlösungen auch einen, allerdings sehr kleinen, Meßwert ergibt. Man erhält also bei der Messung von Vanadium und Titan nebeneinander immer einen etwas zu hohen Vanadiumwert. Unter den oben gemachten Voraussetzungen spielt dieser Fehler keine Rolle, da er sich innerhalb der üblichen Meßfehler hält.

Liegen jedoch sehr viel stärkere Lösungen vor, was in der Praxis hin und wieder vorkommt, oder ist die Menge, in der die einzelnen Komponenten vorhanden sind, sehr verschieden voneinander, so kann man die an sich sehr schöne Methode in der obigen Form nicht benutzen. Daher hat sie nach K. Steinhäuser für diesen Spezialfall die folgende Abänderung erhalten, wobei die chemische Vorbehandlung der obigen Vorschrift völlig entspricht.

Man mißt mit Filtern, die der Farbkurve nach einen möglichst großen Ausschlag gewährleisten. Die Messungen werden mit dem Filter 4360 Å (Hg) und dem Filter S 50, welches also seinen Filterschwerpunkt bei 5000 Å besitzt, ausgeführt. Da man im Anschluß an die Messungen die Gehalte für Vanadium und Titan rechnerisch an Hand der unten angegebenen Formel erhält, müssen die Messungen sehr genau ausgeführt werden. Da für das Filter S 50 leider keine Quecksilberlinie zur Verfügung steht, ist man gezwungen, in diesem Fall der größeren Empfindlichkeit wegen mit etwas größerer Ungenauigkeit bedingt durch den Filterschwerpunkt zu arbeiten.

Man stellt zunächst in bekannter Weise die Eichkurve für die Filter Hg 436 und S 50 auf, und zwar für V_2O_5 und TiO_2. Die Eichkurve für TiO_2 (Hg 436) erhält die Bezeichnung M_1, die Eichkurve für TiO_2 (S 50) die Bezeichnung M_2. Die entsprechenden Bezeichnungen für die V_2O_5-Kurven sind M_1' und M_2'. Die Neigung, welche die Eichkurven gegenüber der Abszisse besitzen, kann man mathematisch ausdrücken; man erhält:

$$M_1 = \frac{\varepsilon_1}{\text{mg TiO}_2}$$

$$M_2 = \frac{\varepsilon_2}{\text{mg TiO}_2}$$

$$M_1' = \frac{\varepsilon_1'}{mg\ V_2O_5}$$

$$M_2' = \frac{\varepsilon_2'}{mg\ V_2O_5}$$

Mißt man nun Mischungen von V_2O_5 und TiO_2, so erhält man für das Filter Hg 436 wieder den Extinktionskoeffizienten ε_1 und für das Filter S 50 ε_2. Daraus kann man in der folgenden Weise den Wert für TiO_2 und V_2O_5 in Milligramm errechnen.

1. $\varepsilon_1 = mg\ TiO_2 \cdot M_1 + mg\ V_2O_5 \cdot M_1'$
2. $\varepsilon_2 = mg\ TiO_2 \cdot M_2 + mg\ V_2O_5 \cdot M_2'$

Multipliziert man nun beide Seiten mit M_2' bzw. M_1', so erhält man:

3. $\varepsilon_1 \cdot M_2' = mg\ TiO_2 \cdot M_1 \cdot M_2' + mg\ V_2O_5 \cdot M_1' \cdot M_2'$
4. $\varepsilon_2 \cdot M_1' = mg\ TiO_2\ M_1 \cdot M_1' + mg\ V_2O_5\ M_2' \cdot M_1'$

Die Differenz der Gleichungen 3 und 4 ergibt:

5. $$mg\ TiO_2 = \frac{\varepsilon_1 \cdot M_2' - \varepsilon_2 \cdot M_1'}{M_1 \cdot M_2' - M_2 \cdot M_1'};$$

Analog errechnet sich nach Multiplikation der Gleichungen 1 und 2 mit M_2 und M_1 und Differenzbildung:

6. $$mg\ V_2O_5 = \frac{\varepsilon_1 \cdot M_2 - \varepsilon_2\ M_1}{M_1' \cdot M_2 - M_2' \cdot M_1}$$

Bei der Aufstellung unserer Eichkurve hatten sich z. B. folgende Zahlenwerte aus der Division der Extinktionswerte durch mg TiO_2 und durch mg V_2O_5 ergeben:

$M_1 = 0{,}0681$ $\quad M_2 = 0{,}0176$
$M_1' = 0{,}030$ $\quad M_2' = 0{,}0263$.

Setzt man diese Werte in die obigen Formeln ein, so erhält man
für $\quad mg\ TiO_2 = 20{,}82_4 \cdot \varepsilon_1 - 23{,}75_3 \cdot \varepsilon_2$
und für $\quad mg\ V_2O_5 = 53{,}92 \cdot \varepsilon_2 - 13{,}93_5 \cdot \varepsilon_1$.

Man hat jetzt nur noch nötig, in üblicher Weise die erhaltenen Milligramm auf die Ausgangssubstanz umzurechnen.

b) Legierungen

1. Einzelbestimmungen

Antimon-Bestimmung

Grundsätzliches. Die kolorimetrische Bestimmung des Antimons ist eine ausgesprochene Schnellmethode von geringerer Genauigkeit und nur anwendbar, wenn außer Zinn keine anderen in saurer Lösung mit Schwefelwasserstoff fällbaren Metalle anwesend sind. Die Methode beruht auf einem Farbvergleich kolloidaler Sb_2S_5-Lösungen. Legierungen mit einem Antimongehalt von mehr als 0,3% können nach dieser Methode nicht analysiert werden. Infolge der Gefahr des Ausflockens von Antimonsulfid können nur verhältnismäßig dünne Lösungen miteinander verglichen werden; bei größerer Konzentration muß die Verdünnung sehr groß gewählt werden, so daß der unvermeidliche Meßfehler infolge der Umrechnung zu stark ins Gewicht fällt.

Ausführung der Bestimmung. Man löst 2 g der Legierung mit 50 ccm Salzsäure (1 : 1) und 10 ccm konz. Salpetersäure. Um die nitrosen Gase zu vertreiben, dampft man bis zur Kristallbildung ab, nimmt mit Wasser auf, spült die Lösung in einen 200 ccm-Meßkolben und gibt etwas Filterschleim hinzu. Nach dem Auffüllen filtriert man Silicium, Kieselsäure und Metazinnsäure durch ein trockenes Faltenfilter ab. 50 ccm der Lösung, welche 0,5 g Einwaage entsprechen, gibt man in einen Philippsbecher, setzt 5 ccm Salzsäure (1 : 1) zu und verdünnt auf 175 ccm. Gleichzeitig entnimmt man der Antimon-Standard-Lösung 10, 20 und 30 ccm, entsprechend 0,1, 0,2 und 0,3% Antimon bei 0,5 g Einwaage, versetzt sie mit 10 ccm Salzsäure (1 : 1) und verdünnt ebenfalls auf 175 ccm. Zu sämtlichen Lösungen gibt man in einem Guß unter Umschwenken 25 ccm frisch bereitetes Schwefelwasserstoffwasser und vergleicht die auftretende orangerote Färbung. Auf diese Weise stellt man zunächst den ungefähren Antimongehalt fest. Darauf entnimmt man dem Kolben wieder 50 ccm Analysenlösung und aufs neue bestimmte Mengen der Antimonvergleichslösung, wobei jetzt die Abstufungen nur 0,01 mg Antimon betragen sollen. Ergab z. B. die Vorprobe einen ungefähren Gehalt von 0,25% Sb, so entnimmt man der Standardlösung 22, 24, 26 und 28 ccm, versetzt wie zuvor mit 10 ccm Salzsäure (1 : 1), verdünnt auf 175 ccm und versetzt in der gleichen Weise die Analysenlösung und die Vergleichsproben mit Schwefelwasserstoffwasser.

Antimon-Standard-Lösung. Man benötigt eine Antimon-Standard-Lösung, von welcher 1 ccm 0,05 mg Antimon entspricht. Man löst 0,1 g gepulvertes Antimon in Königswasser, verkocht durch wiederholte Zugabe von Salzsäure die Salpetersäure und füllt die Lösung unter Zusatz von Salzsäure auf 2 l auf. Tritt eine Trübung der Lösung beim Verdünnen auf, so muß noch etwas Salzsäure nachgegeben werden.

Zusätzliche Hinweise. Wegen der bald einsetzenden Ausflockungen des kolloid gelösten Antimonsulfids muß in jedem Falle r a s c h verglichen werden. Es ist zu beachten, daß die physikalischen Bedingungen, wie Temperatur, Art der Zugabe der Lösung, d. h. in dünnem oder dickem Strahl, Intensität des Umschwenkens oder Rührens usw., beim Anfärben eine wesentliche Rolle spielen. Die Stärke der Farbe ist von diesen Bedingungen und der Geschwindigkeit des Ausflockens abhängig. Es ist also darauf zu achten, daß sie bei der Analyse und den Vergleichslösungen möglichst gleich gehalten werden.

Unter Berücksichtigung der angeführten Einschränkungen erzielt man recht befriedigende Werte.

Eisen-Bestimmung

Bei Gehalten unter 0,05% Fe kann eines der im ersten Teil dieses Abschnittes beschriebenen kolorimetrischen Verfahren Seite 133

Anwendung finden. Bei Gehalten über 0,05% Eisen ist die An-
Seite 79 wendung eines titrimetrischen Verfahrens, z. B. der Titantrichloridmethode zu empfehlen.

Kupfer-Bestimmung

Für Kupfergehalte unter 0,05% Cu wendet man das im ersten
Seite 139 Teil dieses Abschnittes beschriebene kolorimetrische Verfahren an. Gehalte von 0,01% Cu an aufwärts lassen sich elektrolytisch
Seite 217 bestimmen.

Magnesium-Bestimmung [38]) [39])

Grundsätzliches. J. M. Kolthoff hat erstmalig vorgeschlagen, geringe Spuren Magnesium mittels „Titangelb", des Natriumsalzes der Dihydrothio-p-Toluidinsulfosäure, zu bestimmen. „Titangelb" oder auch „Thiazolgelb" bildet mit Magnesiumhydroxyd in alkalischer Lösung eine dunkelrot gefärbte Adsorptionsverbindung. Diese wird durch Zusatz eines Schutzkolloids in kolloidaler Lösung gehalten.

Vergleichslösungen. Als Standardlösung dient eine 0,05%ige Titangelblösung, der Mercksche Stärke (10 ccm 1%ige) als Schutzkolloid zugesetzt ist. Zur Ermittlung der Eichkurve werden steigende Mengen genau analysierter Magnesiumsulfatlösung (etwa 52 mg/Liter) verwandt, denen je 15 ccm der 0,05%igen Titangelblösung zugesetzt werden (vgl. u. Ausführung d. Bstg.). Wird die Eichkurve unter Verwendung eines Photometers aufgestellt, so wird praktischerweise mit Schichtlängen von 5 cm gegen eine Blindlösung gemessen. Die Blindlösung enthält 5 ccm der Titangelblösung, 10 ccm 1%ige Stärkelösung, 8 ccm 2-n-Natronlauge in 100 ccm *).

Apparatur. Im vorliegenden Fall ist die Verwendung des Photometers (Pulfrichphotometers) zu empfehlen. Hierbei ist die Messung im Wellenbereich 5460 Å (Filter Hg 546) durchzuführen.

Anwendungsbereich. Magnesiumgehalte von 0,1 bis 2% sind nach der Methode mit einer Genauigkeit von ± 8% des gefundenen Meßwertes zu bestimmen.

Ausführung der Bestimmung. 0,5 g Metall werden in 25 ccm 2-n-Natronlauge gelöst, der Rückstand abfiltriert und gut ausgewaschen. Nunmehr löst man den Rückstand mit 10 ccm Schwefelsäure (1 : 3) unter Zusatz von etwas Wasserstoffperoxyd vom Filter. Falls der Kupfergehalt vermutlich über 0,5% liegt, wird die Lösung unter Anwendung eines Stromes von 1,5—2 Amp. elektrolytisch vom Kupfer befreit. Hierbei ist der Elektrolyt Seite 217 zu rühren. Kupfergehalte unter 0,5% stören nicht und brauchen deshalb nicht entfernt zu werden. Nach der Entfernung des Kupfers wird der Elektrolyt in einem 500 ccm-Kolben mit Ammoniak bis auf eine schwach saure Reaktion abgestumpft (Flockenbildung soll nicht auftreten). Jetzt erhitzt man und versetzt mit 5 g Ammonsulfat und 3 g Ammonpersulfat und kocht anschließend 5 Minuten lang. Hierbei fällt fast das gesamte Mangan als MnO_2 aus, ohne Magnesium mit einzuschließen. Zur Sicherheit kann nochmals gelöst und gefällt werden! Die Filtrate werden vereinigt. Dann wird ammoniakalisch gemacht, weiter 10 Minuten gekocht und dadurch das restliche Mangan mit dem Eisen zusammen in leicht filtrierbarer Form ausgefällt. Man kühlt jetzt die Lösung ab, füllt zur Marke auf und filtriert durch ein trockenes Faltenfilter. 25 ccm des Filtrats werden nun in einem 100 ccm-Kolben mit 0,8 g Ätznatron versetzt und bis zum vollständigen Austreiben des Ammoniaks erhitzt. Hierbei trübt sich die Lösung durch ausgeschiedenes Magnesiumhydroxyd.

---

*) Im Hinblick auf die hohe Farbintensität der Titangelblösung ist es zu empfehlen, den niederen Konzentrationen 5 ccm, den mittleren 10 ccm und den höheren 15 ccm Titangelblösung zuzusetzen. Die Blindlösung ist dementsprechend zusammenzusetzen.

Nunmehr wird mit Schwefelsäure (1 : 3) neutralisiert, bis das ausgeschiedene Magnesiumhydroxyd wieder in Lösung geht*). Als Schutzkolloid werden 10 ccm einer 1%igen Stärkelösung nach Zulkowsky hinzugesetzt. Jetzt werden zur Vertiefung der Färbung noch 20 ccm einer kalt gesättigten Calciumsulfatlösung und 15 ccm einer 0,05%igen Titangelblösung zugegeben. Durch weiteren Zusatz von 8 ccm 2n-Natronlauge in einem Guß wird das Magnesium als Hydroxyd kolloidal ausgeschieden. Durch das Schutzkolloid bleibt die Lösung klar, sie färbt sich himbeerrot. Jetzt wird aufgefüllt und gegen eine Blindlösung obiger Zusammensetzung photometriert.

Zusätzliche Hinweise.

1. Bei einem Gehalt von 8 ccm 1n-Natronlauge auf 100 ccm Lösung wird das Maximum der Farbintensität erreicht. Weitere Alkalitätssteigerungen ergeben bei höheren Magnesiumgehalten als angegeben Überbefunde.

2. Bei der Durchführung der Messung besonders bei der Aufstellung der Eichkurve ist darauf zu achten, daß die Farbintensität auf einem Gleichgewichtsverhältnis zwischen Farbstoff und sogenanntem Farblack beruht. Es muß dafür gesorgt werden, daß der Farbstoff gegenüber dem Farbträger, hier also Magnesium, sich stets im Überschuß befindet, was bei genauer Einhaltung der obigen Arbeitsvorschrift ohne weiteres der Fall ist.

3. Sulfathaltige Lösungen geben die höchsten Extinktionswerte. Chloride und Nitrate stören, Zink und Cadmium schwächen die Färbung, ebenso aber im geringeren Ausmaße Aluminium. Zinn, Wismut, Kupfer und Eisen stören bis 0,15 mg/10 ccm nicht. Bei höheren Konzentrationen setzen sie die Extinktionswerte herab. In Gegenwart von Mangan können durch Luftoxydation Manganite zur Ausscheidung kommen und die Lösung bräunen. Die störenden Elemente müssen also durch den Gang der Analyse ausgeschaltet werden.

4. Die Stärkelösung muß täglich frisch bereitet werden.

---

*) Falls eine Trübung bestehen bleibt (SiO_2, $BaSO_4$ aus dem Glas!), ist eine Filtration durch Hartfilter (Blauband) erforderlich.

Mangan-Bestimmung

1. Wismutatmethode

Grundsätzliches. Das Verfahren beruht auf der Oxydation von Mangan-II-Salz in salpetersaurer Lösung mit Natriumwismutat zu Permanganat:

$$4\ Mn(NO_3)_2 + 10\ NaBiO_3 + 32\ HNO_3 = 4\ HMnO_4 + 10\ Bi(NO_3)_3 + 10\ NaNO_3 + 14\ H_2O.$$

Die erhaltene Färbung wird mit einer Permanganatlösung von bekanntem Gehalt verglichen.

Vergleichslösung. Als Grundsubstanz dient ein auf Reinheit geprüftes Natriumwismutatsalz ($NaBiO_3$). Die Vergleichslösung ist mit denselben Mengen an Chemikalien zu versetzen wie sie die Analysenlösung enthält.

Apparatur. Für die Durchführung der Bestimmung werden Neßler-Gläser oder einfache Kolorimeter empfohlen.

Anwendungsbereich. Das Verfahren wird vorzugsweise bei Gehalten unter 2% Mn in der Legierung angewandt. Man erreicht eine Genauigkeit von etwa $\pm$ 5% des erhaltenen Wertes.

Ausführung der Bestimmung. 2 g Metall werden in einem 600 ccm-Becherglas mit 30 ccm Natronlauge (20%ig) gelöst, die Lösung mit 30 ccm Salpetersäure (s = 1,42) angesäuert und bis zur ersten Kristallbildung vorsichtig eingedampft. Die entstandenen Salze werden, nachdem Deckglas und Wände des Lösegefäßes vorsichtig mit destilliertem Wasser abgespritzt worden sind, durch Versetzen mit 30 ccm Salpetersäure (1 : 1) wieder gelöst, die Lösung auf 20° C abgekühlt und mit 0,5 g Natriumwismutat versetzt, wenn der Mangangehalt unter 0,2% liegt. Liegt er darüber, so gibt man 1 g Natriumwismutat hinzu. Jetzt schüttelt man um, läßt $^1/_4$ Stunde stehen und filtriert durch einen Glasfiltertiegel 1 G_4 mit Asbestpolster in das Neßlerglas oder den Kolorimeterzylinder und füllt mit Wasser bis zur 100 ccm-Marke auf. Die wie oben angegeben bereitete Vergleichslösung (hier besser als Blindlösung bezeichnet) wird tropfenweise bis zur Farbgleichheit mit $^{1}/_{55}$-n-Kaliumpermanganatlösung versetzt. Wird ihre Farbe zu intensiv, so bringt man die Lösung in einen Erlenmeyer-Kolben, gibt bei etwa 60° C einen Überschuß (a = ccm) an Oxalsäurelösung hinzu und titriert mit $^{1}/_{55}$-n-Permanganatlösung zurück (b = ccm). Für den ersten Arbeitsgang gilt die Berechnungsformel:

$$\frac{\text{ccm Verbrauch} \times 0.0002 \times 100}{\text{Einwaage}} = \%\ \text{Mn};$$

Für die Rücktitration gilt die folgende Formel:

$$\frac{(a-b) \times 0.0027465 \times 100}{\text{Einwaage}} = \%\ \text{Mn}.$$

Zusätzliche Hinweise. Die beschriebene Methode eignet sich vorzugsweise für die Bestimmungen des Mangans in Aluminium, wenn in ihm geringe Mengen vorhanden sind. Sobald der Vergleich der Analysenlösung infolge zu großer Intensität Schwierig-
Seite 113 keiten bereitet, geht man zu titrimetrischen Methoden über.

2. **Persulfatmethode** (siehe Anhang, Schnellmethoden)

Silicium-Bestimmung

Die kolorimetrische Methode siehe im ersten Teil dieses Ab-
Seite 145 schnittes. Sie kommt bis zu Gehalten von 0,1% zur Anwendung. Als weitere Methoden kommen in Frage die gravimetrischen
Seite 35 Verfahren nach Regelsberger, Otis-Handy, die abgeänderte
Seite 55 Methode nach Fuchshuber und die sogenannte Neuhausener Methode.

Titan-Bestimmung

Die kolorimetrische Titanbestimmung (siehe 1. Teil dieses Abschnittes) ist bis zu 2% Ti in der Legierung anwendbar. Für Gehalte von 0,1% Ti an aufwärts ist auch das titrimetrische Verfahren, beruhend auf der Umsetzung zwischen Titan-III-chlorid mit Eisen-III-chlorid zu empfehlen. Endlich ist auch noch die Fällung mit Kupferron anwendbar.

Seite 149
Seite 120
Seite 57

---

2. Reihenbestimmungen

Bestimmung von Silicium, Eisen, Mangan, Kupfer [40] [41] [42] [43]

Grundsätzliches. Im folgenden soll eine Schnellmethode für die Bestimmung von Silicium, Eisen, Kupfer und Mangan in Aluminiumlegierungen beschrieben werden. Die Methode beruht im Prinzip auf denselben Unterlagen, welche schon bei den Einzelbestimmungen gegeben wurden, so daß hier auf diese nicht mehr eingegangen zu werden braucht. Ganz allgemein wäre noch zu bemerken, daß eine derartige Schnellmethode nur Zweck hat, wenn es sich um einzelne Bestimmungen handelt, denn der betreffende Bearbeiter hat die volle Zeit ohne Pause für die Ausführung der Bestimmung nötig. Werden dagegen Reihenuntersuchungen verlangt, so kommt man mit den normalen chemischen Methoden weiter, obwohl die einzelne Bestimmung dann länger dauert. In diesem Fall sind nämlich die Wartezeiten groß, und man kann diese sehr gut durch Einschieben von weiteren Bestimmungen ausfüllen. Die hier angeführte Methode ist in ausführlicherer Form von Jordy[40]) veröffentlicht worden (s. Literatur).

Seite 300

Ausführung der Bestimmungen

Vorbereitung der Lösung. 0,5 g Metall werden im Nickeltiegel (Höhe 75 mm, oberer Durchmesser 80 mm) eingewogen, mit 55—60 Ätznatronplätzchen versetzt und durch Spritzen mit einigen ccm Wasser versetzt, um die Reaktion einzuleiten. Man bedeckt den Tiegel sofort mit einem Deckel, um Spritzverluste zu vermeiden und gibt solange Wasser nach, daß gegen Ende knapp 10 ccm vorhanden sind. Beim Lösungsvorgang ist darauf zu achten, daß die Lösung selbst **niemals** abkühlt. Es ist daher zu Beginn und gegen Ende der Reaktion eine Heizplatte erforderlich. Läßt man nämlich abkühlen, so fällt Aluminiumhydroxyd aus, welches unter Umständen nicht mehr in Lösung zu bringen ist. Gegen Ende der Reaktion setzt man 1 ccm 3%ige Wasserstoffperoxydlösung zu und erhitzt genau 4 Minuten lang zur Zerstörung des Peroxyds.

Nach dem Lösen wird durch Zugabe von etwas kaltem Wasser (5 ccm) abgekühlt und 5 Minuten gewartet. Danach gibt man die alkalische Lösung in langsamem Strahl in ein 600 ccm-Becherglas, welches 100 ccm Wasser und 30 ccm konz. Salpetersäure enthält. Es muß kräftig bis zur völligen Lösung der Hydroxyde (meist 5 Minuten lang) gerührt werden. Bei Abwesenheit von Kupfer und Mangan schlägt dabei die Farbe von hellbraun über rosa nach farblos um. Enthält die Probe etwa 1% Si, so gibt man die Lösung in einen 250 ccm-Meßkolben, ist der Si-Gehalt höher, in einen 500 ccm-Kolben.

Silciumbestimmung. Bei Gehalten bis zu 1% Si verwendet man **die ganze Lösung**, bei höheren Gehalten 50—100 ccm der auf 500 ccm aufgefüllten Lösung. Man füllt den 250 ccm-Kolben bis zu einem Rest von etwa 30 ccm auf und erhitzt auf 80°, spritzt das verwendete Thermometer kalt ab, gibt 20 ccm 10%ige Ammoniummolybdatlösung (frisch bereitet) hinzu, schüttelt mehrmals um und **kühlt rasch** auf 20° C ab. Zwischen dem Ansäuern der Lösung und dem Anfärben mit der Molybdatlösung sollen **genau** 30 Minuten Zeit liegen. Man füllt zur Marke auf und mißt im Pulfrichphotometer mit dem Quecksilberfilter 436 und der Quecksilberlampe gegen dest. Wasser. In einem Blindwert bestimmt man den Siliciumwert der Chemikalien.

Eisenbestimmung. Bei Gehalten bis 1% Si muß in der beschriebenen Weise eine zweite Einwaage in Lösung gebracht werden. Bei höheren Siliciumgehalten verwendet man einen Teil der Restlösung von der Siliciumbestimmung. 50 ccm der

Analysenlösung gibt man in ein 100 ccm-Kölbchen, füllt bis auf 90 ccm auf, gibt bei stark sauren Lösungen 3 Ätznatronplätzchen hinzu, erwärmt auf genau 55° C und gibt 10 ccm 10%ige Kaliumrhodanidlösung hinzu. Nimmt man die Analysenlösung aus dem 500 ccm-Kolben, so ist ein Abstumpfen der Säure mit Ätznatron unnötig. Man schüttelt durch und kühlt schnell auf 20° C ab. Man mißt sofort im Pulfrichphotometer mit dem Filter Hg 578 und der Quecksilberlampe gegen dest. Wasser.

Manganbestimmung. Man gibt 50 ccm der Lösung in ein 100 ccm-Kölbchen, gibt genau 5 ccm Silbernitratlösung hinzu (600 ccm konz. Salpetersäure, 400 ccm Wasser, 8,5 g Silbernitrat), erwärmt auf 80° C, setzt 4 ccm einer frisch bereiteten 50%igen Ammonpersulfatlösung hinzu, erhitzt bis zum Kochen und stellt ab. Nach dem Aufhören des Schäumens, welches durch starkes Schütteln beschleunigt wird, kühlt man auf 20° C ab und füllt auf. Man mißt im Pulfrich-Photometer mit der Quecksilberlampe und dem Filter Hg 546 gegen dest. Wasser. Bei niedrigem Kupfergehalt braucht man auf letzten keine Rücksicht zu nehmen (s. Literatur). Seite 303

Kupferbestimmung. 100—150 ccm der Analysenlösung (Restlösung) werden im 250-ccm-Meßkolben mit 20 g festem Ammonchlorid versetzt, mit Ammoniak gerade alkalisch gemacht und mit einem Überschuß von 12 ccm konz. Ammoniak versetzt. Man erhitzt bis zum beginnenden Kochen, läßt 20 Minuten absitzen, kühlt auf 20° C ab und füllt auf. Man filtriert durch ein schnellaufendes Filter vom Hydroxydniederschlag ab und mißt im Pulfrich-Photometer mit der Quecksilberlampe und dem Filter Hg 578 gegen dest. Wasser.

Zusätzliche Hinweise. Die Siliciumbestimmung muß sofort ausgeführt werden, während die übrigen Bestimmungen nach Fertigstellung der Analysenlösung etwas länger Zeit haben. Der Blindwert bei der Siliciumbestimmung muß in derselben Art wie die Analyse ausgeführt werden, wobei die Alkali- und Säuremengen sinngemäß gegeneinander abzustimmen sind. Die gelbe Färbung hängt sehr wesentlich vom Säureüberschuß ab, so daß also bei dem Blindwert und bei der Analyse derselbe Überschuß vorhanden sein soll.

Bestimmung von Eisen und Kupfer[44])

Von R. Bauer und J. Eisen[44]) ist eine photometrische Bestimmung von Eisen und Kupfer in Aluminiumlegierungen ausgearbeitet worden. Das Eisen wird mittels Sulfosalicylsäure, das Kupfer nach der Ammoniakmethode bestimmt.

1. Eisen-Bestimmung

Grundsätzliches. Über das Prinzip der kolorimetrischen Bestimmung des Eisens als Sulfosalicylat enthält der vorher- Seite 137 gehende Abschnitt schon entsprechende Ausführungen. Es wird hier im sauren Gebiet gearbeitet. Im Gebiet des empfindlicheren Gelbkomplexes zu messen, verbietet die fast immer gegebene Anwesenheit von Mangan, das bei höheren p_H-Werten in 4-wertiger Form auftritt und durch Braunfärbung stört. Der Einfluß des p_H-Wertes auf den sauren Komplex der Farbverbindung ist am geringsten bei Verwendung von grünem Licht (5300 Å).

Vergleichslösung. 20%ige Sulfosalicylsäurelösung ($p_H = 3{,}5$): 100 g Sulfosalicylsäure werden in 300 ccm Wasser gelöst, mit 5 Tropfen Thymolblaulösung versetzt und bis zum Umschlag nach Gelb mit Ammoniak versetzt. Man prüft mit Mercks Universalindikatorpapier, ob der p_H-Wert von 3,5 erreicht ist. Sonst neutralisiert man mit Ammoniak bzw. verdünnter Schwefelsäure nach. Zum Schluß verdünnt man auf 500 ccm.

Apparatur. Für die Durchführung der Bestimmung kann die Anwendung eines Photometers oder auch des lichtelektrischen Kolorimeters von B. Lange empfohlen werden.

Anwendungsbereich. Das Verfahren gestattet die serienmäßige Bestimmung des Eisens neben Al, Mg, Si, Mn, Zn, Pb, Cd, Cu, Cr, Ti, Ni in den in Aluminiumlegierungen nach DIN 1713 vorkommenden Gehalten.

Ausführung der Bestimmung. 0,5 g Späne werden in einem 200-ccm-Meßkolben mit zweimal 10 ccm Bromsalzsäure (Salzsäure (1 : 1) wird mit Brom gesättigt) gelöst, bis zur beginnenden Kristallisation eingedampft und auf einer wenig heißen Heizplatte eingetrocknet, bis die Kristallmasse nur noch feucht ist.

(Sie darf nicht ganz trocken werden, da sie sich dann nicht mehr in Wasser löst.) Mit 20 ccm Wasser bringt man die Kristalle in Lösung und gibt zur Prüfung des p_H-Wertes 2 Tropfen Thymolblaulösung und ein Eckchen Mercks Universalindikatorpapier zu. Falls der p_H-Wert nicht zwischen 3,5 und 4,0 liegt (bei einiger Übung im Eindampfen kommt dies ganz selten vor), stellt man mit einem Tropfen Ammoniak (1 : 5) oder Salzsäure (1 : 5) auf den richtigen p_H-Wert ein. Dann gibt man 2 ccm Wasserstoffperoxydlösung und 5 ccm Sulfosalicylsäurelösung zu. Es wird bis zur Marke aufgefüllt, umgeschüttelt und ein Teil der Lösung durch ein trocknes Filter (Schleicher u. Schüll Nr. 597) filtriert und photometriert. Die Auswertung der abgelesenen Absorption geschieht an Hand einer Eichkurve.

Zur Aufstellung der Eichkurve werden je 4,5 g Aluminiumchloridhydrat ($AlCl_3 \cdot 6\, H_2O$) in einen 200 ccm-Meßkolben gebracht, mit wachsenden Mengen einer eingestellten Eisenchloridlösung und einigen Kubikzentimetern verdünnter Salzsäure versetzt und wie oben beschrieben eingedampft und angefärbt.

Zusätzliche Hinweise. Das Eindampfen zum Einstellen des erforderlichen p_H-Wertes der Aufschlußlösung dauert bei richtig abgestimmter Temperatur der Heizplatte 15—20 Minuten. Die Befürchtung, Eisenchlorid sei mit der Salzsäure merklich flüchtig, hat sich als grundlos erwiesen. Bei Einzelbestimmungen läßt sich das Eindampfen durch Neutralisation mit Ammoniak und Salzsäure umgehen. Nach dem Wegdampfen des Broms wird dann abgekühlt und gegen Thymolblau bis zum Umschlag nach Gelb konzentriertes Ammoniak zutropfen gelassen, ein Eckchen Universalindikatorpapier zugegeben und mit Ammoniak (1 : 5) und mit Salzsäure (1 : 5) der p_H-Wert 3,5—4,0 eingestellt.

2. Bestimmung des Kupfers

Grundsätzliches. Die bekannte Färbung von Kupfer-Ammoniak-Komplexsalzlösungen rührt nach den Untersuchungen von R. Bauer und J. Eisen nicht von einem einheitlichen Komplex her, sondern wahrscheinlich von einem blauroten und einem rein blauen Ammoniakat. Mit steigender Ammoniakkonzentration wird das Verhältnis der beiden Anteile zugunsten des letzten verschoben. Hieraus folgt für verschiedene Wellenlängen eine wechselnde Abhängigkeit der Absorption von der Ammoniakkonzentration. Der Einfluß gleicher Konzentrationsänderungen wird mit steigendem Ammoniakgehalt geringer, obwohl die Absorption von Licht verschiedener Wellenlängen durch Kupfer-Ammoniakatlösungen im roten Gebiet am größten ist, bietet gelbes Licht den Vorteil, daß im gelben Gebiet eine geringere Abhängigkeit von der Ammoniakkonzentration besteht.

Apparatur. Bei Verwendung des lichtelektrischen Kolorimeters wird im roten Gebiet gearbeitet, weil dieses hier die größte Meßgenauigkeit aufweist.

Anwendungsbereich. Absorptionsänderungen durch andere in Aluminium vorkommende Metalle wurden bei farblosen Ionen nicht beobachtet. Die Herstellung von Kupfer-Ammoniakatlösungen für die photometrische Bestimmung erfordert die Beachtung folgender Richtlinien:

1. Die Lösung muß in 100 ccm mindestens 3 g Ammonchlorid enthalten.

2. Die Ammoniakkonzentration muß möglichst hoch und bei miteinander zu vergleichenden Proben gleichbleibend gewählt werden.

3. Andere Anionen als Cl′, Br′ und NO_3' dürfen nur in geringer Menge oder in stets gleichbleibender Konzentration vorhanden sein.

Ausführung der Bestimmung.

a) Kupferbestimmungen, die eine vorherige Abtrennung des Kupfers notwendig machen, wie die Bestimmung des Kupfers als Verunreinigung in Aluminium und kupferfreien Aluminiumlegierungen, sind auf diesem Wege nach folgender Arbeitsweise sehr genau durchzuführen:

5 g Späne werden in einem 500 ccm-Weithalskolben in 110 ccm Natronlauge (10%) gelöst. Nach Aufhören der Gasentwicklung gibt man 10 ccm kaltgesättigte Natriumsulfidlösung zu, kocht auf und läßt absitzen. Durch ein doppeltes schnellaufendes Filter (12,5 cm und 11 cm) wird filtriert, dreimal mit heißem Na_2S-haltigen Wasser und viermal mit heißer H_2S-gesättigter 10%iger

Schwefelsäure ausgewaschen. Den Rückstand löst man mit Bromsalzsäure in einen 200 ccm-Erlenmeyerkolben, wäscht viermal mit heißem Wasser nach und dampft dann die Lösung auf etwa 10 ccm ein, verdünnt mit heißem Wasser auf etwa 20 ccm, macht mit 20 ccm konzentriertem Ammoniak ammoniakalisch, filtriert durch ein 11 cm-Filter in einen 100 ccm-Meßkolben und wäscht mit wenig Wasser nach. Dann gibt man weitere 30 ccm Ammoniak und 10 ccm 25%ige Ammonchloridlösung zu, füllt bis zur Marke auf und schüttelt um. In einer 100 ccm-Kuvette wird durch Rotfilter photometriert. Die Auswertung der abgelesenen Absorption geschieht mit Hilfe einer Eichkurve.

b) Zur Bestimmung in Aluminiumlegierungen mit Gehalten von 0,5—6,5% Kupfer muß man entweder das gesamte Aluminium und Eisen als Hydroxyd ausfällen oder, was mehr zu empfehlen ist, das Aluminium durch Weinsäure komplex gebunden in Lösung erhalten.

5 g Späne werden in 100 ccm Salzsäure (1 : 1) in mehreren Anteilen gelöst und mit 20 ccm Bromsalzsäure (HCl (1 : 1) mit Brom gesättigt) oxydiert. Man verkocht das Brom und achtet darauf, daß alles Kupfer gelöst ist, kühlt ab und spült in einen 250 ccm-Meßkolben über, füllt auf und mischt durch. Von dieser Lösung pipettiert man 25 ccm in einen 200 ccm-Meßkolben und gibt in folgender Reihenfolge 25 ccm schweflige Säure *), 25 ccm Tartratlösung (40%ige Kaliumnatriumtartratlösung) und 100 ccm Ammoniak (s = 0,910) zu. Nach Zugabe jeder Lösung wird umgeschüttelt. Man füllt mit Wasser auf 200 ccm auf, mischt durch und filtriert durch 12,5 cm Filter und photometriert bei einer Schichtdicke von etwa 3 cm durch Rotfilter. Die abgelesene Absorption wird an Hand der Eichkurve ausgewertet.

Zusätzliche Hinweise. Zur Aufstellung der Eichkurve kann man wieder von Eichlegierungen oder auch von synthetischen Lösungen ausgehen. Die Anwendung der schwefligen Säure erfolgt, um Braunsteinausscheidung aus der Lösung zu ver-

---

*) 700 g Natriumsulfit (kristallisiert) auf 5 l lösen. 1 l dieser Lösung wird zum Gebrauch mit 190 ccm Schwefelsäure (1 : 1) versetzt und gut durchgemischt.

hindern. Eine Reduktion des Kupfers wird dabei vermieden, wenn man die obigen Konzentrationsverhältnisse genau beachtet. Es müssen für 0,5 g Legierung mindestens 4 g Weinsäure verwendet werden. Zur Herstellung reproduzierbarer Verhältnisse muß Sorge getragen werden, daß die Weinsäure und Aluminiummenge annähernd gleich gehalten werden.

Die Genauigkeit beträgt etwa $\pm$ 1,5% des Wertes. Kupfer und Eisen lassen sich aus einer Einwaage bestimmen.

c) Dithizonmethoden

Vorbemerkungen

Das Dithizon (Diphenyl-thiocarbazon) bildet mit einer größeren Zahl von Schwermetallen innerkomplexe Verbindungen, die völlige Unlöslichkeit in Wasser zeigen, sich aber sehr leicht in mit Wasser nicht mischbaren organischen Lösungsmitteln wie z. B. Tetrachlorkohlenstoff und Chloroform lösen und intensive Färbungen geben. Die auf diesem Verhalten aufgebauten Dithizonmethoden lassen sich sehr einfach und schnell durchführen, besonders eignen sie sich für die Ausführung von Einzelanalysen, ohne in vielen Fällen einen komplizierten Trennungsgang erforderlich zu machen.

Bei der Durchführung der Dithizonmethoden ist besonders darauf zu achten, daß in Reagentien und Geräten keine störenden Verunreinigungen enthalten sind. Auch dürfen keine adsorbierenden oder oxydierenden Stoffe zugegen sein. Von der Reinheit der Reagentien überzeugt man sich leicht durch eine Reaktion mit Dithizon. Häufig vorkommende Verunreinigungen sind Kupfer, Zink und Blei. Alle Lösungen sollen unter Verwendung reinster Chemikalien mit doppelt destilliertem Wasser angesetzt werden.

Die Dithizonmethoden beruhen also in der Hauptsache auf Extraktionsreaktionen. Das nachzuweisende Metall wird gewöhnlich mit der grünen Lösung des Dithizons in Tetrachlorkohlenstoff (6—10 mg auf 100 ccm CCl_4) aus der wäßrigen Lösung extrahiert. Das überschüssige Dithizon wird aus der Tetrachlorkohlenstofflösung des gebildeten Dithizonates mit einer schwach alkalischen auf Reinheit sorgfältigst geprüften Lösung entfernt. Handelt es sich um ein beständiges Dithizonat, so wird nach dem Waschen die gefärbte Tetrachlorkohlenstofflösung direkt zur kolorimetrischen Bestimmung verwendet. Andernfalls wird mit verdünnter Salzsäure gewaschen und hierdurch der Dithizonkomplex gespalten, so daß wieder eine Grünfärbung entsteht und die Bestimmung durch Kolorimetrieren des freien Dithizons durchgeführt wird. Es können nach H. Fischer[45]) im allgemeinen Metallmengen zwischen 5 und 10 γ und 80 bis 100 γ bestimmt werden. Der Fehler beträgt etwa 1—5%. Die Verfahren können zur Bestimmung von Metallgehalten in der Größenordnung bis herab zu etwa 10^{-3} %, in besonderen Fällen bis 10^{-4} % Verwendung finden.

Auch bei der Leichtmetallanalyse werden die Dithizonmethoden bereits mit gutem Erfolg angewandt und versprechen, sich mehr und mehr einzuführen. Im folgenden wird nur die Kupferbestimmung gebracht, weil diese bisher die vielseitigste Überarbeitung erfahren hat. Die Aufnahme weiterer Methoden ist für eine spätere Zeit vorgesehen.

Kupfer-Bestimmung[46]) [47]) [48])

Grundsätzliches. Für die Bestimmung des Kupfers mit Dithizon sind die Vorbemerkungen zu beachten, welche für alle Dithizonfällungen gelten.

Das Kupfer-Dithizonat bildet sich in saurer Lösung und sieht rot-violett aus. Da das Ausschütteln des Kupfer-Dithizonates schwieriger ist als das Ausschütteln anderer Komplexe, benötigt man eine Schüttelmaschine. Man schüttelt so lange, bis durch einen grünlichen Ton des Tetrachlorkohlenstoffes die Rotfärbung überdeckt wird; dadurch wird angezeigt, daß eine genügender Überschuß an grünem Dithizon vorhanden ist. Es hat sich gezeigt, daß man bei Verwendung des Pulfrich-Photometers die Menge des roten Kupfer-Dithizonates direkt messen kann, ohne daß das im Überschuß vorhandene grüne Dithizon stört. Es ist also nicht nötig, auf die von H. Fischer vorgeschlagene Mischfarbenkolorimetrie (Titration bis zur Farbgleichheit) zurückzugreifen. Die Messung muß zu diesem Zweck mit dem Filter S 75 durchgeführt werden. Das Maximum der Extinktion für die grüne Farbe liegt bei dem Filter S 61 und geht schon bei dem Filter S 72 bis auf Null herunter. Die rote Farbe zeigt bei dem Filter S 72 nur eine geringe Extinktion, bei dem Filter S 75 erfolgt jedoch wieder ein genügend starker Anstieg zu einem Maximum, welches noch weiter im roten Gebiet liegen muß. Zum Messen des wirklichen Maximums fehlen jedoch beim normalen Pulfrich-Photometer die Filter.

Wegen der großen Empfindlichkeit der Dithizonreaktion muß man immer eine Blindlösung (Chemikalien) mit ausschütteln. Der Überschuß an grünem Dithizon kann jedoch von dem bei der Analyse abweichen, da er nicht mitgemessen wird. Darin und in dem Umstand, daß man keine Vergleichslösung mit auszuschütteln braucht, liegt ein großer Vorteil in bezug auf die Geschwindigkeit der Ausführung.

Ausführung der Bestimmung. Die Bestimmung kann bei Kupfergehalten bis hinauf zu 0,1% durchgeführt werden, im allgemeinen liegen die zu bestimmenden Kupfergehalte jedoch niedriger.

Man löst 5 g Aluminium in 50 ccm konz. Salzsäure und etwas Wasser unter Zusatz von 0,5 g Kaliumchlorat. Nachdem das Metall gelöst ist, wird bis zur Kristallbildung abgedampft. Der Kristallbrei wird in Wasser gelöst und in einem Meßkolben auf 250 ccm aufgefüllt. Je nach Kupfergehalt pipettiert man einen alliquoten Teil (25—50 ccm mit etwa 10—15 γ Cu) in einen Scheidetrichter von ca. 100 ccm Inhalt und kurzem Ablaufrohr, verdünnt mit Wasser auf ca. 50 ccm und stellt dann mit Salzsäure (1 : 1) so ein, daß Kongopapier deutlich blau ist. (Der Blindwert, dem dieselben Reagentien zugesetzt werden, muß an dieser Stelle erst mit verdünntem Ammoniak neutralisiert werden, bis Kongopapier nach Rot umschlägt, dann gibt man Salzsäure zu, bis Kongopapier wieder blau wird). Zur Verhinderung einer geringen Oxydation gibt man noch 0,5 ccm einer 20%igen frisch bereiteten Hydroxylaminhydrochloridlösung zu. Dieser Zusatz verhindert auch den schädlichen oxydierenden Einfluß von dreiwertigem Eisen.

Zu der Lösung im Scheidetrichter gibt man 3 ccm Dithizonlösung, welche etwa 20 mg Dithizon auf 100 ccm Tetrachlorkohlenstoff enthält; diese Menge reicht zum Ausfällen von 7 γ Cu aus.

Bei größeren Kupfergehalten verwendet man eine entsprechend größere Menge oder eine stärkere Dithizonlösung. Man verwendet zweckmäßig von vornherein einen solchen Überschuß an Dithizon, daß die Farbe des Tetrachlorkohlenstoffes noch grünlich bleibt. Tritt trotzdem bei kräftigem Schütteln mit der Schüttelmaschine (Dauer 5 Minuten) eine deutliche violette Färbung auf, so läßt man die Tetrachlorkohlenstoffschicht in ein 10 ccm-Meßkölbchen ab und extrahiert mit weiteren kleinen Mengen Dithizonlösung solange, bis ein deutlicher Überschuß an freiem Dithizon (kenntlich an der grünen Färbung) vorhanden ist. Die Extrakte werden im Meßkölbchen gesammelt und das Kölbchen mit Tetrachlorkohlenstoff genau aufgefüllt. Der Blindwert wird auf dieselbe Weise extrahiert. Es ist jedoch nicht nötig, die bei der Analyse verwendete Menge an Dithizonlösung beim Blindwert genau einzuhalten. Die Kupfer-Dithizonat-Lösung wird im Pulfrich-Photometer mit dem Filter S 75 gegen den Blindwert gemessen.

Löst man Raffinationsmetalle in der angegebenen Weise mit Salzsäure und Kaliumchlorat, so nimmt das unter Umständen 1—2 Tage Zeit in Anspruch. Besser löst man daher das Raffinationsmetall mit Salzsäure und gibt 5 ccm Quecksilberchloridlösung (5%ig) zu. Nach ca. ½ Stunde ist das Metall gelöst und es wird dann wie oben zur Kristallbildung abgedampft. Der Kristallbrei wird mit Wasser aufgenommen und die Lösung in einen 250-ccm-Meßkolben durch ein schnellaufendes Filter filtriert. Das Filter wird einige Male mit Wasser ausgewaschen und die im Filter befindliche Quecksilberkugel in einen kleinen Porzellantiegel gebracht. Man löst sie mit einigen Tropfen Salpetersäure und dampft zur Trockene ein. Dann glüht man den Tiegel über einer *kleinen* Flamme, bis das Quecksilberoxyd abgedampft ist. Den Rückstand (CuO) im Tiegel löst man mit einigen Tropfen Salzsäure und gießt die Lösung in den Meßkolben. Nun arbeitet man nach der obigen Vorschrift weiter, gibt jedoch zur *Tarnung* des Quecksilbers 2 ccm einer 1%igen Kaliumjodidlösung in den Scheidetrichter. Es ist anzunehmen, daß größenordnungsmäßig immer eine gleiche Menge Quecksilber in Lösung ist, so daß 2 ccm Kaliumjodid in allen Fällen zur Tarnung genügen.

Zusätzliche Hinweise. Die Methode ist einerseits so empfindlich und andererseits ist überall Kupfer in so kleinen Mengen zu finden, daß nur bei sehr sorgfältigem Ausschütteln der Bechergläser und genauem Arbeiten einwandfreie Werte ermittelt werden können. Zu beachten ist, daß das zur Tarnung zugegebene Kaliumjodid die Ausfällung des Kupfers beeinflußt, wenn wesentlich mehr zugesetzt wird, als zur Tarnung notwendig ist. Bei dem vorgeschlagenen Lösen mit Quecksilberzusatz wird jedoch das Quecksilber in der Hauptsache zu Metall reduziert, so daß man annehmen kann, daß immer nur dieselben Restmengen Quecksilber in Lösung bleiben. Aus diesem Grunde kann hier eine bestimmte Menge Kaliumjodidlösung genannt werden.

A. Aluminium

IV. Abschnitt. Spektralanalytische Methoden

Vorbemerkungen

a) Allgemeines

Erst in den beiden letzten Jahrzehnten hat die Spektralanalyse angefangen, den Platz in der Praxis einzunehmen, welcher ihr gebührt. Trotzdem schon seit Bunsen die Grundlagen bekannt waren, kam man über eine gelegentliche qualitative Anwendung der Spektralanalyse nicht hinaus. Die Ursache ist in den zahlreichen Schwierigkeiten zu suchen, die darin bestanden, daß man für quantitative Untersuchungen die Aufnahmebedingungen durchaus konstant halten muß, ebenso die photographischen Bedingungen und auch die der Probenahme. Auch heute bietet die Spektrographie noch zahlreiche Schwierigkeiten, und es treten oft, man kann sagen rätselhafte Fehlermöglichkeiten auf. Es ist also auf diesem Gebiet noch eine Fülle von Forschungsarbeit zu leisten, und es ist heute nicht möglich, schon eine ganz eindeutige Arbeitsvorschrift zu geben, nach welcher man in jedem Falle zu einwandfreien Ergebnissen kommt. Jeder, der sich mit der Spektralanalyse befaßt, muß erst eine ganze Reihe von persönlichen Erfahrungen sammeln, ehe er zu befriedigenden Ergebnissen kommt. Trotzdem aber kann man sagen, daß man für viele Zwecke schon zu sehr guten Ergebnissen gelangt und die Spektrographie sogar in vielen Fällen schwierige chemische Analysenmethoden abgelöst hat. Aus diesem Grunde und da außerdem zu erwarten ist, daß die Bedeutung der Spektrographie sowie überhaupt der physikalischen Methoden zur Kontrolle der chemischen Analyse' und der Werkstoffe in Zukunft noch außerordentlich zunehmen wird, sind die jetzt schon für die Leichtmetallanalyse brauchbaren Methoden auch in diesem Buche zusammengefaßt worden.

Um quantitativ Bestimmungen im Funken auszuführen, sind bisher drei Verfahren in der Praxis verwendet worden.

Das wohl am häufigsten verwendete Verfahren ist das, bei welchem der zu bestimmende Bestandteil (z. B. Magnesium in Aluminium) gleichzeitig mit einigen Proben bekannten Gehaltes auf dieselbe Platte aufgenommen wird. Nach dem Entwickeln und Photometrieren des Bildes wird aus dem Schwärzungswert der Zusatzsubstanz und der Grundsubstanz das Transparenzverhältnis errechnet. Auf doppelt-logarithmischem Papier trägt man die Konzentration der Eichlegierung gegen die berechneten Transparenzverhältnisse auf. Man erhält so eine Gerade und kann den Wert der unbekannten Probe graphisch aus der Eichgeraden entnehmen. Die grundlegenden Untersuchungen für dieses Verfahren stammen von Gerlach[XXXI]) und Mitarbeitern. Bei Betriebsanalysen macht man die nicht immer zutreffende Voraussetzung, daß die Entladungsbedingungen völlig konstant gehalten und daß andererseits auch alle Fehler, welche durch das Plattenmaterial bedingt sind, durch sehr gleichmäßiges Arbeiten ausgeschlossen werden können.

Sehr gut bewährt hat sich in der Praxis auch das recht wenig bekannte Dreilinienverfahren (Zweilinienverfahren) von Scheibe und Schnettler[72]). Das Verfahren beruht darauf, daß beim exakten Einhalten bestimmter Arbeitsbedingungen sich die Differenz der Schwärzung je einer Linie des Grund- und des Zusatzmetalles linear mit der Konzentration vermindert. Es wird also erreicht, daß in einem Spektrum die Analysenlinien und zwei Intensitätsmarken aufgenommen werden. Wenn man nun noch einen Schritt weitergeht und die gesamte Apparatur ebenso wie z. B. beim Arbeiten mit einem Kolorimeter mit einer Eichkurve versieht, indem man also zunächst nur eine Reihe von Testlegierungen aufnimmt, so hat man das Mitaufnehmen von Eichlegierungen bei der eigentlichen Analyse gar nicht mehr nötig, sondern man kann direkt nach dem Ausphotometrieren die dazugehörige Konzentration graphisch aus der Eichkurve entnehmen.

Bei dem dritten Verfahren, welches zuerst von Scheibe und Rivas[73])[74]) angewendet wurde, wird im Prinzip auch immer nach einem der beiden vorerwähnten Verfahren gearbeitet. Der Unterschied gegenüber diesen Verfahren liegt lediglich darin, daß man wegen der Schwierigkeit, einwandfreie, d. h. völlig homogene Metallstifte herzustellen, die Metallprobe in Säure löst und die Lösung auf Kohleelektroden genau so wie feste Metallstifte abfunkt. Die Ergebnisse sind, was die Gleichmäßigkeit anbetrifft, sehr gut, und die Geschwindigkeit in der Ausführung ist bei geschickter Organisation wohl dieselbe wie bei dem oben erwähnten Verfahren.

Bevor jedoch ausführlicher über die eigentlichen Aufnahmeverfahren gesprochen wird, sollen erst einige Punkte behandelt werden, welche für alle Verfahren in gleicher Weise gelten.

b) Herstellung von geeigneten Proben

Genau so, wie es bei der chemischen Analyse nicht möglich ist, einwandfreie Werte zu liefern, wenn die Probenahme nicht exakt genug ausgeführt wird, so kann man auch bei der spektrographischen Analyse nicht mit einwandfreien Werten rechnen, wenn die Proben ungleichmäßig zusammengesetzt sind. Hier ist sogar ein Fehler in der Probe (Seigerung, Lunker) noch schwerwiegender, da beim Abfunken von Metallstiften ja nur eine Punkt-Analyse ausgeführt wird, im Gegensatz zu der chemischen Analyse, die demgegenüber einer „Durchschnittsanalyse" entspricht. Der Materialverbrauch ist also sehr klein. Als Grundlage für das ganze Verfahren benötigt man sogenannte Eichproben, welche auch chemisch sehr genau durchanalysiert sein müssen. Durch Wahl geeigneter Gießkokillen kann man zu verhältnismäßig gleichmäßigen Proben kommen, noch günstiger ist jedoch unter Umständen das Auswalzen einer größeren Metallprobe und das Verwalzen zu einem Draht bestimmter Dicke.

Weit schwieriger als die Herstellung von Eichproben ist es jedoch, auch dem Betrieb für die laufenden Untersuchungen seiner Chargen ein Herstellungsverfahren an die Hand zu geben, nach welchem ohne besonderen Arbeitsaufwand ebenfalls immer völlig gleichmäßig zusammengesetzte Probestifte erhalten werden können. Ein Gießverfahren hat dem Verfahren der Herstellung von Drahtproben gegenüber natürlich immer den Nachteil, daß bei Änderung der Kokillentemperatur leicht die zuletzt hergestellten Stifte eine andere Art der Kristallisation und der Ausseigerung zeigen wie die zuerst hergestellten. Dagegen ist das Ziehen von Drähten nur für die Herstellung von Standardproben möglich, da es für laufende Untersuchungen viel zu zeitraubend ist.

Bei dem Herstellen von Gußproben ist zweifellos zunächst nur die eine Forderung aufzustellen, daß die Stifte jedesmal in genau derselben Art und Weise hergestellt werden wie die Standard-

Abb. 11. Kokille zum Gießen von Metallstiften für die Spektralanalyse

proben. Ob die chemische Zusammensetzung dabei völlig identisch ist mit dem theoretischen Soll-Wert, ist weniger wichtig. Unter dieser Voraussetzung, welche allerdings schwer einzuhalten ist, wird immer der gleiche Fehler gemacht und dadurch doch immer dasselbe richtige Ergebnis erhalten. Soll jedoch die Gußprobe zur Untersuchung von Drähten oder Blechen dienen, dann muß sogar die noch schwerer zu erfüllende Bedingung gestellt werden, daß auch die Gußstifte keinerlei Seigerungen und Ungleichmäßigkeiten aufweisen. Auf diese Frage wird noch in dem Abschnitt, welcher sich mit der Form der Elektroden befaßt, eingegangen werden. Im Lautawerk hat sich das Gießen der Stifte im steigenden Ast einer Kokille als die beste Methode erwiesen (Abb. 11 u. 12). Die Stifte sollen dabei so erstarren, daß man nach dem Erkalten eine schöne, gleichmäßige halbrunde Kuppe erhält. Ist die Kuppe durch Nachsacken des Metalles abgeflacht, so weiß der Bearbeiter sofort, daß die Probe zu heiß gegossen wurde, evtl. war auch die Kokillentemperatur zu hoch. Noch ungünstiger sind in diesem Zusammen-

Abb. 12. Kokille zum Gießen von Metallstiften für die Spektralanalyse (Kokille geöffnet)

hang Stifte, welche sogar noch einen äußerlich sichtbaren Lunker aufweisen. Einwandfreies Gießen verlangt natürlich vom Gießer viel Fingerspitzengefühl, da jede neue Legierung wieder bei etwas anderer Temperatur vergossen werden muß und außerdem scharf auf die Temperatur der Kokille zu achten ist. Man hat daher versucht, durch Abschrecken der Kokille ein rasches Erstarren der Proben zu erzielen und gießt vielfach die Stifte nach unten hängend an ein breiteres Pröbchen. Man kann in diesem Falle jedoch keine Angaben über die Seigerungen in den Stiften machen. Als ganz einwandfrei gelöst kann das Problem bisher noch nicht betrachtet werden.

Wegen der Schwierigkeit einer einwandfreien Herstellung von Gußstiften geht man daher mancherorts auch dazu über, die Probe genau so wie bei der chemischen Analyse aus einem Probeblöckchen herauszubohren, die Späne in Säure zu lösen und dann eine ganz bestimmte Menge auf spektralreine Kohlen auftropfen zu lassen. Dieses Verfahren ist, wie schon erwähnt, erstmalig von Scheibe und Rivas durchgeführt worden. Es hat zwar den Nachteil, daß man sehr viel spektralreine Kohlen verbraucht. Nach einer Mitteilung von Bauer[49]) gelingt es, durch 2—3-maliges Auskochen der Elektroden mit Salzsäure (1 : 1), nachdem zuvor die abgefunkten Enden der Kohlen etwas abgeschliffen wurden, die Kohlen wieder gebrauchsfähig zu machen; auf diese Weise ist eine drei- bis viermalige Benutzung möglich. Im allgemeinen wird es eine Frage der Organisation sein, ob und wieweit man die eine oder die andere Methode vorzieht.

c) Probenformen

Bei der Ausführung der Spektralanalysen werden die verschiedenartigsten Probenformen verwendet. Im allgemeinen haben die Metallstifte einen Durchmesser von 5—6 mm, es werden jedoch gelegentlich auch solche mit nur 3 mm Durchmesser verwendet. Wichtig ist, daß Durchmesser und Form der Elektroden sowohl bei der Aufnahme der Eichproben als auch bei der der Analysenproben völlig gleichgehalten werden. Während man bei der Untersuchung von einzelnen Metallproben aus dem gelieferten Metall zwei Elektroden herstellt, welche man gegeneinander abfunkt, verwendet man bei Reihen-Analysen möglichst zwei Stifte von verschiedenen zeitlich etwas auseinanderliegenden Güssen, um auch damit über Ungleichmäßigkeiten bei der Herstellung der Stifte zu mitteln. Erhält man nur sehr wenig Metall zur Herstellung von Stiften, so funkt man den Analysenstift gegen reinstes Grundmetall ab.

Folgende verschiedene Formen werden heute verwendet:

a) zylindrische Stäbchen mit geraden Endflächen, wobei die Kanten leicht gebrochen werden,

b) zylindrische Stäbchen mit halbkugelförmigen Kuppen, welche mit einem Spezialstahl auf der Drehbank ihre Form erhalten,

c) zylindrische Stäbchen mit einem Kegelstumpf.

Lediglich die Einfachheit der Formgebung hat zur Ausbildung dieser letztgenannten Form geführt. Man kann nämlich die Stäbchen in einer einfachen Bleistiftspitzmaschine anspitzen und dadurch, daß man die Spitze in einen Feilkloben schiebt, welcher eine Öffnung von 1, 2 oder 3 mm besitzt, leicht mit einer Feile immer auf dieselbe Funkfläche abstumpfen, auch in diesem Falle werden danach noch die Kanten gebrochen.

d) Stäbchen, welche mit dachförmigen Schneiden versehen werden, wobei der First eine Breite von etwa 1 mm und eine Länge von ca. 5 mm haben kann.

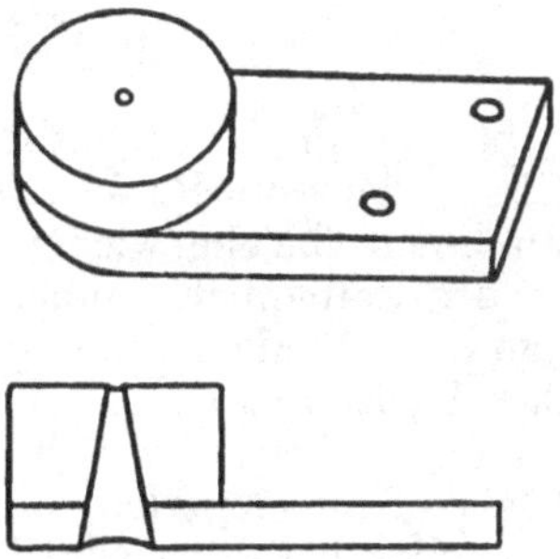

Abb. 13. Feilkloben zur Herstellung von Spektrographenstiften

Beim Abfunken werden die Stäbchen entweder über Kreuz oder auch parallel in Richtung der optischen Achse eingespannt.

Bei der Verwendung von Stäbchen mit einem Kegelstumpf von nur 1 mm Flächendurchmesser, wie auch bei der Verwendung von Stäbchen mit dachförmigen Schneiden, wenn letztere gekreuzt verwendet werden, können ganz besonders leicht Fehler auftreten. Wenn bei der Herstellung der Elektroden Seigerungen irgendwelcher Art auftreten, so wird der Kern dieser Proben eine andere Zusammensetzung haben, als dem Durchschnitt entspricht. Man erhält dadurch unter Umständen absolut betrachtet zu hohe oder auch zu niedrige Werte, selbst wenn bei der Wiederholung der Aufnahme völlig gleiche Ergebnisse erhalten werden. Tritt dieser Fehler auf, so kann man sich in dem einen Falle in der Weise helfen, daß man die dachförmigen Elektroden nicht gekreuzt, sondern parallel zur optischen Achse einspannt und im anderen Falle dadurch, daß man statt eines Durchmessers von

1 mm einen solchen von 2—3 mm wählt. In beiden Fällen erhält man dann eine einwandfreie Mittelung über den wahren Gehalt der Proben.

Sind Bleche oder Drähte zu untersuchen, so biegt man sie über einem Dorn auf den Radius der Standardproben und funkt sie bei gekreuzter Stellung ab. Man kann dann auch mit diesen Proben gegen die normalen Eichelektroden quantitative Untersuchungen ausführen.

d) Anlaufeffekt [50] [51] [56]

Schon vor der eigentlichen Aufnahme soll die Oberfläche der Elektroden vom Funken sehr weitgehend durchgearbeitet werden, um einen Gleichgewichtszustand in dem Sinne zu erreichen, daß in der Zeiteinheit immer dieselbe Metallmenge verdampft und damit im Funken angeregt wird. Der Metalldampf soll außerdem der Konzentration nach auch immer die gleiche Zusammensetzung haben. Da sich bei Leichtmetall immer auf der Oberfläche Schmelzperlen bilden und Oxydhäute auftreten, wird zweifellos bei der eigentlichen Aufnahme der Metalldampf nicht mehr der wirklichen Metallzusammensetzung entsprechen. Dies ist jedoch gleichgültig, wenn es möglich ist, bei Einhaltung ganz bestimmter Arbeitsbedingungen immer die gleichen Verhältnisse zu erreichen.

Die Geschwindigkeit, mit welcher sich dieser Gleichgewichtszustand einstellt, hängt wesentlich von der Metallzusammensetzung, von der Form der Elektroden und vor allem auch von der Kapazität [56] ab, mit welcher der Funken betrieben wird. Die Wirkung dieser Erscheinungen, zu welchen noch einige andere hinzukommen, faßt man unter dem Begriff des Abfunkeffektes zusammen, besser bezeichnet man ihn jedoch nach einem Vorschlag von Mäder und Pötzelberger [51] als einen Anlaufeffekt. Der Effekt selbst äußert sich darin, daß sich das Schwärzungsverhältnis der Zusatzlinie zu einer Linie der Grundsubstanz bis zur Einstellung eines Gleichgewichtes ändert. In manchen Fällen hat die Kurve einen fallenden, in anderen wieder einen steigenden Verlauf. Wie Mäder und Pötzelberger nachweisen, hängt dies wesentlich mit den verschiedenen Siedepunkten der Zusatzmetalle im Verhältnis zu dem des Grundmetalles zusammen. Metalle mit niedrigem Siedepunkt gegenüber dem Grundmetall zeigen bei kurzen Vorfunkzeiten zunächst zu hohe Werte und Metalle mit höherem Siedepunkt das umgekehrte Verhalten. Erst wenn der Gleichgewichtszustand erreicht ist, kann eine einwandfreie quantitative Aufnahme ausgeführt werden. Man muß daher für jede Gruppe von Legierungen zunächst einmal die Dauer der Vorfunkzeit unter den einmal gewählten Arbeitsbedingungen genau festlegen, bevor zur Aufstellung von Eichkurven bzw. zur Ausführung quantitativer Bestimmungen geschritten werden kann.

Je größer die Oberfläche der Elektroden gewählt wird, um so mehr Zeit wird man bis zur Einstellung des Gleichgewichtes nötig haben. Durch Erhöhen der Kapazität kann man in manchen Fällen jedoch die Vorfunkzeit wieder abkürzen. Es liegt außerdem durchaus im Bereich des Möglichen, daß man dann, wenn man bei dem einen Linienpaar eine sehr ungünstige Vorfunkzeit erhält, bei einem anderen Paar in viel kürzerer Zeit zu dem gewünschten Gleichgewicht kommt.

e) Plattenwahl

An die verwendeten photographischen Platten, welche für quantitative Zwecke verwendet werden sollen, müssen bestimmte Anforderungen gestellt werden. Die Platten sollen zunächst nicht allzu große Empfindlichkeit besitzen. Die Belichtungszeit soll nämlich zwischen 1 und 2 Minuten liegen, um einen nicht zu geringen Materialverbrauch während des Abfunkens an den Elektroden zu haben. Dadurch wird eine bessere Mittelung über den wahren Gehalt der Elektroden erreicht, als wenn die Belichtungszeit nur beispielsweise 10 Sek. betragen würde. Eine weitere Forderung ist die, daß das Korn der Plattenschicht möglichst fein ist, da bei gröberem Korn unter Umständen bei der Auswertung im Photometer Fehler auftreten könnten.

Die Schwärzungskurve der photographischen Platten soll einen möglichst langen geraden Teil ($S = 0{,}2$ bis 2) besitzen und möglichst steil verlaufen. Die Steilheit der Schwärzungskurve kann durch die Art des gewählten Entwicklers und die Dauer des Entwickelns beeinflußt werden. Bei längerer Entwicklungszeit wird die Kurve steiler als bei kürzerer. Da die Steilheit der Schwärzungskurve und auch die Form des geraden Teiles bei ein und derselben Plattensorte von Emulsion zu Emulsion gewissen Schwankungen unterworfen ist, ist es zweckmäßig, bei jeder neuen Sendung den Verlauf der Schwärzungskurve für den betreffenden Meßbereich, in welchem gearbeitet werden soll, festzustellen. Man kann dies leicht durch Aufnahme der Analysenlinien mit Hilfe eines sechsstufigen Platinfilters erreichen. Es ist dies günstiger und leichter auszuführen, als die wiederholte Aufnahme mit wechselnder Belichtungszeit. Bei gleichzeitiger Variation der Belichtungszeit (z. B. 30, 60, 90 oder 120 Sek.) kann man an Hand der auf doppeltlogarithmischem Papier aufgezeichneten Schwärzungskurven sofort ersehen, ob man sich noch im geraden Teil der Kurve befindet oder ob man die Belichtungszeit der neuen Emulsion entsprechend etwas abändern muß.

Eine weitere Forderung, welche an das Plattenmaterial zu stellen ist, ist die, daß bei der Herstellung der Platten jede Verstaubung vermieden wird und außerdem beim Einlegen der Platten selbst auch nicht trocken über die Schichtseite hinweggewischt wird. Beides gibt Anlaß zu beträchtlichen Fehlern. Bei der Herstellung von Platten für spektrographische Zwecke ist ferner zu beachten, daß die Platten durch das Ablaufen der Gelatine etwas verdickte Randpartien aufweisen. Diese verdickten Randpartien geben völlig andere Ergebnisse als die dünnere Mitte. Man sollte daher Platten verwenden, welche aus der Mitte größerer Platten herausgeschnitten wurden und die Randpartien verwerfen.

Mancherorts werden Kollodiumplatten verwendet, weil diese ein besonders feines Korn aufweisen. Viel Verwendung finden jedoch auch graphische Platten (Mimosa) A panchromatisch und B, welche in außerordentlicher Gleichmäßigkeit geliefert werden können. Bewährt haben sich weiter Agfa-Kontrastplatten, Autolithplatten; am meisten verwendet werden wohl Silber-Eosinplatten. Mit dieser Aufstellung sollen nicht etwa alle brauchbaren Platten genannt sein, sondern es soll eine erste Angabe gemacht werden, welche Art von Platten überhaupt in Frage kommen.

f) Plattenbehandlung nach der Aufnahme

Die Plattenentwicklung wird am zweckmäßigsten immer bei derselben Temperatur (18° C) vorgenommen. Änderungen in der Temperatur bedingen häufig eine Verschiebung des Schwärzungsverhältnisses der Linien zueinander. Ein brauchbarer Entwickler ist z. B. folgender (Agfa):

Wasser	1000 ccm	Der Entwickler ist unverdünnt zu benutzen, Entwicklungszeit 5 Minuten.
Metol	5 g	
Na_2SO_3	40 g	
K_2CO_3	40 g	
KBr	3 g	

Für die Herstellung eines sehr feinen Kornes hat sich folgender Entwickler bewährt (Zeiss):

Wasser	130 ccm
Lösung A	30 ,,
Lösung B	30 ,,

Lösung A:		Lösung B:
Rhodol	20 g	Sodalösung . . . 100 g pro Liter.
Hydrochinon	50 g	
Kaliummetabisulfit	150 g	
KBr	10 g	
H_2O	5000 ccm	

Ein anderer Entwickler nach DIN 4512 hat folgende Zusammensetzung:

Lösung A:		Lösung B:	
Metol	4 g	Pottasche	100 g
Hydrochinon	10 g	mit destilliertem Wasser aufgefüllt auf 1000 ccm.	
Kaliummetabisulfit	30 g		
Bromkali	2 g		
mit destilliertem Wasser aufgefüllt auf 1000 ccm.			

Zum Gebrauch wird ein Teil A mit einem Teil B und zwei Teilen Wasser gemischt. Nach dem Entwickeln wird die Platte für kurze Zeit in einem Fixierbad (15% Fixiersalz mit 15% Kaliummetabisulfit) ausfixiert. Man wässert ½ Stunde und trocknet in einem

Trockenschrank, welcher einen Umlauf für warme Luft besitzt. Das Trocknen muß vor allen Dingen völlig staubfrei durchgeführt werden, da man sonst zu viel Fehler auf der Platte erhält.

Soll aus besonderen Gründen sehr rasch gearbeitet werden, so verwendet man zweckmäßig einen Schnellentwickler und wäscht nach dem Fixieren unter stark fließendem Wasser fünf Minuten aus. Man trocknet die Platten wieder mit heißer Luft. Es ist nicht richtig, die Platte durch ein Alkoholbad zu ziehen, um die Hauptmenge des Wassers zu entfernen, da dies häufig zur Bildung von Schleiern Anlaß gibt.

g) Anregung des Funkens

Die Spektralanalyse beruht auf der Zerlegung des Lichtes, wobei jedes Element nur ganz charakteristische Linien liefert. Die einfachste Anregungsart ist die altbekannte Flammenanregung, bei welcher der zu untersuchende Stoff in einer Gasflamme zerstäubt und durch die Flamme bis zur eigenen Lichtaussendung erhitzt wird. Darauf wird im Abschnitt Flammenspektralanalyse noch näher eingegangen werden. Für den Nachweis der Schwermetalle verwendet man entweder die Lichtbogenanregung oder den Funkenüberschlag. Über diese letztere Anregungsart sollen hier zunächst einige Erläuterungen folgen.

Bei den drei anfangs erwähnten Aufnahmeverfahren wird entweder der Feußnersche Funkenerzeuger oder die Resonanzschaltung nach Scheibe verwendet. Es soll hier auf den Aufbau der einzelnen Funkenerzeuger nicht näher eingegangen werden, sondern es muß auf die einschlägige Literatur darüber verwiesen werden. Es soll hier aber eine kurze Charakteristik gegeben werden.

Im Feußnerschen Funkenerzeuger ist ein rotierender Unterbrecher in den Sekundärkreis eingebaut, welcher mit dem erregenden Wechselstrom synchron läuft. Es soll dadurch erreicht werden, daß die Entladung immer bei der gleichen Phasenlage der Spannungskurve einsetzt und dann wieder unterbrochen wird. Dies hat zur Voraussetzung, daß die Kontaktstifte am Unterbrecher nicht oder nur wenig oxydieren und der ganze Apparat stets staubfrei gehalten wird. Bei der Resonanzschaltung nach Scheibe dagegen wird der Hochspannungskreis so abgestimmt, daß er in Resonanz mit dem primären Wechselstrom schwingt. Um den Unterschied zwischen den beiden Anregungsarten einmal etwas primitiver auszudrücken, soll noch folgendes gesagt werden: Bei dem Feußnerschen Funkenerzeuger wird die Zeit gesteuert, in welcher der Funkenüberschlag erfolgen kann. Bei der Resonanzschaltung dagegen wird die Aufladungszeit für die Kondensatoren gesteuert, so daß ebenfalls nur ein Überschlag beim Erreichen des Maximums oder des Minimums der Spannungskurve auftreten kann. Bei Anwendung der Resonanzschaltung kann man sehr leicht beobachten, ob man mit Resonanz arbeitet oder nicht, dadurch, daß man nach Schöntag[18]) und Scheibe einen rotierenden Spiegel schräg auf eine Achse setzt und das Funkenbild im Spiegel beobachtet. Wenn Resonanz vorhanden ist, erhält man ein ganz ruhiges Bild eines einfachen, zweifachen oder dreifachen Funkens usw. Man erkennt dabei weiter, daß man mindestens den Strom im Primärkreis um 0,8 bis 1,2 Ampère verändern muß, bevor der Funken unruhig wird. Man kann die Strommenge im Primärkreis also immer mit Hilfe eines Widerstandes auf einen mittleren Wert einregulieren.

Während man für Leichtmetall ohne weiteres mit der sehr einfachen und damit sehr billigen Resonanzeinrichtung auskommt, ist es für Schwermetalle (als Grundmetall) zweckmäßig, auch mit dem Feußnerschen Funkenerzeuger arbeiten zu können.

Auf die Anregung bei Verwendung des Abreißbogens wird weiter unten eingegangen werden.

h) Stative für die Elektroden

Für das Einspannen von Metallstiften verwendet man Stative, wie sie z. B. in den beiden Abbildungen dargestellt sind. Das eine Seite 194,
stammt von der Firma Zeiss, das andere von der Firma Fuess. 195
Das Zeiss'sche Gerät hat den Vorteil der leichten Auswechselbarkeit der Stifte und der großen Verstellmöglichkeiten für sich. Das Stativ von Fuess hat dagegen den Vorteil, daß der Funke noch einmal nach rückwärts mit einer Linse auf ein Kreuz ab-

gebildet wird. Man kann also auf besonders einfache Weise selbst während des Abfunkens beobachten, ob sich der Funke

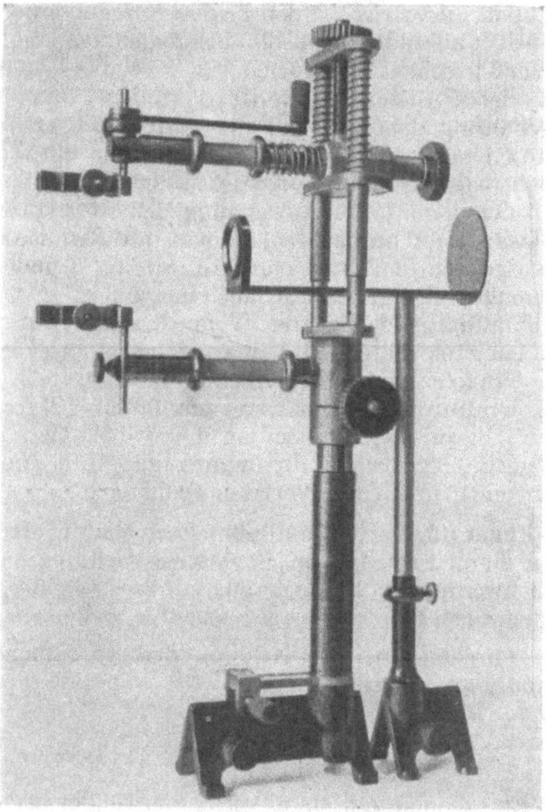

Abb. 14. Einspannstativ für die Spektrographenstifte

noch genau in der optischen Achse befindet oder nicht, und danach die Einstellung korrigieren. Neuerdings hat die Firma Fuess ein weiter verbessertes Modell herausgebracht.

i) Spektralapparate

Für die Untersuchung von Leichtmetall kommt man mit einem UV-Spektrographen aus, da die wichtigsten Linien im

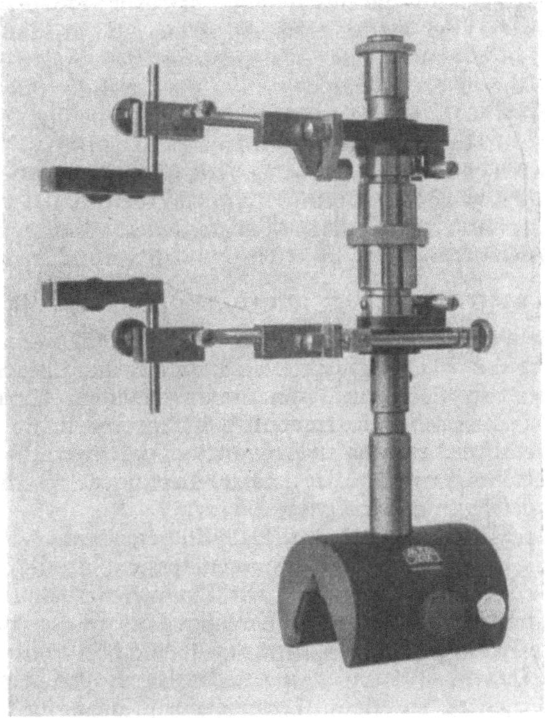

Abb. 15. Einspannstativ für die Spektrographenstifte

Gebiet von 2200—4000 Ångström-Einheiten liegen. Ein Glasspektrograph ist also nur bei der Lösung von Sonderaufgaben erforderlich. Da die Leichtmetalle sehr linienarm sind, genügt auch für die meisten Zwecke ein kleinerer Spektrograph, z. B. der für Chemiker von Zeiss oder der von einer mittleren Dispersion von Fuess. Für Spezialzwecke und auch für qualitative Analysen aller Art sind die Spektrographen höherer Dispersion, wie sie von Zeiss, Fuess oder Steinheil geliefert werden, sehr brauchbar.

Was den Aufbau dieser Apparate anbetrifft, so muß auch in diesem Fall wieder auf die einschlägige Literatur verwiesen werden. Wichtig bei der Verwendung der Apparate ist nur, daß die vorgesetzten Linsen eine volle Ausleuchtung des Spektrographenspaltes gewährleisten, so daß also die Linien auf der photographischen Platte in ihrer ganzen Länge gleichmäßig geschwärzt werden. Die aus diesem Grunde in manchen Arbeitsvorschriften geforderte Zwischenabbildung ist jedoch nicht immer erforderlich. Im übrigen muß sehr genau darauf geachtet werden, daß der Spektrographenspalt immer sauber ist, da auch kleinste Staubteilchen am Spalt die Auswertung der Spektren unmöglich machen können.

k) Auswertung der photographischen Platten

Für die Auswertung der Linien auf den photographischen Platten gibt es zwei Möglichkeiten, nämlich das Spektrallinien-Photometer von Zeiss und den entsprechenden Apparat von Fuess. Das Zeiss'sche Instrument benutzt eine lichtelektrische Zelle, während im Fuess'schen Apparat ein geschwärztes Thermoelement belichtet wird. Mit beiden Instrumenten erhält man praktisch gleich gute Ergebnisse.

In beiden Fällen muß man die Photometerlampe vor Beginn der Messung etwa $^1/_4$ Stunde brennen lassen, bis die Lampenhelligkeit konstant geworden ist. Die Lampen werden am zweckmäßigsten an Akkumulatoren angeschlossen, welche 100-Amp.-Stunden bei 5 Amp. Entladestrom besitzen. Die Breite der abgebildeten Linien soll um etwa die Hälfte größer sein als die Breite des Spaltes vor dem Thermoelement oder der lichtelektrischen Zelle. Der Ausschlag soll so groß sein, daß man bei Messung des Untergrundes der photographischen Platte einen Ausschlag auf der Meßskala von etwa 800 mm erzielt. Die Lage des Nullpunktes muß selbstverständlich vor dem Messen und nach dem Messen immer wieder kontrolliert werden. Ebenso wichtig ist es, daß die Linien auf der photographischen Platte frei von Fehlern aller Art sind.

A. Beschreibung der ausgearbeiteten Verfahren

1. Verfahren nach Gerlach XVII)

Zur Ausführung des zuerst erwähnten Verfahrens, für welches, wie angeführt, Gerlach die grundlegenden Untersuchungen ausgeführt hat, wird in der Praxis gewöhnlich ein Feußner'scher Funkenerzeuger mit einem Quarzspektrographen verwendet. Die Firma Zeiss hat für das Arbeiten mit diesen Apparaten in einer Druckschrift eine ganze Anzahl von Arbeitsvorschriften zusammengestellt. Mit diesen Vorschriften werden recht gute Ergebnisse erzielt; sie sind nur in Kleinigkeiten im allgemeinen etwas abgewandelt worden. Es kann daher auf diese Druckschrift verwiesen werden XXVII). Um aber einen Einblick in den Gang einer derartigen Analyse zu geben, soll als Beispiel die Bestimmung von Magnesium in Aluminiumlegierungen angeführt werden:

Als Elektroden werden Metallstifte mit einem Durchmesser von 3 mm verwendet, welche eine gerade Endfläche besitzen, die Kanten sind leicht gebrochen. Als Abstand der Elektroden werden 2 mm angegeben. Der Abstand der ersten Linse (F = 80 mm) von der Lichtquelle wird mit 95 mm angegeben, der Abstand der zweiten Linse (F = 160 mm) von der ersten einerseits und vom Spektrographenspalt andererseits mit 300 mm. Die Zwischenblende soll voll ausgeleuchtet sein. Die Spaltbreite soll 0,04 mm betragen. Für die Anregung im Feußner'schen Funkenerzeuger wird die „Stellung 4" vorgeschrieben bei voller Kapazität und $^1/_{10}$ Induktion. Die Vorfunkzeit soll wegen des hohen Magnesiumgehaltes (in diesem Beispiel) fortfallen und die Belichtungszeit 1—2 Minuten betragen. Die Vorschrift soll für einen Konzentrationsbereich von 1—12% Mg Gültigkeit besitzen. Verwendet werden die Linien Aluminium 2816,2 und Magnesium 2790,8.

Im übrigen gelten die schon weiter oben angeführten Bedingungen. Das Verfahren wird heute für die Bestimmung von Magnesium, Mangan, Silicium, Eisen, Kupfer, Kobalt, Nickel, Titan mit gutem Erfolg verwendet; selbstverständlich sind für die Bestimmung der einzelnen Elemente die Bedingungen sinngemäß abzuändern (s. auch die angeführten Vorschriften von Zeiß).

2. Zweilinienverfahren nach Scheibe [72]) XVII)

Bei diesem Verfahren wird in der Praxis bisher nur die Resonanzschaltung verwendet. Zunächst nimmt man von einer Reihe von Standardstiften mit wechselndem Gehalt an dem betreffenden Legierungsbestandteil die Schwärzungswerte auf und konstruiert daraus auf doppeltlogarithmischem Papier mit Hilfe der chemischen Werte eine Eichkurve. Auf diese Eichkurve bezieht man anschließend die Schwärzungswerte der zu analysierenden Proben. Auch dieses Verfahren sei an dem Beispiel der Magnesiumbestimmung in Aluminiumlegierungen erläutert:

Als Elektrodenform wurde der Kegelstumpf mit 1 mm Durchmesser gewählt, der Abstand der Elektrode betrug 4,5 mm. Pro Halbperiode (Wechselstrom) schlägt ein einzelner Funken über. Dies wurde bei einer Stromstärke von 2 Amp. im Primärkreis erreicht. Die Kapazität beträgt 8000 cm, die Induktion 0, und der Dämpfungswiderstand (Drahtspule) im Sekundärkreis unmittelbar vor der Funkenstrecke besitzt 5,2 Ohm. Die Spaltbreite beträgt 0,06 mm, die Spalthöhe 7 mm, da mit Hilfe eines einfachen Platinstufenfilters, welches nur etwa 25% des Lichts durchläßt, die eine Hälfte des Spektrums in Höhe von 3,5 mm geschwächt wird. Die Vorfunkzeit beträgt 3 Minuten, die Belichtungszeit 2 Min. Verwendet werden die Linien Magnesium 2852 gegen Aluminium 2652, oder Magnesium 2790,8 gegen Aluminium 3050.

Nach dem Entwickeln und Trocknen der Platte wird die Aluminiumlinie im geschwächten und ungeschwächten Spektrum gemessen und die Magnesiumlinie nur im geschwächten Teil. Zur graphischen Auswertung überträgt man die Meßwerte auf doppelt-logarithmisches Papier. Zunächst zeichnet man bei den Marken 25 und 100 zwei Senkrechte auf die Abszisse. Diese Linien entsprechen ungefähr dem Schwärzungsunterschied, welchen die Platinstufe hervorruft. Überträgt man den Meßwert für die geschwächte Linie auf die Senkrechte 25 und den Meßwert für die ungeschwächte Aluminiumlinie auf die Senkrechte 100 und verbindet sie, so erhält man die Neigung des geraden Teiles der Schwärzungskurve der photographischen Platte für diese Linie*).

---

*) Genau genommen stimmt dies zwar nur dann, wenn die beiden Marken 25 und 100 dem Schwärzungsunterschied des Stufenfilters wirklich ent-

Trägt man anschließend den Meßwert der Magnesiumlinie auf die Senkrechte 100 und greift die Entfernung gegen die schräge Verbindungslinie der beiden Meßwerte für die Aluminiumlinie ab, so erhält man die Differenz der Schwärzung der Magnesiumlinie gegenüber der Aluminiumlinie, welche sich ja nach den Untersuchungen von Scheibe linear mit der Konzentration ändert. Man hat also nur noch nötig, die Schwärzungsdifferenz in Millimetern gegen die Konzentration auf doppelt-logarithmischem Papier aufzutragen und besitzt die Eichkurve. Diese Eichkurve gilt für die gesamte Anordnung und ist für die Bestimmung brauchbar, falls es möglich ist, die elektrischen und photographischen Bedingungen in allen Fällen genügend konstant zu halten. Ist letzteres der Fall, so hat man die Mitaufnahme von Standardlegierungen nicht mehr nötig, sondern nimmt nur noch die Analysenproben auf, ermittelt in der geschilderten Weise die Schwärzungsdifferenz der Magnesiumlinie gegenüber den Aluminiumlinien und kann aus der Eichkurve direkt die Konzentration entnehmen.

Da es jedoch nicht möglich ist, die photographischen Bedingungen genügend konstant zu halten, so ändert sich die Neigung des geraden Teiles der Schwärzungskurve, und es treten außerdem Parallelverschiebungen auf. Infolgedessen nimmt man auf die Platte eine Probe bekannten Gehaltes mit auf und gleicht diese Verschiebungen durch Korrektur aus. Man korrigiert den erhaltenen Konzentrationswert nach der Gleichung:

$$a_g : a_r = x_g : x_r,$$

wobei a der Wert der bekannten Probe und x der Wert der Analysenprobe ist. Die Indizes r und g bedeuten: richtiger Gehalt und gefundener Gehalt. Man kann also die gefundenen Werte entweder mit einem Faktor multiplizieren oder auch rein graphisch die Korrektur vornehmen.

Wichtig ist noch, daß die Konzentration des Magnesiumgehaltes auf den wahren Gehalt an Aluminium in der Legierung (z. B. 92%, 94% usw.) bezogen wird; es genügt dabei, den Gehalt

---

entsprechen; doch es spielt bei der Auswertung an sich keine Rolle, ob die angegebenen Punkte nur Annahmen darstellen oder wirklich stimmen.

in ganzen Prozenten einzusetzen. Die gewonnene Eichkurve gilt im übrigen aber für *alle* Arten von Aluminiumlegierungen, unabhängig von der Art der Begleitelemente.

Diese Art des Arbeitens erlaubt, wenn erst einmal die Eichkurve aufgestellt ist, ein viel rascheres Arbeiten, als es nach dem zuerst geschilderten Verfahren möglich ist. Auch dieses Verfahren läßt sich auf sämtliche Legierungsbestandteile im Aluminium anwenden und hat stets sehr gute und zuverlässige Werte ergeben.

3. Lösungsspektralanalyse nach Scheibe-Rivas [73] [74]

Seiten 197 198

Wie schon erwähnt, kann bei diesem Verfahren im Prinzip nach beiden vorstehenden Methoden gearbeitet werden; der Unterschied bezieht sich nur auf die *Vorbehandlung* der Proben. Die Verwendung von Lösungen hat den Vorteil, daß man immer ebenso wie bei der chemischen Analyse eine Durchschnittsanalyse erhält, da man nach dem in üblicher Weise erfolgten Anbohren der Metallproben eine größere Einwaage verarbeiten kann. Eine bestimmte Menge der Lösung läßt man auf die vorerhitzte Elektrode auftropfen. Dabei verdampft die Lösung, und man funkt ebenfalls wie bei den anderen Verfahren feste Elektroden ab. Verschiedene Mengen an Lösung wandern verschieden tief in die Elektrode hinein, so daß selbst dann, wenn etwas ungenau abgemessen wird, keine Schwärzungsunterschiede bei derselben Konzentration auftreten können.

Um die Elektroden mehrmals verwenden zu können, werden sie nach der Benutzung etwas abgeschliffen, 1 Stunde in Salzsäure (1 : 1) gekocht, mehrere Stunden in fließendem Wasser ausgewaschen und getrocknet. Vor Beginn der eigentlichen Analyse, d. h. vor dem Auftropfen der neuen Analysenlösung, werden die Kohlestifte noch einmal durch Belastung mit der vollen Stromstärke durchgeglüht (Dauerbogen). Unter diesen Umständen kann man die Elektroden 4—5 mal immer wieder aufs neue benutzen[52].

In der Praxis hat sich folgende Arbeitsweise bewährt: 1 g Späne werden in 25 ccm Bromsalzsäure (1 : 1) gelöst. Die Lösung wird bis zur Kristallisation der Chloride eingedampft. Man nimmt mit Wasser auf, gibt in einen 50 ccm-Meßkolben und füllt auf.

Von dieser Lösung gibt man mit einer Platindrahtöse (Durchmesser ungefähr 3—4 mm) 2—3 Tropfen auf die heißen Kohlestifte und läßt die Lösung verdampfen. Arbeitet man dann nach der Vorschrift 1 weiter, so werden die nötigen Salzlösungen der entsprechenden Konzentration mit aufgenommen. Arbeitet man nach 2, so kann man direkt auf die Eichkurve beziehen.

B. Quantitative Bestimmung im Abreißbogen nach Pfeilsticker[53]) [54])

Die einfachste Anregung für die spektrographische Untersuchung überhaupt ist die im Lichtbogen. Er wird mit 60—200 Volt Gleichspannung direkt zwischen den zu untersuchenden Stiften betrieben. Brennt dieser Dauerbogen längere Zeit, so tritt z. B. bei Metallstiften ein Schmelzen der Proben ein. Infolge der gleichzeitig auftretenden starken Überhitzung findet außerdem eine sehr weitgehende fraktionierte Destillation der Bestandteile statt. Diese Destillation ist umso größer, je mehr sich die Siedepunkte der einzelnen Bestandteile von denen des Grundmetalles unterscheiden. Auf der photographischen Platte wirkt sich der Dauerbogen ebenfalls ungünstig aus insofern, als er eine starke Untergrundschwärzung nach sich zieht. Unterbricht man jedoch einen solchen Dauerbogen periodisch und zündet ihn wieder mechanisch (nach Gerlach) oder elektrisch (nach Pfeilsticker), so erhält man den sogenannten Abreißbogen. Bei der Pfeilstickerschen Anordnung wird der Bogen durch einen überlagerten Hochfrequenzstrom (Tesla-Strom) gezündet und mit Hilfe eines Unterbrechers immer wieder unterbrochen. Sehr wesentlich ist dabei noch, daß dieser Bogen auch mit Wechselstrom betrieben werden kann, also die in vielen Fällen umständliche Beschaffung von Gleichstrom nicht erforderlich ist. Nähere Einzelheiten über die Wirkungsweise dieser Anregungsart müssen aus der Literatur entnommen werden.

Mit Hilfe dieser Einrichtung läßt sich Zink in Aluminium und Aluminiumlegierungen bestimmen, einerlei ob es als Legierungsbestandteil oder nur als Verunreinigung vorliegt. In der Praxis hat sich hierbei auch wieder die Anwendung des Zweilinienverfahrens von Scheibe bestens bewährt. Die Art der Durchführung
Seite 198 entspricht also ganz der weiter oben unter 2. beschriebenen. Es ist jedoch auch schon die unter A beschriebene Methode mit Erfolg angewendet worden. Es können auf diese Weise Gehalte zwischen 0,001—10% mit Sicherheit ermittelt werden.

Brauchbare Analysenlinien

Für Aluminium als Grundmetall werden meistens folgende Linienpaare benutzt:

Magnesium	2790,8	Aluminium	2660,4
	2790,8		2816,2
	2928,6		3050,1
	2936,7		3057,2
Mangan	2593,7	Aluminium	2660,4
	2949,2		2816,2
	2949,2		3050,1
	2949,2		3057,2
	2949,2		3082,2
Silicium	2516,1	Aluminium	2568,0
	2881,6		2816,2
	2881,6		3050,1
	2881,6		3082,2
Eisen	2383,2	Aluminium	2367,6
	(f. größere Gehalte)		
	2599,4		3568,0
	2749,3		2652,4
	2756,7		2652,4
	(f. kleinere Gehalte)		
Kupfer	2369,9	Aluminium	2367,1
	2961,2		2816,2
	3247,5		3064,0
	3247,5		3082,2

Welches Linienpaar im Einzelfall am geeignetsten ist, hängt sehr weitgehend von den gewählten Anregungsbedingungen und von der Konzentration der zu bestimmenden Elemente ab. Infolgedessen sind hier eine große Anzahl Möglichkeiten angeführt worden.

C. Flammenspektralanalyse

Das älteste Hilfsmittel für den Chemiker, welcher spektroskopisch Elemente definieren wollte, war die Flamme. Bei rein qualitativen Untersuchungen kommt es noch nicht darauf an, eine konstant brennende Flamme zu besitzen. Daher verwendete man anfangs die verschiedenartigsten Methoden, um das Element in der Gasflamme zum Leuchten zu bringen. Man brachte z. B. das Salz auf einer Platindrahtöse oder einem Magnesiastäbchen in die Flamme, oder zerstäubte es in Form einer Lösung in der Flamme. Die Zahl der Elemente, welche auf diese Weise nachgewiesen werden kann, ist beschränkt, da die Nachweisempfindlichkeit stark von der Hitze der Flamme abhängt. Um eine größere Zahl von Elementen nachweisen zu können, ging man daher später dazu über, statt der einfachen Gasflamme die Acetylensauerstofflamme zu benutzen, welche eine sehr viel höhere Temperatur zu erreichen gestattet. Ursprünglich beschränkte sich die Flammenspektralanalyse auf das sichtbare Gebiet, wobei mit Hilfe eines Spektroskopes die Linien der Elemente ermittelt wurden. Verwendet man zur Untersuchung der Substanzen dagegen einen Quarzspektrographen und eine photographische Platte, so kann man auch Elemente feststellen, welche ihre wichtigsten Linien, die sogenannten letzten Linien, im Ultraviolettgebiet haben. Lundegårdh [XII]) hat sich wohl am intensivsten mit dem Problem befaßt, die Flammenspektralanalyse zu einer brauchbaren quantitativen Methode auszubilden. Die wichtigste Frage dabei ist nun die, wie man die Flamme immer völlig gleichmäßig brennen lassen und wie man außerdem die Konzentration der zerstäubten Analysenflüssigkeit in der Flamme selbst immer konstant halten kann. Lundegardh hat zu diesem Zweck einen besonderen Zerstäuber konstruiert. Auch andere, darunter vor allem Thanheiser und Heyes[55]) haben sich eingehend mit der Entwicklung zuverlässiger Zerstäuber befaßt.

Solange die Methode der Flammenspektralanalyse ebenso wie die mit der Anregung im kondensierten Funken oder im Bogen mit der photographischen Platte arbeiten muß, um aus der Intensität der Linien Rückschlüsse auf die Konzentration des betreffenden Elementes zu ziehen, konnte sie den beiden anderen Anregungsarten gegenüber nicht wesentlich an Boden gewinnen. In dem Moment jedoch, da es gelang, mit einem Spektroskop zu arbeiten und die Intensität der Linien auf eine lichtelektrische Zelle arbeiten zu lassen, gewann diese Methode außerordentlich an Bedeutung.

Die von Thanheiser und Heyes entwickelte Methode arbeitet in folgender Weise: In einem gut durchgearbeiteten Zerstäuber wird die Analysenlösung in eine Acetylen-Sauerstoff-Flamme gebracht. Das Licht der betreffenden Linien, z. B. Natrium, wirkt auf eine Caeso-Preßzelle. Die lichtelektrische Zelle ist mit einem Lindemann-Elektrometer verbunden. Es wird nun die Zeit gemessen, welche nötig ist, das Elektrometer aufzuladen. Die Zeit ist der Konzentration des betreffenden Elementes in der Flamme proportional. Nähere Einzelheiten über die Wirkungs-
Seite 301 weise dieser Anordnung sind aus der Literatur zu entnehmen.

Hier wird die Methode angeführt, weil sie sich in der Praxis bei der Bestimmung des Natriums in Aluminium und Aluminiumlegierungen bestens bewährt hat. Die Empfindlichkeit der Methode ist so groß, daß man mit Einwaagen von 10 g auskommt, wenn es sich um die Bestimmung von etwa $^{1}/_{1000}$% Na handelt. Sind dagegen hundertstel Prozente zu erwarten, was vor allem bei Oberflächen-Untersuchungen der Fall ist, so genügt die Einwaage von 1 g. Wendet man 10 g Späne an, so wird die
Seite 7 salzsaure Lösung der Späne einmal mit Salzsäuregas ausgesalzen und die Lösung vom Aluminiumchlorid abfiltriert, um eine zu hohe Viskosität der Salzlösung zu vermeiden. Man gibt die Lösung in ein 50 ccm-Kölbchen und verwendet zur Spektralanalyse etwa 10 ccm davon. Da die Glasgefäße, in welchen die Vorbereitung durchgeführt wird, Natrium enthalten, ist es er-

forderlich, sie vor Beginn mit Salzsäuregas auszudämpfen; diese Vorbereitung ist jedoch nur vor dem ersten Gebrauch nötig. Bei der Durchführung der chemischen Analyse benötigt man in dem gleichen Fall Einwaagen von 10—50 g, je nach Art der verwendeten Methode und der Zusammensetzung der Legierung. Wesentlich ist vor allem der Zeitgewinn, den man bei Verwendung der spektralanalytischen Methode hat, vorausgesetzt, daß die lichtelektrische Zelle keine allzu großen Schwankungen infolge irgendwelcher Störungen aufweist. Man kann jetzt 10 Bestimmungen und mehr an einem Tage ausführen, während man bei der chemischen Bestimmung mit dem Aussalzverfahren u. U. mehrere Tage für eine Bestimmung nötig hat.

Zur Durchführung der Bestimmung sind natürlich einige Vorarbeiten erforderlich. Zunächst stellt man sich Eichlösungen her, die einen Natriumgehalt besitzen, wie er bei der Bestimmung selbst zu erwarten ist; den Lösungen setzt man auch ungefähr die gleichen Mengen Aluminiumchlorid und Salzsäure zu, wie sie normalerweise bei der Analyse auftreten. Man gibt 10 ccm der Eichlösung in den Zerstäuber und mißt die Aufladezeit des Elektrometers. Die erhaltenen Werte überträgt man zusammen mit den dazugehörigen Konzentrationen auf ein Kurvenblatt. Die Eichkurve ist täglich aufs neue zu kontrollieren, da alle lichtelektrischen Zellen einen gewissen Gang aufweisen und außerdem stark von Witterungsänderungen beeinflußt werden. Dies beruht wahrscheinlich auf der Änderung der Dicke der Feuchtigkeitshäute auf der Zelle und auf den Zuleitungsdrähten. Damit ändern sich die Kriechströme, die immer einen gewissen Verlust mit sich bringen.

Die Methode der Flammenspektralanalyse läßt sich in der jetzt vorliegenden Form zweifellos auch noch für die Bestimmung anderer Elemente im Aluminium in eine brauchbare Form bringen. Der Vorteil liegt in der außerordentlichen Geschwindigkeit, mit der die einzelne Bestimmung ausgeführt werden kann, wenn die nötigen Vorarbeiten erst einmal geleistet sind. Gegenüber den anderen oben erwähnten Methoden hat sie natürlich den Nachteil, daß man keine photographische Platte besitzt, auf der man die erhaltenen Werte auch nach Wochen noch kontrollieren kann.

D. Qualitative Analyse [XV] [XVI] [XVII]

Das Gebiet der qualitativen spektrographischen Analyse nimmt heute schon im chemischen Laboratorium einen außerordentlichen Raum ein, denn für das chemische Laboratorium bildet die qualitative Spektralanalyse ein Hilfsmittel von unschätzbarer Bedeutung. Nicht nur, daß durch die Aufnahme der chemisch zu untersuchenden Proben (Metalle, Erze, Salze, Lösungen) dem Chemiker sofort Hinweise gegeben werden können, welcher Analysengang am zweckmäßigsten eingeschlagen wird, sondern man hat auch die Möglichkeit, die auf chemischem Wege erhaltenen Niederschläge auf Reinheit zu prüfen. Falls Fehlanalysen vorkommen, hat man weiter die Möglichkeit, durch Untersuchung der Zwischenfällungen oder Filtrate die Ursache der Fehler festzustellen.

Die Aufnahme der Proben erfolgt entweder im Funken oder im Abreißbogen im Prinzip in derselben Art und Weise, wie es in den vorhergehenden Abschnitten bei den quantitativen Bestimmungen beschrieben ist. Man arbeitet also ebenfalls wieder mit einem Funkenerzeuger oder in Resonanzschaltung, mit der Abreißbogeneinrichtung, mit Kohleelektroden oder auch Metallelektroden aus reinstem Metall, z. B. Aluminium usw. Bei der Aufnahme selbst verwendet man einen engeren Spalt als bei der quantitativen Bestimmung (meistens 0,01 mm) und eine Lochblende, welche es gestattet, 5—7 Spektren untereinander aufzunehmen, ohne die Kassette verschieben zu müssen. Als Bezugsspektrum nimmt man entweder die Wellenlängenskala mit auf (bei den Zeiß-Apparaten eingebaut), oder man photographiert das Eisenspektrum mit. Letzteres hat den Vorteil, daß man bei unbekannten Linien durch Vergleich mit den zunächst liegenden Eisenlinien sehr scharf auf die richtige Wellenlänge interpolieren kann. Zu diesem Zweck sind von Scheibe und Mitarbeitern Tabellen des Eisenspektrums herausgebracht worden [XIII] [XIV]. Bei Mitaufnahme der Wellenlängenskala dagegen hat man immer mit geringen Verschiebungen gegen den Absolutwert zu rechnen. Sucht man bestimmte Verunreinigungen oder Elemente, so nimmt man zweckmäßigerweise eine Probe mit auf, welche die gesuchten Elemente enthält. Hält man außerdem noch bestimmte Belichtungsbedingungen und bestimmte Elektrodenformen ein oder läßt eine bestimmte Anzahl Tropfen der Analysenlösung auf die Kohleelektroden auftropfen, so kann man auch sehr leicht halb-quantitative Angaben machen. Damit erhält der Chemiker oder auch Metallhüttenmann schon wichtige Hinweise über die Größenordnung, in welcher die einzelnen Elemente vorkommen.

Zur Auswertung qualitativer Aufnahmen stehen der Meßprojektor der Firma Fuess oder der Spektrenprojektor der Firma Zeiß zur Verfügung. Der erstgenannte Apparat hat den Vorteil, daß man den Grad der Vergrößerung in gewissen Grenzen ändern kann. Die von Scheibe entwickelten Tabellen der Eisenlinien enthalten Kopien mit bestimmten Vergrößerungen. Diese Kopien schiebt man zweckmäßig auf dem Projektorschirm unter die mit aufgenommenen Eisenlinien und verändert die Vergrößerung solange, bis beide zur Deckung kommen. Auf diese Weise kann man sehr schön genaue Wellenlängenbestimmungen der unbekannten Elemente durchführen. Da die Kopien wegen der wechselnden Dispersion des Gesamtspektrums eine etwas verschiedene Vergrößerung besitzen, ist es praktisch, wenn man die Änderung der Vergrößerung im Meßprojektor etwas korrigieren kann. Demgegenüber hat der Apparat von Zeiß den Vorteil, daß man in sehr einfacher Weise die Platte über das ganze Spektrum verschieben kann und infolgedessen rasch einen Überblick über den Gesamtbereich erhält. Die gefundenen Linien sucht man dann in einem Atlas [XV)] [XVI)] auf und kann daraus die Bezeichnung des betreffenden Elementes entnehmen. Wenn man auf diese Weise ein Element ermittelt hat, so sucht man noch einmal nach den letzten Linien, da diese ja unter allen Umständen vorhanden sein müssen (s. Tabellen von Gerlach). Dies ist deshalb erforderlich, weil häufig schwächere Linien des Grundmetalles mit den letzten Linien des gesuchten Elementes zusammenfallen und man zu Fehlschlüssen käme, wenn man nicht noch die letzten Linien des fraglichen Elementes aufsuchte.

A. Aluminium

V. Abschnitt. Elektrolytische und Elektrometrische Methoden

Vorbemerkungen

Auch elektrolytische und elektrometrische Bestimmungsmethoden finden bei der Leichtmetallanalyse mehr und mehr Anwendung. Wenn die letztgenannten Methoden zurzeit auch nur vereinzelt durchgeprüft und eingeführt sind, so ist dieses Wenige doch in dem folgenden Abschnitt mit den elektrolytischen Bestimmungen zusammengefaßt.

Die elektrolytischen Verfahren sind allgemein gut bekannt; hierzu brauchen keine Anmerkungen mehr gegeben zu werden.

Der Einführung der übrigen Arbeitsweisen stehen z. T. noch apparative Schwierigkeiten im Wege, die aber gerade in neuester Zeit durch Entwicklung zweckmäßiger und preiswerter Apparaturen mehr und mehr beseitigt wurden. Dies gilt insbesondere für das Gebiet der Potentiometrie und Konduktometrie.

Bei der Potentiometrie arbeitet man gewöhnlich nach den Kompensationsmethoden unter Verwendung eines Galvanometers als Nullinstrument. Solange noch keine vollständige Kompensation erreicht ist, soll das stromliefernde Normalelement möglichst wenig beansprucht werden. Es ist leicht einzusehen, daß das stromliefernde Element *) umso schneller erschöpft wird, je kleiner die Elektroden und je geringer die Konzentrationen der elektrometrisch wirksamen Ionen sind. Deshalb sollen wenigstens die Indikator- und Bezugselektroden möglichst groß sein. Für die Durchführung der Messung eignen sich besonders Apparate, die nach dem Prinzip des Röhren-Voltmeters gebaut sind. Mit ihnen läßt sich leicht durch Wahl einer Vorspannung, die den Gitterstrom niedrig hält, eine praktisch stromlose Potentialmessung durchführen. Um nun mit derartigen Apparaten in jedem Laboratorium ohne weiteres arbeiten zu können, muß es möglich sein, als Stromquelle das Lichtnetz zu verwenden.

*) Allein durch Betätigung des Nullinstrumentes!

Dies führte zur Entwicklung entsprechender Röhrenvoltmeter. Vielerlei Versuche waren erforderlich, um dieser Meßeinrichtung die nötige Unempfindlichkeit gegenüber den Schwankungen des Lichtnetzes zu geben. Der wesentlichste Fortschritt in dieser Richtung ist wohl der, daß es gelungen ist, einen magnetischen Spannungsregler als Vorsatzgerät zu entwickeln.

Eine derartig vervollständigte Meßeinrichtung kann für potentiometrische Titrationen Verwendung finden, z. B. bei der Bestimmung von Chrom in Aluminium, als Chromat mittels Ferrosulfatlösung. Es lassen sich also potentiometrisch Gehaltsbestimmungen nach der sogenannten Ausschlagmethode oder nach der Kompensationsmethode durchführen. Nach der Kompensationsmethode erfolgt die Messung dadurch stromlos, daß eine bekannte veränderliche Spannung (Potential) der zu messenden entgegengeschaltet wird. Das Gerät dient dann als Nullpunktinstrument. Die Ausschlagmethode ist einfacher als die Kompensationsmethode; letzte ist aber die genauere.

Mit Hilfe des wie vor geschildert gesicherten Röhrenvoltmeters lassen sich auch konduktometrische Messungen durchführen. Der für die Leitfähigkeitsmessung erforderliche Wechselstrom wird mit der gleichen Elektrodenröhre in Generatorschaltung erzeugt, in Volmeterschaltung aber gemessen.

Die Leitfähigkeitsanalyse findet Anwendung für konduktometrische Titrationen, von denen wohl am längsten und allgemeinsten bekannt ist die konduktometrische Titration von Bariumhydroxyd mit Schwefelsäure. Ferner werden Gehaltsbestimmungen auf Grund des Leitvermögens von Lösungen mittels dieser Arbeitsweise durchgeführt. Hierbei kann man wiederum nach der sogenannten Ausgleichsmethode arbeiten, indem man mit Standardlösungen vergleicht, oder man wendet Substitutionsmethoden an, indem man mit bekannten Widerständen Vergleichsmessungen durchführt.

(Dies nur zur allgemeinen Orientierung, Näheres in der Spezial-Fachliteratur [XXIX]).

Endlich wären noch die polarographischen und polarimetrischen Methoden zu erwähnen. Gerade diese beiden letzten Gruppen finden für das analytische Laboratorium besonderes Interesse, sind aber in ihrer Entwicklung noch nicht so weit abgeschlossen, daß sie für laufende analytische Untersuchungen bei der Leichtmetallanalyse schon jetzt allgemein angewandt werden könnten.

---

a) und b) Untersuchung von Legierungen

Blei-Bestimmung XVIII)

Grundsätzliches. Die elektrolytische Abscheidung des Bleis erfolgt anodisch als PbO_2, da die kathodische Abscheidung infolge der leichten Oxydierbarkeit des Bleis meist zu Überbefunden führt. Die anodische Abscheidung wird in stark salpetersaurer Lösung ausgeführt, um seine kathodische Abscheidung zu verhindern. Die evtl. dann noch mögliche kathodische Fällung des Bleis wird jedoch sicher durch Zugabe von Kupfernitrat zum Elektrolyten verhindert. Während der Elektrolyse entsteht leicht salpetrige Säure, diese macht die quantitative Abscheidung des Bleisuperoxydes unmöglich; um das zu verhindern, setzt man Harnstoff zu und führt die Elektrolyse bei Zimmertemperatur aus. Das abgeschiedene Bleioxyd entspricht meist nicht der formelmäßigen Zusammensetzung. Es enthält geringe Mengen Wasser, welche es nur langsam, meist unvollständig abgibt. Bei ½-stündigem Erhitzen auf 230° enthält PbO_2 85,80% Pb, bei 1-stündigem Erhitzen auf 230° enthält PbO_2 85,89% Pb, bei 2-stündigem Erhitzen auf 260° enthält PbO_2 86,28% Pb (nach Töpelmann).

Kleinere Mengen Blei ($<$ 1 mg) können elektrolytisch nicht mehr genau bestimmt werden. Mangan wird immer, auch wenn nur sehr wenig vorhanden ist, zum Teil anodisch mit abgeschieden, und zwar als MnO_2. Größere Mengen K, Na, Ca, Mg, Ag, Cd, Sb, Bi, As, Zn, Fe und P stören die Fällung, kleinere Mengen haben keinen Einfluß. Chlorionen verzögern die Abscheidung des Bleiperoxyds und verursachen eine geringere Haftfestigkeit an der Anode.

Ausführung der Bestimmung. Je nach dem Bleigehalt löst man 1—4 g der Legierung in 20—80 ccm Salzsäure (1 : 1), verdünnt auf 400 ccm und leitet in die etwa 70° heiße Lösung ½ Stunde lang Schwefelwasserstoff ein. Die Sulfide werden filtriert und nachdem das Filter in das Becherglas zurückgegeben ist, mit 40 ccm Salpetersäure (1 : 1) gelöst. Bei kupferfreien Legierungen setzt man der Lösung 2 g bleifreies Kupfernitrat hinzu. Man kühlt auf Zimmertemperatur ab, verdünnt auf 100 ccm, gibt 1 g Harnstoff zu und elektrolysiert unter Rühren. Als Anode benutzt man eine Platinelektrode (Form nach Bertiaux), als Kathode eine Winklersche Drahtnetzelektrode. Zunächst elektrolysiert man 2 Minuten mit nur 0,5 A und erhöht im Verlaufe der nächsten Viertelstunde bis zu 2 A, bei dieser Stromstärke elektrolysiert man zu Ende. Nach Beendigung der Elektrolyse (½ Stunde), entfernt man, ohne den Strom zu unterbrechen, das Elektrolysiergefäß, wobei man gleichzeitig die Elektroden gut abspült. Die Anode wird bei einer der angegebenen Temperaturen getrocknet, gewogen und mit dem entsprechenden Faktor auf Blei umgerechnet.

Enthält die Legierung keines der oben genannten Elemente in größeren Mengen, so kann man das Metall auch in Salpetersäure (1 : 1) lösen und nach dem Eindampfen bis fast zur Trockne und Aufnehmen mit 15 ccm konz. Salpetersäure und 250 ccm Wasser, nach Zusatz von 2 g Kupfernitrat direkt elektrolysieren.

Zusätzliche Hinweise. Die Abscheidung des Bleis erfolgt selbst bei längerem Elektrolysieren nicht quantitativ. Die Restlösung enthält immer noch etwa 0,1 mg Pb. Dies spielt jedoch bei der Analyse von Legierungen, wenn es sich um technische Analysen handelt, keine Rolle.

Cadmium-Bestimmung

Grundsätzliches. Für die Bestimmung des Cadmiums in Aluminiumlegierungen hat sich die elektrolytische Abscheidung aus schwefelsaurer oder cyanalkalischer Lösung gut bewährt.

Es wird deshalb an dieser Stelle auf die an sich auch mögliche elektrolytische Abscheidung aus essigsaurer und salzsaurer Lösung nicht eingegangen.

Für die Abscheidung aus schwefelsaurer Lösung verwendet man verkupferte, für die Abscheidung aus cyanalkalischer Lösung versilberte Elektroden. Würde man im letzten Fall nur verkupferte Elektroden verwenden, so käme es leicht zu Gewichtsänderungen der Kathode infolge der Löslichkeit des Kupfers in Kaliumcyanidlösungen.

Ausführung der Bestimmung. Man löst 3 g der Legierung nach Seite 36 Otis-Handy und scheidet die Kieselsäure ab. Zum Filtrat gibt man solange Natronlauge (30%ig), bis das ausgefallene Aluminiumhydroxyd eben wieder in Lösung gegangen ist. Man setzt 10 g Kaliumcyanid hinzu, um Kupfer in Lösung zu halten, und 20 ccm 10%ige Natriumsulfidlösung. Nach dem Aufkochen läßt man absitzen und filtriert den Niederschlag durch ein schnellaufendes Filter. Man wäscht mit Wasser, welchem etwas Natriumsulfid und Natronlauge zugesetzt sind, aus. Das Filter gibt man in den Fällungsbecher zurück und löst unter kurzem Erhitzen den Rückstand mit 20 ccm Schwefelsäure (1 : 1). Nach dem Lösen verdünnt man auf etwa 50 ccm und filtriert von Filterfasern ab. Die schwefelsaure Lösung stumpft man weitgehend mit Natronlauge ab, wobei jedoch noch kein Cadmiumhydroxyd ausfallen soll. Man setzt 6 g Natriumbisulfat (kristallisiert) zu, verdünnt auf 200—300 ccm und kühlt auf Zimmertemperatur ab. Man elektrolysiert mit 3,8 Volt unter kräftigem Rühren 40 Minuten lang. Nach Beendigung der Elektrolyse spült man die Elektrode kurz in Aceton ab, trocknet bei 105° C und wägt. Das abgeschiedene Cadmium soll metallisch glänzend sein.

Will man aus cyanalkalischer Lösung abscheiden, so muß man ebenso wie im ersten Fall wieder von einer Lösung ausgehen, welche frei von Chloriden und Nitraten ist. Man versetzt die schwefelsaure Lösung mit Phenolphthalein und solange mit Natronlauge oder Kalilauge, bis eine bleibende Rotfärbung auftritt. Das ausgefallene Cadmiumhydroxyd bringt man durch langsame Zugabe einer 10%igen Kaliumcyanidlösung wieder in Lösung. Der Überschuß an Kaliumcyanid darf nicht größer als

0,3—0,5 g KCN in 100 ccm sein. Man verdünnt die Lösung mit heißem Wasser auf annähernd 100 ccm und elektrolysiert zunächst 10 Minuten bei einer Stromstärke von 1 Ampère, weitere 10 Minuten bei einer Stromstärke von 1,5 Ampère und zum Schluß mit 2 Ampère.

Zusätzliche Hinweise. Die bei der Abscheidung aus schwefelsaurer Lösung erhaltenen Werte fallen häufig etwas zu hoch aus, obwohl immer geringe Cadmiummengen bei der Elektrolyse verloren gehen (0,4—0,8 mg). Trotzdem erhält man gut reproduzierbare Werte.

Enthält die Lösung mehr als 0,4% Mg, so empfiehlt es sich, wegen des langsamen Filtrierens von Magnesiumhydroxyd das Kieselsäurefiltrat weitgehend mit Natronlauge abzustumpfen und zunächst Cadmium mit Schwefelwasserstoff zu fällen. Den Rückstand löst man in Salpetersäure, raucht mit Schwefelsäure ab und arbeitet, wie angegeben, weiter.

Chrom-Bestimmung

Seite 221 Die Vorbereitung geschieht in der unter Vanadium-Bestimmung angegebenen Weise. Die Titration selbst wird am zweckmäßigsten mit einem Röhrenvoltmeter ausgeführt. Als Indikatorelektrode verwendet man Platin. Die Titration wird in der Kälte durchgeführt. Es ist jedoch auf eine genügende Säurekonzentration zu achten, da von ihr die Größe des Potentialsprunges abhängt. Der Vorgang kann folgendermaßen formuliert werden:

$$HCrO'_4 + 3\,Fe^{\cdot\cdot} + 7\,H^{\cdot} = Cr^{\cdot\cdot\cdot} + 3\,Fe^{\cdot\cdot\cdot} + 4\,H_2O.$$

Die Gegenwart größerer Mengen Salpetersäure muß bei der potentiometrischen Titration vermieden werden.

Kobalt-Bestimmung

Grundsätzliches. Kobalt kommt nur in einigen Speziallegierungen vor. Es scheidet sich elektrolytisch leichter bei Gegenwart von Nickel ab, als wenn es allein vorliegt. Daher setzt man häufig vor der Elektrolyse noch etwas Nickelsulfat zu und bestimmt nach dem Ablösen des Niederschlages von der Kathode das Nickel mit Diazetyldioxim. Seite 52

Ausführung der Bestimmung. Die elektrolytische Bestimmung des Kobalt wird analog der des Nickels ausgeführt. Da sich Kobalt sehr leicht schwammig abscheidet, werden die Befunde durch Oxydation zu hoch. Durch einen Zusatz von Hydrazinsulfat wird dies vermieden.

Die chemische Verwandtschaft zwischen Nickel und Kobalt ist so groß, daß alle Elemente, die die Nickelfällung beeinflussen, auch die Kobaltbestimmung stören. Es kann deshalb hier von einer Anführung der Arbeitsvorschrift abgesehen werden, sie ist unter „Nickel" nachzulesen. Seite 219

Kupfer-Bestimmung IV) IX)

Grundsätzliches. Die Bestimmung des Kupfers in Aluminium bereitet keinerlei Schwierigkeiten. Es sei aber an dieser Stelle auf die unter „Allgemeines" angeführte Probenahme (Seigerung) hingewiesen. Die elektrolytische Kupferbestimmung ist derart einfach auszuführen, daß sich ihr gegenüber kein anderes gravimetrisches Verfahren hat behaupten können. Sie kann in schwefelsaurer und salpetersaurer Lösung ausgeführt werden. In manchen Fällen arbeitet man auch ammoniakalisch oder cyankalisch. — Arbeitet man in saurer Lösung, so dürfen Chlorionen nicht anwesend sein. Salpetrige Säure, welche unter Umständen auftritt, kann durch Zugabe von etwas Harnstoff unschädlich gemacht werden. Am zweckmäßigsten ist bei Aluminiumle- Seite 2 gierungen die Elektrolyse in schwefelsaurer Lösung, da in den Seite 36 meisten Fällen Silicium nach Otis-Handy bestimmt werden kann oder, für die nachfolgende Analyse anderer Legierungsbestandteile, nach dieser Methode entfernt werden muß.

Ausführung der Bestimmungen.

1. In schwefelsaurer Lösung

Seite 36 2 g Metall werden nach Otis-Handy gelöst und abgeraucht, das Filtrat von der Kieselsäurebestimmung wird auf etwa 200 ccm eingeengt, auf 70° C erhitzt und das Kupfer bei 2 Volt und etwa 2 Ampère unter Rühren auf einer gewogenen Winkler'schen Drahtnetzelektrode abgeschieden. Nach 20 Min. gibt man etwas heißes Wasser hinzu, um den Flüssigkeitsspiegel zu heben und an einem noch nicht verkupferten Streifen der Elektrode beobachten zu können, ob das Kupfer quantitativ abgeschieden ist. Hat sich nach 5 Min. auf diesem Streifen noch kein Kupfer abgeschieden, so ist die Elektrolyse beendet. Man spült die Elektroden, ohne den Strom zu unterbrechen, mit Wasser ab, taucht die Elektrode dann kurz in Alkohol, trocknet sie im Trockenschrank bei 105° C und wägt. Vielfach wird das Abspülen mit Wasser auch durch den Austausch des Analysenbechers gegen einen anderen, welcher dest. Wasser enthält, umgangen. Man muß jedenfalls in allen Fällen sehr rasch arbeiten, um ein Ablösen des Kupfers von der Elektrode zu verhindern.

Kommt es auf eine ausgesprochene Schnellanalyse an, bei welcher nur das Kupfer ermittelt werden soll, so löst man zweckmäßig 2 g der Legierung in 30 ccm 25%iger Natronlauge, versetzt mit 50 ccm Schwefelsäure (1 : 1), gibt 2 ccm Salpetersäure (s = 1,4) hinzu und elektrolysiert wie angegeben.

2. In salpetersaurer Lösung

Bei Kupfergehalten unter 0,05% liefert die Elektrolyse aus schwefelsaurer Lösung infolge der kleinen Auswaage nicht mehr ganz befriedigende Ergebnisse. Es empfiehlt sich, in diesem Falle ein Anreicherungsverfahren anzuwenden und die Bestimmung aus salpetersaurer Lösung vorzunehmen.

Man löst 10—20 g Metall in Natronlauge (1 : 3), verdünnt auf etwa 700 ccm und fällt mit 30 ccm 10%iger Na_2S-Lösung. Nach mehrstündigem Stehen filtriert man durch ein schnellaufendes Filter und wäscht den Rückstand mit natriumsulfidhaltigem Wasser. Man gibt das Filter in ein Becherglas, übergießt es mit 10 ccm Salpetersäure (1 : 1) und ca. 30 ccm Wasser und kocht, bis die Sulfide und Hydroxyde gelöst sind. Nun filtriert man von dem Filterbrei ab und wäscht ihn gut mit heißem Wasser aus. Zum Filtrat, welches etwa 100 ccm betragen kann, gibt man 5 g Ammoniumnitrat, erhitzt auf ca. 70° C und scheidet das Kupfer elektrolytisch ab. Bei der Elektrolyse aus salpetersaurer Lösung ist es zweckmäßig, mit etwas höherer Spannung zu arbeiten als bei der Elektrolyse aus schwefelsaurer Lösung (2—3 Volt). Zur Entfernung von salpetriger Säure ist die Zugabe von etwas Harnstoff zweckmäßig.

Zusätzliche Hinweise. Bei der Elektrolyse aus saurer Lösung ist besonders die Anwesenheit von Chlorionen gefährlich, da diese das Kupfer wieder lösen. Wenn geringe Mengen an Chloriden vorhanden sind, kann man durch Arbeiten in der Kälte und Zugeben von Harnstoff die Löslichkeit weitgehend herabsetzen, doch ist die Gefahr von Verlusten immer vorhanden.

Beim Arbeiten in Salpetersäure muß man besonders beim Abbrechen der Elektrolyse auf die große Löslichkeit des Kupfers achten. Nach O. Brunck gibt man daher in solchen Fällen zweckmäßig dest. Wasser in den Elektrolysierbecher und hebert die Analysenlösung ab, ohne den Strom zu unterbrechen.

Nickel-Bestimmung [IV])

Grundsätzliches. Die elektrolytische Abscheidung des Nickels erfolgt aus ammoniakalischer Lösung der Chloride oder Sulfate. Aus der nitrathaltigen Lösung läßt sich das Nickel unter Umständen auch abscheiden, aber nur, wenn ganz bestimmte Arbeitsbedingungen eingehalten werden; in diesem Falle muß die auftretende salpetrige Säure durch Verkochen oder durch Zugabe von Harnstoff unschädlich gemacht werden[77]). Es ist jedoch sicher zweckmäßiger, die Lösung mit Schwefelsäure abzurauchen. Die Elektrolyse wird als Schnellelektrolyse ausgeführt.

Seite 36 **Ausführung der Bestimmung.** 1—2 g Legierung werden nach Otis-Handy gelöst. Kupfer, Blei, Wismut, Cadmium werden elektrolytisch oder auch mit Schwefelwasserstoff entfernt (s. gra-
Seite 53 vimetrische Methode). Die Lösung (etwa 200 ccm) wird anschließend mit Natronlauge versetzt, bis das ausfallende Aluminiumhydroxyd gerade wieder in Lösung geht, und mit 10 ccm 3%iger Wasserstoffperoxydlösung unter Kochen oxydiert. Bei Anwesenheit von Chrom geht meistens nur ein Teil des Chroms als Chromat in Lösung, ein Rest findet sich immer in den Hydroxyden. Man löst diese daher noch einmal in einer Lösung, welche 7 ccm konz. Salzsäure, 5 ccm 3%ige Wasserstoffperoxydlösung und 50 ccm heißes Wasser enthält, und wiederholt die Fällung. Nach kurzem Absitzen wird filtriert und der Rückstand in der oben angegebenen verdünnten Salzsäure gelöst. Aus dieser Lösung wird Magnesium abgeschieden.

Das ammoniakalische Filtrat wird bei einer Stromstärke von 4—5 A unter Rühren elektrolysiert. Als Kathode dient eine gewogene Winklersche Drahtnetzelektrode, als Anode eine Platinspirale. Das Nickel scheidet sich an der Kathode als hellgrauer festhaftender Beschlag ab, nach $^3/_4$ Stunden ist die Abscheidung beendet. Eine weitere Fortsetzung der Elektrolyse kann zu Überbefunden durch teilweise Abscheidung des anodisch gelösten Platins führen. Der Angriff auf die Anode erfolgt erst nach der vollständigen Fällung des Nickels. Solange der Elektrolyt noch Nickelionen enthält, bildet sich auf der Anode ein Schutzüberzug von Nickelhydroxyd. Man nimmt, ohne den Strom zu unterbrechen, den Elektrolysierbecher weg, spült die Elektrode sofort mit heißem Wasser ab, taucht die Kathode kurz in Alkohol und trocknet bei 105°. Die Gewichtszunahme ergibt, vorausgesetzt, daß die Legierung kein Kobalt enthielt, das gesamte Nickel.

Die von Nickel befreite Lösung prüft man mit Diazetyldioxim auf Vollständigkeit der Nickelfällung. Ist Kobalt in der Legierung vorhanden, so trennt man nach dem Ablösen des Niederschlages mit Salpetersäure (1 : 1) unter Kochen nach der gravimetrischen Methode. Seite 52

Zusätzliche Hinweise. Bei der Nickelelektrolyse erhält man leicht dadurch etwas zu hohe Werte, daß sich gegen Ende von der Anode Platin ablöst, welches dann teilweise an der Kathode mit abgeschieden wird. Wenn zu wenig Ammoniak vorhanden ist, scheidet sich unter Umständen an der Anode Nickeloxyd oder Nickelhydroxyd ab. Andere Kationen, wie Cu, Ag, Bi, Hg, Cd, Zn, sind vor der Elektrolyse abzutrennen, da sie mit abgeschieden werden. Es ist zweckmäßig, auch darauf zu achten, daß keine Acetate vorhanden sind, da diese lösend wirken, ebenso wie salpetrige Säure. Erste entfernt man durch Umfällen des Nickels mit Soda und Natronlauge, letzte am besten durch Abrauchen mit Schwefelsäure oder auch durch Verkochen unter Zusatz von Wasserstoffperoxyd.

Die Abscheidung des Nickels wird am besten nach der Magnesiumfällung ausgeführt. An sich kann sie auch vorher ohne Bedenken vorgenommen werden, dabei geht jedoch immer etwas Platin in Lösung, welches dann bei der folgenden Magnesiumfällung mit ausfällt.

Vanadium-Bestimmung [57])

Grundsätzliches. Die schwefelsaure Lösung der Metallprobe wird zunächst in der Hitze mit Kaliumpermanganat oxydiert und nach dem Abkühlen mit Ferrosulfatlösung reduziert. Ein Potentialsprung zeigt die vollständige Umwandlung des Vanadins in die IV-wertige Form an. Im Anschluß hieran wird die potentiometrische Bestimmung des Vanadiums bei etwa 70° durch Oxydation mit Kaliumpermanganat zu Vanadinsäure durchgeführt.

Ausführung der Bestimmung. 2—5 g Metallspäne, je nach dem zu erwartenden Vanadiumgehalt, werden mit 75—150 ccm Schwefelsäure (1 : 2) versetzt und sodann durch portionsweises

Hinzufügen von 30 ccm Salpetersäure (s = 1,2) in Lösung gebracht. Man verdünnt auf etwa 150—300 ccm, kocht einige Zeit, kühlt ab, spült in einen Liter-Meßkolben und füllt auf.

Für die Analyse werden 100 ccm des Kolbeninhalts entsprechend $^1/_{10}$ der Einwaage abgenommen und bis zur Trockene eingedampft. Der Eindampfrückstand wird durch Erwärmen mit 30 ccm Schwefelsäure (1 : 1) gelöst, mit 6 ccm Phosphorsäure (s = 1,7) und mit Kaliumpermanganatlösung versetzt und gekocht (Gesamtvolumen etwa 100 ccm). Hierbei soll die Kaliumpermanganatfarbe (etwa 10 Min.) bestehen bleiben. Anschließend wird das überschüssige Permanganat verkocht und vom MnO_2 abfiltriert. Die abgekühlte Flüssigkeit wird nunmehr potentiometrisch mit $^1/_{10}$-n-Ferrosulfatlösung bis gerade zum Umschlag, d. h. bis das gesamte Vanadium gerade in die IV-wertige Stufe überführt ist, reduziert. Ist Chrom vorhanden, so wird dies ebenfalls reduziert. Es kann mit einer Kalomel-Elektrode als Bezugselektrode oder auch unter Verwendung eines Nullpunktsinstruments und einer Umschlagselektrode gearbeitet werden. Die Umschlagelektrode wird mit einer Lösung gefüllt, die wie folgt herzustellen ist: 525 g Ferrikaliumsulfat und 1,5 g Ferrosulfat werden in 500 ccm einer Schwefelsäure von 20 Vol.-% gelöst. Von dieser Lösung werden 10 ccm auf 200 ccm verdünnt. Der Stromschlüssel wird mit gesättigter Kaliumsulfatlösung gefüllt. Bei dem Arbeiten mit der Umschlagselektrode gelingt es, den Endpunkt der Reaktion genau zu erfassen, wenn man zunächst einen geringen Überschuß von $^1/_{10}$-n-Ferrosulfatlösung hinzufügt, diesen sodann mit Kaliumpermanganatlösung wieder beseitigt und schließlich mit $^1/_{50}$-n-Ferrosulfatlösung bis zum Umschlagpotential titriert.

Die reduzierte Vanadiumlösung wird nunmehr auf etwa 250 ccm verdünnt, auf 70° erhitzt und heiß mit $^1/_{10}$-n-Kaliumpermanganatlösung unter Anwendung der Normalkalomelelektrode als Bezugselektrode potentiometrisch nach der Kompensationsmethode und mit dem Röhrenpotentiometer bis zum Potentialsprung titriert.

Der Titer der Meßflüssigkeit wird mit Kaliumoxalat nach Soerensen und zwar ebenfalls auf potentiometrischem Wege eingestellt. Reine Vanadinsäure ergibt praktisch den gleichen Wirkungswert.

Zusätzliche Hinweise. Gewöhnlich wird die Oxydation des Vanadiums zur fünfwertigen Stufe mittels Ammoniumpersulfat in Gegenwart von Silbernitrat oder mittels Kaliumpermanganat durchgeführt. Der Überschuß an Oxydationsmitteln wird entweder durch Verkochen oder durch Reduktion mit Oxalsäure in der Kälte entfernt. Bei dem Ammonpersulfatverfahren besteht der Nachteil, daß vorhandenes Chrom mit bestimmt wird.

Das Kaliumpermanganatverfahren gibt erfahrungsgemäß keine genügend zuverlässigen Werte. Es wird meist ein zu niedriger Vanadiumgehalt gefunden. Die vorstehend beschriebene Methode hat diesen Mangel nicht.

Zink-Bestimmung [XIX)]

Grundsätzliches. Die elektrolytische Abscheidung des Zinks kann aus natronalkalischer Lösung erfolgen, wenn diese frei von Chloriden und Nitraten ist. Um metallisch-glänzende Niederschläge zu erhalten, muß sorgfältig von Eisen und Kupfer getrennt werden, da beide bei der Elektrolyse mit abgeschieden werden. Außerdem sollen die abgeschiedenen Zinkmengen nicht größer als 50 mg sein. Häufig wird die Fällung auch aus kali-alkalischer Lösung vorgenommen; dies bedeutet, daß bei der Elektrolyse selbst ganz andere Leitfähigkeitsverhältnisse vorliegen wie in natronalkalischer Lösung. Der Widerstand der Lösung ist unter sonst gleichen Bedingungen (Konzentration, Temperatur usw.) größer, so daß mit kleinerer Stromstärke elektrolysiert wird. Unter diesen Umständen können die abscheidbaren Zinkmengen etwas größer gehalten werden als bei der Abscheidung aus natronalkalischer Lösung.

Ausführung der Bestimmung. Man löst 1—2 g Metall nach Otis-Handy, raucht ab, filtriert die Kieselsäure und bestimmt das Seite 36
Kupfer elektrolytisch, jedoch ohne Zusatz von Salpetersäure. Die von Kupfer befreite Lösung wird nun mit 25%iger Natronlauge

versetzt, bis das ausgefallene Aluminiumhydroxyd wieder in Lösung geht. Dann gibt man zur völligen Ausfällung des Eisens und Mangans einige Kubikzentimeter Wasserstoffperoxydlösung (3%ig) zu, kocht auf und läßt 4—5 Stunden absitzen.

Kupferfreie Legierungen kann man direkt mit 30 ccm 25%iger Natronlauge lösen. Man verdünnt dann auf ca. 200 ccm, gibt einige Kubikzentimeter Wasserstoffperoxydlösung (3%ig) zur Abscheidung von Eisen und Mangan zu, kocht auf und läßt 4—5 Stunden absitzen.

Man filtriert nun durch ein schnellaufendes Filter und wäscht den Rückstand 3—4 mal mit heißem Wasser aus. Der Hydroxydniederschlag schließt immer, besonders dann, wenn Mangan anwesend ist, infolge der Bildung von Zinkmanganiten Zink ein; er muß deswegen umgefällt werden, obwohl bei technischen Analysen häufig darauf aus Zeitersparnis verzichtet wird. Man spritzt den Rückstand in das Becherglas zurück und löst die Niederschlagsreste vom Filter mit einer Lösung, welche 10 ccm Schwefelsäure (1:1), 5 ccm Wasserstoffperoxydlösung (3%ig) und etwa 50 ccm heißes Wasser enthält, in das Becherglas. Nach völligem Lösen des Rückstandes, welches man durch Erhitzen beschleunigt, verdünnt man die Lösung auf etwa 200 ccm und fällt nochmals mit Natronlauge. Nach 2—3stündigem Stehen filtriert man vom Rückstand, der jetzt praktisch zinkfrei ist, ab. Die beiden Filtrate vereinigt man, engt auf etwa 400 ccm ein, spült in einen 500-ccm-Meßkolben und füllt nach dem Abkühlen bis zur Marke auf.

Aus dem Kolben pipettiert man in ein 600-ccm-Becherglas soviel ab, daß die Lösung 10—50 mg Zink enthält, gibt 4 g Natronlauge zu, verdünnt auf etwa 400 ccm und erhitzt auf 30—40°. Als Kathode verwendet man eine vorher gut verkupferte Platindrahtnetzelektrode. Ehe man die Elektroden in den Elektrolyten taucht, schaltet man schon den Strom ein. Unter Rühren wird nun bei 70° C und 4—6 Ampère 40 Minuten elektrolysiert. Man spült die Kathode, ohne den Strom zu unterbrechen, rasch mit heißem Wasser ab, wäscht sie mit Alkohol nach und trocknet bei 70° C.

Zusätzliche Hinweise. Der Zinkniederschlag enthält häufig Eisen, da das gesamte in alkalischer Lösung vorhandene Eisen mit abgeschieden wird. Daher kann die Abscheidung des Eisens und Mangans aus alkalischer Lösung nicht beliebig verkürzt werden. Wenn jedoch die Elektrolyse in nur mäßig warmer Lösung vorgenommen wird, ist die Abscheidung des Eisens unvollkommen. Beim Trocknen der Elektrode ist zu beachten, daß das Zink sehr leicht oxydiert; es soll daher die Temperatur von 70° C nicht überschritten werden. Es wird vielfach vorgeschlagen, die betreffenden Aluminiumlegierungen direkt in Natronlauge oder Kalilauge zu lösen, wobei durch längeres Kochen das gesamte Zink aus dem Niederschlag herausgelöst werden soll. Nach unseren Erfahrungen ist dies jedoch nicht möglich, sondern man muß, um zu genauen Werten zu kommen, auch in diesem Fall den Niederschlag wieder in Säure lösen und die Abtrennung durch Übersättigen mit Natronlauge noch ein zweitesmal vornehmen. Die Mengen Zink, welche im Rückstand gefunden werden, sind in diesem Falle sogar noch größer als beim Lösen der Späne in Säure und nachfolgendem Übersättigen mit Natronlauge. Daher ist hier der saure Weg bevorzugt worden.

Zinn-Bestimmung[XIX])

Grundsätzliches. Für die gravimetrische Bestimmung des Zinns in Aluminiumlegierungen ist die sonst übliche Fällung des Zinndioxyds aus salpetersaurer Lösung nicht geeignet, denn SnO_2 schließt immer kleinere Mengen Kieselsäure, Eisenoxyd, Kupferoxyd oder Tonerde ein. Die Umfällung dieses unreinen Zinndioxyds bedingt in den meisten Fällen Zinnverluste und ist außerdem sehr zeitraubend.

Einfacher und kürzer ist die elektrolytische Abscheidung, wobei nur die Abscheidung aus sulfammoniakalischer Lösung einerseits und aus oxalsaurer oder salzsaurer Lösung andererseits Bedeutung gewonnen haben.

Die Elektrolyse kann nach Böttger[XIX]) aus einer Ammonsulfidlösung ausgeführt werden. Die Abscheidung erfolgt bei 50—60°

mit 1,7—2,6 A auf einer verkupferten und anschließend noch in oxalsaurer Lösung verzinnten Elektrode. Eine Verzinnung ist erforderlich, um eine Kupfersulfidbildung und damit eine Gewichtsänderung der Elektrode zu verhindern. Die Lösung soll 16 ccm farbloses Ammoniumsulfid enthalten; sie wird aus einer konz. Ammoniaklösung, welche mit Schwefelwasserstoff gesättigt und nochmals mit dem gleichen Volumen Ammoniak versetzt wurde, bereitet. Die nach dieser Methode erzielten Ergebnisse fallen immer etwas zu hoch aus, da das abgeschiedene Zinn meistens etwas Schwefel enthält.

Die elektrolytische Abscheidung aus salzsaurer Lösung erfolgt auf einer verkupferten Elektrode bei 1,5 A. Die Lösung, deren Volumen etwa 200 ccm betragen soll, wird während der Elektrolyse lebhaft bewegt und allmählich auf 70° erwärmt. Zur Verhinderung der lösenden Wirkung des dabei entwickelten Chlors setzt man vor der Elektrolyse 1—2 g Hydroxylaminhydrochlorid hinzu.

Mit dieser letzten Bestimmungsmethode haben wir sehr gute Erfahrungen gemacht.

Ausführung der Bestimmung. Man löst 2 g der Legierung mit 40 ccm Salzsäure (1 : 1) und versetzt gegen Ende des Lösungsvorganges mit ca. 0,5 g Kaliumchlorat, um den ausgeschiedenen Metallschwamm (Kupfer) in Lösung zu bringen. Man dampft bis zur beginnenden Kristallbildung ab, verdünnt auf etwa 400 ccm und leitet in die 80° heiße Lösung ½ Stunde lang Schwefelwasserstoff ein. Man filtriert die Sulfide durch ein schnellaufendes Filter, welches mit Filterschleim gedichtet ist, oder durch eine mit Asbest präparierte Nutsche. Man wäscht den Rückstand einige Male mit schwefelwasserstoffhaltigem Wasser aus.

Soll die Elektrolyse aus sulfammoniakalischer Lösung erfolgen, so zieht man den Niederschlag durch portionsweise Zugabe von 16 ccm farbloser Schwefelammoniumlösung aus. Diese Lösung wird zuvor mit heißem Wasser auf etwa 60 ccm verdünnt. Im erhaltenen Auszug wird die Elektrolyse nach dem Verdünnen auf etwa das doppelte Volumen wie beschrieben ausgeführt.

Soll die Abscheidung aus salzsaurer Lösung erfolgen, so zieht man den Niederschlag durch portionsweise Zugabe von 50 ccm einer 1%igen heißen Natriumsulfidlösung aus. Man versetzt den

Auszug mit 20 ccm Salzsäure (1 : 1) und einigen Tropfen Wasserstoffperoxydlösung (3%ig) und löst das zunächst ausgefallene Zinnsulfid durch Erhitzen zum Sieden. Man filtriert vom verbleibenden Schwefel ab und verkocht das Wasserstoffperoxyd durch Einengen auf 10 ccm. Die Lösung wird auf 200 ccm verdünnt, mit 1 g Hydroxylaminhydrochlorid versetzt und elektrolysiert. Gegen Ende der Elektrolyse gibt man nochmals 1 g Hydroxylaminhydrochlorid zu. Das abgeschiedene Zinn soll metallisch glänzen und fest haften.

A. Aluminium

VI. Abschnitt. Gasanalytische Methoden

Gas-Bestimmung

Vorbemerkungen. Die Gasbestimmung im Aluminium hat dieselbe Bedeutung wie die bei anderen Metallen, da die technischen Eigenschaften aller Metalle von dem Gasgehalt in den verschiedensten Richtungen beeinflußt werden. Um diese Wirkung des Gases beurteilen zu können, ist es erforderlich, sich zunächst einmal über die möglichen Formen, in welchen das Gas (hier speziell im Aluminium) vorkommen kann, und über die Frage klar zu werden, mit welchen Gasen überhaupt zu rechnen ist.

Das Gas, welches bisher bei weitem am stärksten im Aluminium gefunden wurde — meistens bis 90% der Gesamtgasmenge — ist der Wasserstoff; man kann sich daher im allgemeinen mit der Bestimmung des Wasserstoffes begnügen. Neben Wasserstoff treten N_2, CO, CO_2, CH_4 und NH_3 auf. Diese Gase dürften jedoch immer aus Sekundärreaktionen stammen, d. h. vornehmlich aus der Umsetzung von Wasser (Feuchtigkeit) mit irgendwelchen Verunreinigungen des Aluminiums (z. B. mit Nitriden, Karbiden usw.). Bei diesen Überlegungen drängt sich außerdem noch die Frage auf, welches Gas im reinen Aluminium wirklich löslich und welches im Gegensatz dazu an sogenannte Gasträger gebunden ist. Als Gasträger in diesem Sinne hat nicht nur Al_2O_3 zu gelten, welches ein größeres Aufnahmevermögen für Feuchtigkeit und Gase aller Art besitzt, sofern es nicht über 1000° C erhitzt wurde, sondern auch eine Anzahl von Verunreinigungen, wie z. B. Natrium.

Bekanntlich kann der W a s s e r s t o f f, auf den wir uns hier beschränken wollen, in drei Formen in Metallen vorkommen:

a) adsorbiert,

b) als echte Lösung,

c) als chemische Verbindung.

Bei der Adsorption findet sich das Gas an der Trennungsfläche zwischen der Gasphase und der festen oder flüssigen Phase, wobei auch die Möglichkeit einer Adsorption an der inneren Oberfläche vorhanden ist. Bei der echten Lösung liegen die Gase als freie Protonen und Elektronen vor, ohne einen nennenswerten Einfluß auf die Gitterstruktur des betreffenden Grundmetalles zu haben. Bei dem Auftreten einer chemischen Verbindung schließlich kann einmal der metallische Charakter des Grundmetalles erhalten bleiben; es tritt dann nur eine Aufweitung des Gitters ein. Es können in diesem letzten Fall jedoch auch salzartige Verbindungen entstehen oder halbmetallische und auch flüchtige; diese haben dann eine von dem Grundmetall verschiedene Gitterstruktur. Über die möglichen Formen, in welchen die Hydride vorkommen können, hat Hüttig[58]) eine ausführliche Zusammenstellung gegeben.

Selbst wenn man sich bei der Bestimmung des Gases im Aluminium auf den Wasserstoff als das wichtigste Gas beschränkt, so ergibt sich aus dem bisher Gesagten, daß mit Gleichgewichtsbestimmungen zwischen Wasserstoff und Aluminium allein, wie sie z. B. von Czochralski[59]), Röntgen und Möller[60]), Baukloh und Oesterlen[61]) ausgeführt wurden, kein einwandfreies Bild über die Menge Wasserstoff, welche im technischen Aluminium vorkommen kann, gewonnen wird.

Die oben erwähnten Verunreinigungen, welche im Aluminium in stark wechselnden Mengen enthalten sind, verschieben nämlich das Bild, welches man mit reinen Gleichgewichtsbestimmungen erhält, ganz wesentlich. Dazu kommt weiter, daß bei Blechen durch den Walzvorgang und ebenso beim Drahtziehen durch den Ziehvorgang Öle und Fette in die Oberfläche des Aluminiums hineingearbeitet werden. Bei der Bestimmung des Gasgehaltes in derartigen Proben kann daher mit außerordentlichen Gasgehalten gerechnet werden. Alle diese Möglichkeiten sind also bei der Durchführung von Gasanalysen zu beachten und je nach der Vorgeschichte des Metalles die entsprechenden Schlüsse zu ziehen.

Gasanalytische Verfahren

Bei der Bestimmung von Gasen im Aluminium sind zwei Verfahren möglich, einmal das Heißextraktionsverfahren nach Oberhoffer und Hessenbruch und zweitens das Lösungsverfahren nach Chrétien, Nipper und Piwowarsky[62]). Das Lösungsverfahren ist in einer Arbeit ausführlich behandelt. Diese enthält ein umfassendes Schrifttumsverzeichnis allgemeiner Art, so daß hier auf eine nochmalige Anführung verzichtet werden kann. Während das Lösungsverfahren speziell für die Bestimmung von Wasserstoff gedacht ist, kann man nach dem Heißextraktionsverfahren naturgemäß alle Gase (H_2, CO_2, CO, N_2, CH_4, NH_3 uw.) bestimmen, wenn der Gasanalysator die entsprechenden Absorptionsgefäße und sonstigen Vorrichtungen besitzt.

a) Heißextraktionsverfahren

Das bekannte Heißextraktionsverfahren ist das am meisten angewendete Verfahren zur Bestimmung von Wasserstoff im Aluminium. Das Verfahren ist zuerst für die Eisenindustrie entwickelt worden und dann nach dem Anbringen einiger Änderungen auf die Bestimmung der Gase im Aluminium angewendet worden.

Die Apparatur zur Ausführung der Bestimmung besteht aus folgenden Teilen (Abb. 16):

In einem Heizofen mit elektrischer Rührvorrichtung (Hochfrequenz-Induktionsofen oder Silitstabofen mit Induktionsrührer) befindet sich ein Quarzrohr. In das Quarzrohr wird ein Tiegel aus Sintertonerde eingesetzt, welcher nach Beendigung des Blindversuches die Analysenprobe aufnehmen soll. Das Quarzrohr ist mit einem Metallkühler mit der Einfüllvorrichtung verbunden, die Einfüllvorrichtung ihrerseits wieder mit einer Quecksilber-Dampfstrahlpumpe. An letzte ist eine Quecksilber-Tropfpumpe zum Sammeln des entwickelten Gases angeschlossen und dann der Gasanalysator. Für alle Schliffe, welche mit Fett abgedichtet werden müssen, wird zweckmäßig Apiezonfett*) verwendet, da dieses den geringsten Dampfdruck aufweist. Eine Beschreibung bis ins ein-

*) Lief. Fa. E. Leybold, Köln.

zelne ist in der Dissertation von Diergarden[XXIV]) und in der Abhandlung von Steinhäuser[63]) enthalten, so daß auf das Schrifttum verwiesen werden kann.

Bei der Durchführung der eigentlichen Analyse ist folgendes zu beachten:

Abb. 16. Apparatur für die Gas-Analyse

1. Es ist zunächst ein Blindversuch durchzuführen, welcher nur noch 0,10 ccm Gesamtgasmenge in der Zeit liefern darf, in welcher normalerweise die Analyse durchgeführt wird. Während des Blindversuches soll das Quarzrohr mit dem Tiegel, welcher nachher das Aluminium aufnehmen soll, um 100—200° über die Arbeitstemperatur (850° C) erhitzt werden. Dann ist man sicher, daß diese Teile bei der Gasbestimmung selbst kein Gas mehr abgeben können.

2. Die Probe wird an einem dünnen Draht (Eisen) in der Einfüllvorrichtung vor Beginn des Blindversuches aufgehängt. Da beim

Aluminium meistens nur mit kleinen Gasmengen, nämlich 1—4 ccm pro 100 g Aluminium zu rechnen ist, wählt man die Einwaage möglichst groß, etwa 100 g.

Die Probe, welche eine glatte Oberfläche haben soll, muß vor Beginn des Versuches sorgfältig gereinigt werden. Ein zweckmäßiges Reinigungsverfahren ist folgendes: Man wäscht die Probe mit einem Gemisch von reinstem Benzol und Alkohol ab und erhitzt anschließend auf etwa 350° C. Die außen evtl. noch anhaftenden letzten Reste von Fett werden damit beseitigt. Ein nachträgliches Berühren der Probe mit den Fingern muß vermieden werden. Man setzt die Probe zweckmäkig noch heiß in die Apparatur ein und entgast sofort, um das Überziehen der Probe mit einer Feuchtigkeitsschicht zu verhindern. Einfaches Berühren mit den Fingern oder auch das Anziehen einer Feuchtigkeitsschicht führen zu höheren Befunden.

3. Bei der Bestimmung selbst ist auf äußerste Sauberkeit zu achten. In diesem Zusammenhang sei noch besonders auf die Arbeit von Thanheiser und Ploum[64]) hingewiesen, in welcher eine neue Art des Gasanalysators beschrieben wurde. Die Fehlermöglichkeiten, welche bei der Bestimmung auftreten können, sind darin sehr ausführlich behandelt.

b) Lösungsverfahren

Dieses Verfahren von Chrétien, Nipper und Piwowarsky[62]) stellt ein neueres Verfahren dar, bei welchem die Fehler, die das Heißextraktionsverfahren mit sich bringt, vermieden werden können. Es ist zu erwarten, daß dieses Verfahren noch sehr an Bedeutung gewinnt. Im Folgenden halten wir uns weitgehend an die Ausführungen der genannten Autoren.

Das Prinzip des Verfahrens beruht darauf, daß Aluminiumfeilspäne in Schwefelkohlenstoff durch Zugabe von Brom gelöst werden. Dabei wird sowohl der im Metall adsorbierte, als auch der gelöste Wasserstoff frei, während die vorhandenen Hydride Bromwasserstoff liefern. Das entweichende Gas wird zunächst durch eine Silbernitratlösung geleitet, um Bromwasserstoff in AgBr überzuführen. Anschließend verbrennt man den Wasserstoff über Kupferoxyd und wägt das gebildete Wasser.

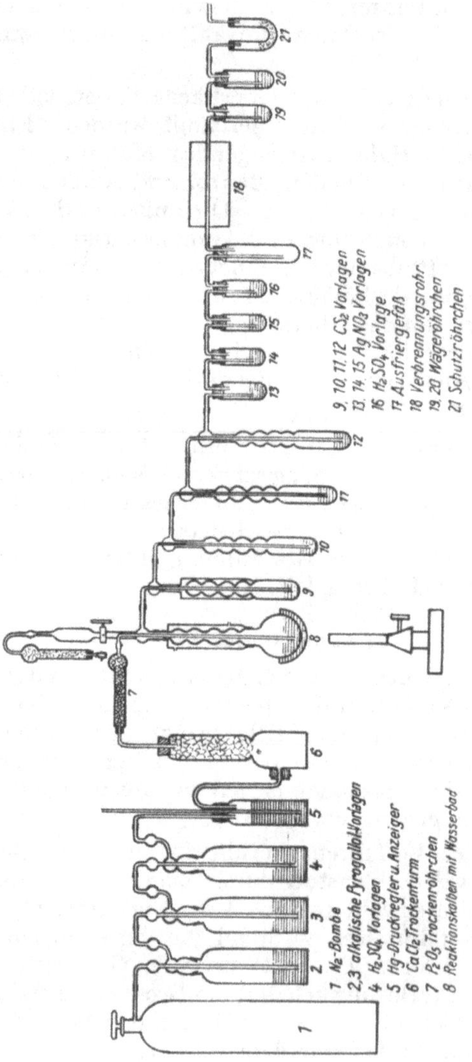

Abb. 17. Apparatur zur Durchführung der Gas-Analyse nach dem Lösungsverfahren
(Die Gefäße 19 u. 20 sind praktischerweise durch ein U-Röhrchen zu ersetzen!)

Die **Apparatur** besteht aus folgenden Einzelteilen: An eine Stickstoffbombe werden zwei Waschflaschen mit alkalischer Pyrogallollösung angeschlossen, ferner eine Flasche mit konz. Schwefelsäure, ein Quecksilberdruckregler, ein Chlorcalciumtrockenturm und ein Trockenröhrchen mit Phosphorpentoxyd. Der auf diese Weise gereinigte und getrocknete Stickstoff wird dann in den Reaktionskolben geleitet, welcher auf einem Wasserbad erhitzt werden kann. An den Reaktionskolben schließen sich vier Waschflaschen mit Schwefelkohlenstoff an, drei mit Silbernitratlösung, darauf konz. Schwefelsäure und ein Ausfriergefäß, welches mit Ätherkohlensäure gekühlt wird. Das Restgas passiert dann ein Verbrennungsrohr mit Kupferoxyd, um den Wasserstoff zu Wasser zu verbrennen. Der Wasserdampf wird in Phosphorpentoxyd-Röhrchen aufgefangen und seine Menge durch Wägung ermittelt.

Der wichtigste Teil ist der Reaktionskolben, in welchen Stickstoff eingeleitet wird. Der Kolben trägt einen Tropftrichter mit Brom. Das Bromzuleitungsrohr darf nicht in die Lösung eintauchen, da sonst feste Reaktionsprodukte entstehen, welche eine Verstopfung herbeiführen. Die entweichenden Gase treten zunächst in Schwefelkohlenstoff-Flaschen ein. Glasstopfen und Verbindungsschliffe dürfen nicht gefettet sein, sie müssen daher sehr gut eingeschliffen sein und sehr sorgfältig behandelt werden.

Versuchsdurchführung. 10 g Feilspäne werden in den Lösungskolben gebracht, ebenso 50 ccm Schwefelkohlenstoff. Die Schwefelkohlenstoffvorlagen enthalten je 25 ccm Schwefelkohlenstoff und die Silbernitratvorlagen je 6 ccm Silbernitratlösung (15 g $AgNO_3$ + 15 ccm HNO_3 konz. + 200 ccm H_2O). Nach dem Zusammensetzen der Einzelteile wird der Tropftrichter mit 35 ccm Brom gefüllt. Man läßt nun solange Stickstoff (150 Blasen in der Minute) durch die Apparatur treten, bis die Wägeröhrchen am Ende der Apparatur Gewichtskonstanz zeigen. Man stellt den Stickstoffstrom ab, läßt langsam Brom zutropfen und hält damit den Schwefelkohlenstoff in schwachem Sieden, evtl. erhitzt man mit dem Wasserbad etwas nach.

Sobald die Gesamtmenge Brom zugegeben ist, wird mit dem Wasserbad erwärmt und gleichzeitig wieder Stickstoff durchgeleitet. Die entweichenden Gase verlieren in den Schwefelkohlenstoffvorlagen überschüssiges Brom, in den Silbernitratvorlagen den Bromwasserstoff und im Ausfriergefäß überschüssigen Schwefelkohlenstoff sowie Feuchtigkeit. Der Wasserstoff wird anschließend im Kupferoxydrohr verbrannt und das gebildete Wasser in bekannter Weise im Phosphorpentoxyd-Röhrchen aufgefangen.

0,001 g AgBr entspricht 0,05967 ccm Wasserstoff,
0,001 g H_2O entspricht 1,25 ccm Wasserstoff.

A. Aluminium

VII. Abschnitt. Kurzprüfungen

Untersuchungen von Aluminiumlegierungen

a) Tüpfelreaktionen

Vorbemerkungen. Bei der Verarbeitung von Leichtmetallwerkstoffen steht man häufig vor der Aufgabe, angeben zu müssen, zu welcher Legierungsgattung ein beliebiges Blech- oder Profilstück zu zählen ist. Nach dem Äußeren des Werkstückes ist nicht anzugeben, welche Legierungsbestandteile es aufweist. Um hier auf einfachem und schnellem Wege zum Ziel zu kommen, haben sich Tüpfelmethoden als Kurzprüfungen seit langem bestens bewährt. Diese Kurzprüfungen sind von A. von Zeerleder und E. Zurbrügg[65]) in eine systematische Form gebracht worden. In der Praxis hat sich jedoch gezeigt, daß es vorteilhaft ist, einen Teil der Prüfungen zur Sicherheit nebeneinander auszuführen. Dies veranlaßte uns, eine Kürzung und Vereinfachung des Prüfungsschemas, wie sie im folgenden dargestellt ist, vorzunehmen. Auch im Unterricht für Stoffprüfer- und Werkstoffprüferlehrlinge hat sich gezeigt, daß die Methoden selbst vom Unerfahrenen schnell zu erlernen und mit Erfolg anzuwenden sind.

Grundsätzliches. Die Kurzprüfverfahren beruhen im wesentlichen auf der Feststellung der einzelnen Legierungsbestandteile durch einfache Tüpfelreaktionen. Es lassen sich folgende Elemente nebeneinander nachweisen:

1. Eisen nur als Verunreinigung,
2. Kupfer bis herab zu 0,1%,
3. Magnesium als Legierungsbestandteil,
4. Mangan als Legierungsbestandteil,
5. Nickel als Legierungsbestandteil,
6. Silicium von etwa 2% an aufwärts,
7. Titan als Legierungsbestandteil und als Verunreinigung,
8. Zink als Legierungsbestandteil (nicht als Verunreinigung!).

Eisen läßt sich als Berliner Blau nachweisen. Dieses Metall spielt aber als Legierungsbestandteil kaum eine Rolle.

Kupfer wird durch die blaue Farbe des Kupferammonkomplexes, Spuren von Kupfer werden mit Hilfe von Kaliumferrocyanid kenntlich gemacht.

Magnesium wird mit 1, 2, 5, 8-Tetraoxyanthrachinon nachgewiesen. Es bildet sich mit diesem Reagens ein kornblumenblauer Farblack. Setzt man gleichzeitig mit dem Reagens etwas Aluminiumgrieß hinzu, so daß nach Zugabe von Natronlauge Wasserstoff entwickelt wird, so wird verhindert, daß das möglicherweise durch die Natronlauge gefällte farblose Mangan-II-hydroxyd zu Braunstein oxydiert wird. Auf diese Weise stört Mangan die Reaktion nicht.

Mangan wird bei gewöhnlicher Temperatur mit Natriumwismutat zu weinrotem Permanganat oxydiert.

Nickel wird in rotes Nickeldimethylglyoxim übergeführt. Bei diesem Nachweis ist darauf zu achten, daß das stets vorhandene Eisen in die III-wertige Form überführt und nicht wieder reduziert wird. II-wertiges Eisen gibt mit dem Reagens ebenfalls eine Rotfärbung.

Liegt **Silicium** als einziger Legierungsbestandteil und dann in der Hauptsache in graphitischer Form vor, und zwar von etwa 2% an aufwärts, so bleibt beim Betupfen der mit Natronlauge behandelten Stelle mit einem verdünnten Salzsäure-Salpetersäure-Gemisch ein grauschwarzer Niederschlag von ausgeschiedenem Silicium zurück, während die übrigen metallischen Ausscheidungen gelöst werden.

Bei der **Titan**probe muß man von der Tüpfelreaktion abgehen, indem man eine Probe des Metalls in Schwefelsäure löst und die Lösung mit Superoxyd in der bekannten Weise anfärbt. Löst man 10 mg Feilspäne in 5 ccm (1 : 1) verdünnter Schwefelsäure, so tritt bei Gehalten von 0,1—0,3% eine deutliche Gelbfärbung, bei geringeren Mengen an Titan nur eine schwach grünlichgelbe Verfärbung der Lösung auf.

Zinkhaltige Legierungen schwärzen sich beim Betüpfeln mit Natronlauge; desgleichen tun dies auch kupfer- und nickelhaltige

Legierungen. Diese letzten weisen aber gegenüber Reinmetall ein edleres Potential auf, so daß auf Grund des unedleren Potentials des Zinks dieses mittels einer Cadmiumsalzlösung festgestellt werden kann, indem schwammiges Cadmium zur Ausscheidung gebracht wird.

Ausführung der Proben. Die Proben können je nach Bedarf einzeln oder nach einem gewissen Plan, wie er nachfolgend für Guß- und Knetlegierungen aufgestellt ist, durchgeführt werden.

1. Natronlaugeprobe (Silicium, Kupfer, Nickel und Zink)

Auf die blanke Metalloberfläche bringt man einige Tropfen 20%ige Natronlauge und läßt diese 5—10 Minuten lang einwirken. Nach dem Ablaufenlassen zeigen die Legierungen, die Kupfer, Nickel und Zink allein oder nebeneinander enthalten, eine deutliche Schwärzung der mit Lauge benetzt gewesenen Stellen. Legierungen mit über 2% Silicium weisen eine Graubraunfärbung auf, die um so deutlicher wird, je höher der Siliciumgehalt ist. Die übrigen Aluminiumlegierungen und Reinaluminium werden durch die Lauge weiß gebeizt. Reinmagnesium und Magnesiumlegierungen werden durch die Natronlauge nicht angegriffen.

2. Säureprobe (Zink, Kupfer oder Nickel, Silicium)

Zur weiteren Unterscheidung betupft man die mit Lauge gebeizten Stellen mit einigen Tropfen 5%iger Salzsäure. Hierdurch verschwindet die durch das Zink verursachte Schwärzung. Die Schwärzung durch Kupfer, Nickel und Silicium bleibt hingegen bestehen.

Betupft man mit konzentrierter Salpetersäure, so verschwindet die Schwärzung augenblicklich, wenn sie von Kupfer, Nickel oder Zink herrührte. Sie bleibt bestehen, wenn eine siliziumreiche Legierung vorliegt.

3. Ammoniakprobe und Ferrocyankaliumprobe (Kupfer)

a) Den nach 2. mit Salpetersäure benetzten Fleck macht man mit 1—2 Tropfen konzentriertem Ammoniak alkalisch und läßt die

Flüssigkeit am Ende eines aufgelegten leicht geneigten Glasstäbchens zusammenlaufen. Eine Blaufärbung der Flüssigkeit zeigt Kupfer (ev. Nickel!) an.

b) Im Zweifelsfall bringt man den ammoniakalischen Tropfen auf Ferrocyankalipapier. Bei Anwesenheit geringer Spuren von Kupfer trocknet der Tropfen zu einem rosaroten Fleck ein. — Entsteht beim Aufbringen des Flüssigkeitstropfens auf das Papier ein blauer Fleck, so war die Flüssigkeit nicht alkalisch und die Probe muß wiederholt werden.

4. Dimethylglyoximprobe (Nickel) (Dimetyldioxim)

Ergab die Probe 1. eine Schwärzung, die nach 2. zum Verschwinden gebracht werden konnte, so kann das Metall Nickel enthalten. Zur Prüfung auf Nickel wiederholt man die Proben 1. und 2., nimmt den salpetersauren Tropfen mit Nickelreagenzpapier auf und betüpfelt dieses an der benetzten Stelle mit konzentriertem Ammoniak. Ist Nickel vorhanden, so tritt eine Rötung auf.

5. Natriumwismutatprobe (Mangan)

Zur Prüfung auf Mangan betupft man die Metalloberfläche wie bei Probe 1. mit Natronlauge. Nach erfolgter Einwirkung tropft man, ohne die Lauge vorher abzuspülen, soviel konzentrierte Salpetersäure zu, bis ein entstandener Niederschlag sich zur Hauptsache wieder gelöst hat. Die Prüfung mit blauem Lackmuspapier muß jetzt eine Säurereaktion anzeigen.

Jetzt überstreut man die Tüpfelstellen mit einigen Körnchen Natriumwismutat und verrührt dieses mit der Salpetersäure unter Verwendung eines Glasstabs. Bei Anwesenheit von Mangan färbt sich die Flüssigkeit infolge Oxydation des Mangans zu Permanganat weinrot.

6. Cadmiumsulfatprobe (Zink)

Die blanke Metallstelle wird mit einer Lösung, die 5% Cadmiumsulfat, 5% Salzsäure und 3% Kochsalz enthält, betupft. Auf

Legierungen, die unedler sind als Cadmium, bildet sich dabei sofort an den betupften Stellen ein grauschwarzer Belag von schwammigem Cadmium. Es kann in diesem Fall eine Legierung der folgenden Gattungen vorliegen: Al-Zn, Al-Zn-Mg, Al-Zn-Cu, Al-Mg. Auch Magnesium und seine Legierungen sind unedler als Cadmium.

Die edleren Legierungen werden von diesem Reagens nicht angegriffen. Es sind dies die Legierungsgattungen: Al-Cu, Al-Cu-Mg und Al-Cu-Ni.

7. Tetraoxyanthrachinonprobe (Magnesium)

Von der auf Magnesium zu prüfenden Metallprobe hebt man mit einer sauberen Feile 2—3 mg Metallspänchen ab. Diese löst man in einem Reagenzglas mit etwa 5 Tropfen konzentrierter Salzsäure vollständig auf und verdünnt die klare Lösung mit 1—2 ccm destilliertem Wasser. Kupferhaltige Legierungen werden in verdünnter Salzsäure (1 : 1) gelöst und die durch ungelöstes schwammiges Kupfer getrübten Flüssigkeiten durch ein kleines Filter filtriert und dann ebenfalls mit destilliertem Wasser verdünnt.

Zu der verdünnten Salzsäurelösung gibt man 2—3 Tropfen einer sehr verdünnten (1%igen) Natronlaugelösung des Reagenses und einige Körnchen Aluminiumgrieß. Darauf setzt man soviel 20%ige Natronlauge hinzu, bis die saure, durch das Reagens rötlich gefärbte Lösung in blauviolett umschlägt. Bei Vorhandensein von Magnesium bildet sich hierbei ein kornblumenblauer Niederschlag. Enthält die Legierung nur wenig Magnesium, so entsteht dieser erst nach Erwärmung der Lösung.

Wichtig für ein sicheres Gelingen dieser Probe ist, daß man nicht zuviel dieses intensiv färbenden Reagenses zusetzt. Bei richtiger Bemessung wird der Farbstoff für die Bildung des blauen Farblackes aufgebraucht, so daß bei Anwesenheit von Magnesium die Flüssigkeit beim Erwärmen nahezu farblos wird und nur der flockige Niederschlag blau gefärbt ist. Ist die Legierung magnesiumfrei, so bleibt stets eine durchsichtige blauviolette Färbung der Lösung bestehen. Bei der Gattung Al-Mn ist nach Zugabe der Natronlauge und Erwärmung ein Niederschlag in der blauvioletten Lösung vorhanden. Man kann aber bei Durchsicht gegen einen weißen Hintergrund deutlich erkennen, daß er nicht blau gefärbt ist.

8. Löslichkeitsprobe (Silicium)

In etwa 3 ccm eines verdünnten Salzsäure-Salpetersäure-Gemisches gibt man in kleinen Gaben eine Taschenmesserspitze voll Feilspäne der zu prüfenden Legierung. Enthält die Legierung weniger als 1% Silicium, so lösen sich die Späne in der Säure rückstandslos auf; die Säure bleibt klar. Von einem Si-Gehalt von etwa 2% an tritt eine dunkelgraue Trübung auf, die sich mit zunehmendem Si-Gehalt vertieft. Bei hohem Si-Gehalt, wie er z. B. im Silumin vorliegt, bleibt ein grauschwarzer Niederschlag zurück.

9. Kaliumferrocyanidprobe (Eisen)

a) Die blanke Metalloberfläche wird mit einigen Tropfen konzentrierter Salzsäure betupft, die nach deutlich eingetretener Reaktion mit wenig Wasser in ein kleines Reagenzglas gespült werden. Die Lösung wird mit einigen Tropfen Salpetersäure zur Trockene eingedampft und mit wenig Wasser und einigen Tropfen verdünnter Salzsäure aufgenommen. Danach bringt man 1 Tropfen der Probelösung und 1 Tropfen Kaliumferrocyanidlösung auf der Tüpfelplatte zusammen. Wenn Eisen zugegen ist, tritt eine Blaufärbung ein.

b) Die blanke Metalloberfläche wird mit einigen Tropfen konzentrierter Salzsäure betupft, die nach deutlich eingetretener Reaktion mit wenig Wasser in ein kleines Reagenzglas gespült wird. Man bringt dann einen Tropfen der Probelösung auf Kaliumferricyanidpapier und tüpfelt mit 1 Tropfen Kaliumjodidlösung und darauf mit 1 Tropfen Thiosulfatlösung bis zur Entfärbung. Bei Gegenwart von Eisen bildet sich ein blaugrüner Ring.

10. Wasserstoffperoxydprobe (Titan)

10 mg Feilspäne werden in einem Reagenzglas in 3 ccm verdünnter Schwefelsäure (1 : 1) gelöst, die Lösung auf 5 ccm aufgefüllt, gekühlt und 10 Tropfen 3%ige Wasserstoffperoxydlösurg hinzugefügt. Bei einem Titangehalt von 0,1—0,3% tritt eine deutliche Gelbfärbung auf. Liegt Titan nur als Verunreinigung vor, so erhält man bei Gehalten von 0,01 bis 0,03% eine schwach grünliche Verfärbung der Lösung.

Zusätzliche Hinweise. Auf mögliche Fehlerquellen ist im allgemeinen bereits im vorstehenden an den betreffenden Stellen hingewiesen.

Das zur Durchführung der Probe 5 erforderliche Natriumwismutat wird zwecks sparsamer Anwendung praktischerweise mit Tonerde im Verhältnis 1 : 10 verrieben.

Die Lösung von Tetraoxyanthrachinon in Natronlauge ist nur wenige Tage haltbar. Sie wird daher vor jedem Versuch frisch zubereitet. Man gibt zu diesem Zweck einige Kubikzentimeter 20%ige Natronlauge in ein Reagenzglas, bringt an der Spitze eines dünnen Glasstabes ein wenig vom roten Farbstoff in die Lauge, schüttelt gut durch und verdünnt. Damit ist die Lösung gebrauchsfertig.

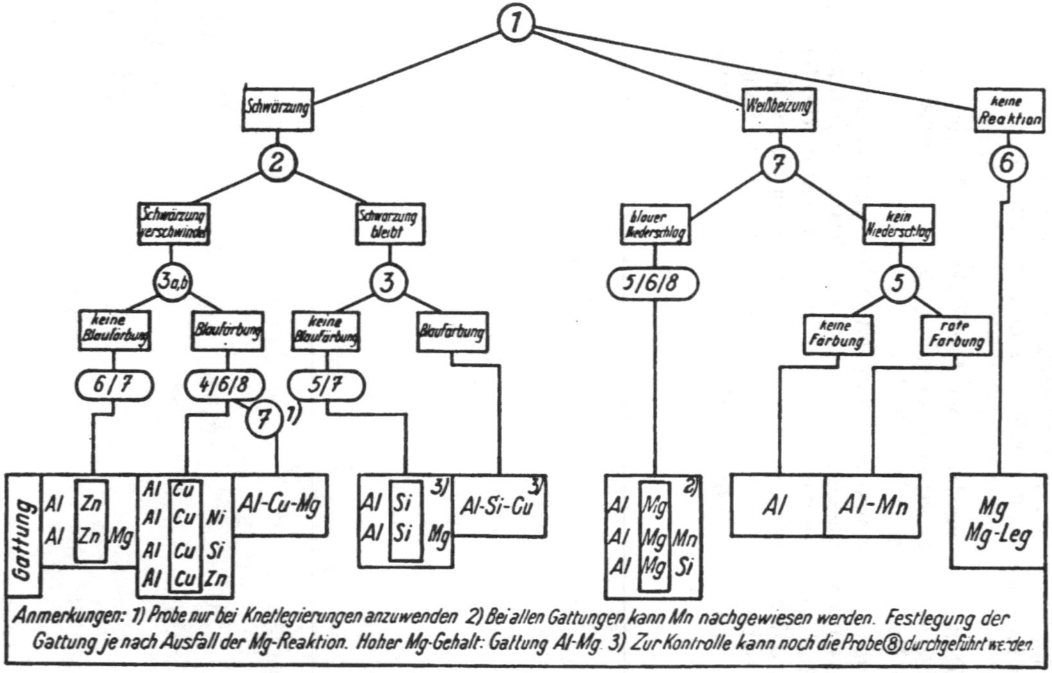

Abb. 18. Prüfplan für Aluminium-Knet- und Guß-Legierungen

(1) Natronlaugeprobe (Si, Cu, Ni, Zn); (2) Säureprobe (Cu, Ni, Zn, Si); (3)a Ammoniakprobe (Cu) b Ferrocyankaliprobe (Cu); (4) Dimethylglyoximprobe (Ni); (5) Natriumwismutatprobe (Mn); (6) Kadmiumsulfatprobe (Zn); (7) Tetraoxyantrachinonprobe (Mg); (8) Löslichkeitsprobe (Si)

b) Lötrohrprobe

Grundsätzliches. Neben dem nassen Verfahren, wie es vorstehend beschrieben ist, kann nach Vorschlägen von A. Buckeley[52]) bei der Magnesiumbestimmung in kupferfreien Aluminiumknetlegierungen auch die Lötrohrprobe Verwendung finden. Sie gestattet z. B. Legierungen der Gattungen Al-Mg und Al-Mg-Mn von den übrigen magnesium- und kupferhaltigen Aluminiumknetlegierungen zu unterscheiden.

Legierungen mit höherem Magnesiumgehalt zeigen beim Überhitzen an der Luft infolge Bildung von Magnesiumnitriden Schwärzungen. Die Schwärzung tritt vor dem Lötrohr ein, wenn man kleine Pröbchen dieser Legierungen auf Holzkohle schnell schmilzt und mit möglichst heißer Flamme sauber oxydierend anbläst. Man führt die Spitze des Lötrohrs an die Flamme, bläst stark und hält die Spitze des inneren blauen Flammenkerns dicht vor die Probe. Die Schwärzung erfolgt um so schneller, je höher der Magnesiumgehalt der Probe ist. Sie ist durch ihr mattes rauhes Aussehen deutlich zu unterscheiden von der zwar auch dunklen aber glatten und glänzenden Haut auf Legierungen der Gattung Al-Mg-Si. Proben der Gattung Al-Mn bleiben fast weiß.

Die Erhitzung muß möglichst schnell erfolgen, weil bei langsamer Erhitzung das Metall sich mit einer dicken Oxydhaut überzieht, die die Angriffsbildung verlangsamt. Man nimmt Metallschnitzel von 10 mm Länge oder auch dicke Bohr- oder Frässpäne.

In kalter Reduktionsflamme läßt sich bei vorsichtigem Blasen der Magnesiumgehalt abschätzen. Man hält die Spitze des Lötrohrs außerhalb der Flamme und bläst diese mit einem schwachen Luftstrom über die Probe, so daß das Metall auf eben beginnender Rotglut gehalten wird. Die Probe färbt sich dabei um so dunkler, je höher der Magnesiumgehalt ist.

Ausführung der Bestimmung. Der Gang der Untersuchung ist nun folgender:

Man bläst eine Probe der mit Natronlauge als kupferfrei erkannten Legierung mit starker Oxydationsflamme an. Die Legierung der Gattung Al-Mn bleibt dabei hell, die Legierung der Gattung Al-Mg-Si wird bräunlich. Die Gattungen Al-Mg-Mn und Al-Mg bedecken sich mit einer matten schwarzen Haut. Handelt es sich hiernach um Al-Mg-Mn und Al-Mg, so läßt sich der Magnesiumgehalt — wenn auch nur recht roh — abschätzen, wenn man wie erwähnt eine neue Probe vor die schwache Reduktionsflamme nimmt. Sie färbt sich um so dunkler, je höher der Magnesiumgehalt ist. Zur Abschätzung werden am besten Vergleichsproben mit bekanntem Magnesiumgehalt angefertigt.

A. Aluminium

Anhang zum Teil A

a) Schnellmethoden

Vorbemerkungen. Bei den nachfolgenden Methoden handelt es sich um Kurz- und Schnellmethoden. Es sind dies Arbeitsweisen, die nicht die Genauigkeit der in den Hauptabschnitten behandelten erreichen lassen, die aber immerhin für die Leichtmetallanalyse eine wichtige Ergänzung darstellen und auf die in Sonderfällen gern zurückgegriffen wird.

Antimon-Bestimmung

Diese Arbeitsweise ist im III. Abschnitt dieses Teiles beschrieben. Seite 158

Kupfer-Bestimmung XXXII)

Die Bestimmung soll als ausgesprochene Schnellmethode mit dem Langeschen lichtelektrischen Kolorimeter ausgeführt werden. Trotzdem das erwähnte Kolorimeter noch eine große Reihe von Schwächen aufweist, so daß es z. B. unter anderem nicht möglich ist, äußerst verdünnte Lösungen zu kolorimetrieren, so ist es jedoch für verhältnismäßig stark gefärbte Lösungen bei gleichzeitiger Beschränkung auf einen engen Konzentrationsbereich brauchbar. Die Arbeitsweise des Instrumentes selbst und die Möglichkeiten, welche man mit ihm hat, werden als bekannt vorausgesetzt und daher hier nicht näher besprochen.

Man hat bei der Kolorimetrie auch hier zwei Möglichkeiten. Man kann erstens eine Eichkurve aufstellen, welche in diesem

Fall den Bereich von 0,5—8% Kupfer im Aluminium umfaßt (Methode A), oder die sogenannte Substitutionsmethode (B) verwenden; diese letzte gestattet z. B. eine Kupferbestimmung für die Gehalte zwischen 0,1 und 2%.

Methode A (Eichkurve). Man löst 0,5 g der Legierung in einem 200-ccm-Meßkolben mit breitem Hals in 10 ccm 30%iger Natronlauge. Nach kurzem Aufkochen werden der etwas abgekühlten Lösung 30 ccm Salpetersäure (1 : 1) zugesetzt und so lange erhitzt, bis die Lösung klar erscheint. Von evtl. ausflockender Kieselsäure muß abfiltriert werden. Man gibt nun 10 ccm 50%ige Zitronensäure hinzu und 10 ccm 20%iger Ammonchloridlösung. Man neutralisiert mit Ammoniak, gibt dann noch einen Überschuß von 30 ccm Ammoniak (konz.) hinzu und füllt bis zur Marke auf. Nach Einstellung des Kolorimeters auf die Grundempfindlichkeit gibt man 100 ccm der Lösung in eine Küvette und stellt den Ausschlagwert fest. Aus der Eichkurve kann man sofort die zugehörige Konzentration entnehmen.

Die Eichkurve wird in der Weise hergestellt, daß man einer Lösung, welche genau dieselben Chemikalienmengen enthält wie die Analysenlösung, bekannte Kupfermengen in Form von Kupfernitrat zusetzt. Die erhaltenen Meßwerte trägt man auf ein Kurvenblatt in Beziehung zu der Konzentration auf.

Methode B (Substitution). Man löst 1 g Substanz in einem 400-ccm-Becherglas in 20 ccm Salzsäure (1 : 1) und 5 ccm konz. Salpetersäure. Man dampft bis zur Syrupdicke ein, verdünnt auf etwa das dreifache Volumen, filtriert von der Kieselsäure ab, gibt 10 ccm 50%ige Zitronensäure hinzu und neutralisiert mit Ammoniak (1 : 1). Darauf gibt man einen Überschuß an Ammoniak (konz.) hinzu, so daß auf 100 ccm Volumen 12 ccm Überschuß entfallen. Man füllt den Meßkolben, z. B. 200 ccm, bis zur Marke auf und kolorimetriert. Das Kolorimetrieren geschieht in der Weise, daß man zunächst die Meßwerte der Analysenlösung gegen Wasser festhält. Im Anschluß daran setzt man eine Küvette ein, welche dieselben Chemikalienmengen wie die Analysenlösung enthält, und läßt aus einer Bürette solange Kupfernitratlösung zufließen, bis man denselben Ausschlag wie bei der Analysenlösung erhält. Aus den verbrauchten Kubikzentimetern errechnet sich in bekannter Weise der Gehalt an Kupfer.

Zusätzliche Hinweise. Die Methode führt zu technisch brauchbaren Werten, wenn die Beleuchtungslampe (6 Volt, 30 Watt) mit einem Akkumulatur gespeist wird, welcher eine genügende Kapazität besitzt. Ein Akkumulator von 100 Ampèrestunden bei 5 Ampère Entladestrom dürfte ausreichend sein.

Magnesium in Hydronalium

Grundsätzliches. Die Methode ist als eine rein technische Methode zu betrachten, nach welcher nur Näherungswerte erhalten werden können. Der Zweck dieser Schnellmethode ist der, dem Betrieb möglichst rasch Anhaltspunkte für die weitere Herstellung der Legierung geben zu können.

Das Magnesium wird in Anwesenheit geringer Mengen Kieselsäure nach der Methode Blumenthal in Gegenwart des ge- Seite 49
samten Eisens, Mangans und restlichem Aluminiums gefällt. In diesem Fall wird jedoch der Mangangehalt im Phosphatniederschlag nicht bestimmt, sondern nur ein theoretischer Wert abgezogen. Bei dem hohen Magnesiumgehalt der Hydronaliumlegierungen (3—12%) ist es erlaubt, anzunehmen, daß immer die gesamten Manganmengen im Phosphatniederschlag enthalten sind. Man zieht daher von der Auswaage die dem tatsächlichen Mangangehalt entsprechende Menge an $Mn_2P_2O_7$ (Erfahrungswert) ab. Die Richtigkeit dieses Abzuges muß jedoch von Zeit zu Zeit immer wieder einmal durch eine exakte Bestimmung von Mangan und Magnesium nachgeprüft werden. Bei genügender Übung und entsprechender Organisation läßt sich die Bestimmung in etwa 2 Stunden zu Ende führen.

Ausführung der Bestimmung. Man löst 1 g Späne in 15 ccm Natronlauge (1 : 3), verdünnt auf 150—200 ccm, kocht auf und läßt kurz absitzen. Man filtriert den Niederschlag durch ein schnellaufendes Filter ab, wäscht zweimal mit heißem Wasser und spült den Niederschlag in das Becherglas zurück. Die Reste aus dem Filter sowie den Niederschlag löst man mit einer 70° heißen Lösung, welche 10 ccm konz. Salzsäure, 5 ccm 3%ige Wasserstoffperoxydlösung und 20 ccm Wasser enthält. Man kocht die Lösung klar, spült in einen 250-ccm-Meßkolben und füllt auf. 50 ccm der Lösung gibt man in ein 400-ccm-Becherglas, setzt 20 ccm Weinsäurelösung (1 : 1), 20 ccm 10%ige Ammonphosphatlösung und 20 ccm 25%ige Ammonchloridlösung zu. Man verdünnt auf etwa 150 ccm, erhitzt auf 70° und gießt die heiße Lösung in 50 ccm 10%igen Ammoniak. Man spült nach und gibt $^1/_5$ des Volumens konz. Ammoniak hinzu. Man rührt mit einem Rührwerk 10 Minuten, wobei das Becherglas zweckmäßig gekühlt wird. Das ausgefallene Phosphat filtriert man durch ein schnellaufendes, gedichtetes Filter, wäscht mit kaltem Wasser nach, welches etwas Ammoniak enthält, verascht, glüht und wägt. Von der Auswaage wird der angenommene Mangangehalt als $Mn_2P_2O_6$ abgezogen.

Zusätzliche Hinweise. Die Auswaage an Phosphat soll 0,1 g nicht überschreiten. Obige Vorschrift gilt für einen Magnesiumgehalt von 9%, bei höheren Gehalten sind entsprechende kleinere Mengen aus dem Meßkolben zu entnehmen. Bei der Phosphatfällung ist der Säureüberschuß so gering gehalten, daß das sonst übliche Abstumpfen wegfallen kann.

Mangan-Bestimmung

Grundsätzliches. Die angeführte Methode ist eine ausgesprochene Betriebsmethode, bei welcher es in der Hauptsache auf Schnelligkeit ankommt. Bei hinreichender Übung erhält man jedoch ganz zufriedenstellende Ergebnisse.

Ausführung der Bestimmung. Man löst 1 g Späne nach Befeuchten mit Wasser mit 20 ccm eines Säuregemisches, welches 100 ccm konz. Salpetersäure, 100 ccm konz. Schwefelsäure und 50 ccm Wasser enthält. Nach Beendigung des Lösens verkocht man die Stickoxyde und filtriert durch ein schnellaufendes Filter in ein 100 ccm fassendes Nessler-Glas. Man wäscht 2—3mal mit heißem Wasser und versetzt mit 10 ccm einer Silbernitratlösung, welche 1,5 g Silbernitrat im Liter enthält, 5 ccm konz. Phosphorsäure und 11 ccm 50%iger frisch bereiteter Ammonpersulfatlösung. Man erwärmt im Wasserbad auf 60°, kühlt nach 2 Minuten ab und füllt zur Marke auf. Man kolorimetriert auf Farbgleichheit, indem man in ein zweites Nessler-Glas, welches dieselben Chemikalienmengen enthält, aus einer Bürette $^1/_{50}$-n-Kaliumpermanganatlösung bis zur Farbgleichheit zufließen läßt. Aus den verbrauchten Kubikzentimetern errechnet sich der Mangangehalt.

Natrium-Bestimmung

Die Natriumbestimmung erfolgt nach dem sogenannten Ausschmelzverfahren, wie es im Teil A, II. Abschnitt beschrieben worden ist. Seite 90

1. Silicium-Bestimmung im Rohmetall

2 g Späne werden in einem 500 ccm-Erlenmeyer-Kolben mit 70 ccm Schwefelsäure (s = 1,6) übergossen, ein Rückflußkühler aufgesetzt und auf einer Heizplatte erhitzt. Ist das Metall gelöst, so kocht man noch kurze Zeit, läßt abkühlen und verdünnt die Lösung auf etwa 150 ccm. Bei Si-Gehalten um 0,1% ist die unlösliche Kieselsäure sehr fein in der Lösung verteilt, die Lösung erscheint opaleszierend. Selbst bei größeren Siliciumgehalten bemerkt man keine groben SiO_2-Flocken. Trotzdem ist die Kieselsäure gut zu filtrieren. Man filtriert durch Weißbandfilter, wäscht den Rückstand 8 bis 10mal mit heißem Wasser aus, verascht das Filter im Porzellantiegel, glüht und wägt die Kieselsäure.

2. Silicium-Bestimmung in Silumin

Grundsätzliches. Im Gegensatz zu den übrigen Bestimmungsmethoden wird das Silicium hier als Si bestimmt. Man löst die Probe in Salzsäure, dabei treten in gewissem Umfange Siliciumverluste durch Entweichen von Siliciumwasserstoffen auf (s. gravi-
Seite 33 metrische Methode). Gleichzeitig wird ein Teil des Siliciumwasserstoffes zu SiO_2 oxydiert, während das metallische Silicium in der Hauptsache unangegriffen bleibt. Beim folgenden Filtrieren geht ein Teil der Kieselsäure im Filtrat verloren, da die Kieselsäure vorher nicht unlöslich gemacht wurde. Der gesamte Rückstand (Gemisch von Si und SiO_2) wird dann als Si ausgewogen.

Zur Sicherheit ist es empfehlenswert, die erhaltenen Ergebnisse
Seite 37 alle Vierteljahre nach der Regelsberger Methode zu kontrollieren. Erhält man zu stark abweichende Ergebnisse, so kann man leicht durch Änderung der physikalischen Bedingungen (Temperatur, Zeit usw.) die Ergebnisse so variieren, daß man wieder eine befriedigende Übereinstimmung erhält.

Ausführung der Bestimmung. Man löst 3 g Späne durch portionsweise Zugabe von 60 ccm Salzsäure (2:1), verdünnt auf 120 ccm (Marke am Becherglas), erhitzt das nicht bedeckte Becherglas auf einer etwa 300° heißen Heizplatte eine halbe Stunde und filtriert durch eine gewogene und mit Asbest präparierte Nutsche (Glassintertiegel). Man wäscht dreimal mit heißem Wasser, welches 50 ccm Salzsäure im Liter enthält, anschließend dreimal mit reinem Wasser. Man saugt die Nutsche möglichst lufttrocken und trocknet bei 180°, läßt eine Stunde abkühlen und wägt.

$$\frac{\text{Auswaage} \times 100}{3} = \%\ \text{Si.}$$

Zusätzliche Hinweise. Im Filtrat kann nach Zugabe von 20 ccm Mangansulfatlösung, welche 680 g krist. Mangansulfat, 1300 ccm konz. Schwefelsäure und 1400 ccm konz. Phosphorsäure auf 5 Liter Gesamtflüssigkeit enthält, das Eisen mit Kaliumpermanganat in bekannter Weise titriert werden.

Bei kupferhaltigen Legierungen scheidet sich der Kupferschwamm mit dem Silicium aus. In diesem Falle filtriert man ihn mit dem Silicium ab und löst ihn nachträglich mit verdünnter heißer Salpetersäure heraus, indem man dreimal je 20 ccm Salpetersäure (1 : 2) durchgibt. Anschließend wird wieder mit Wasser nachgewaschen. Soll in diesem Fall das Eisen im Filtrat bestimmt werden, so muß das Filtrat vor dem Lösen des Kupfers mit Salpetersäure in ein anderes Gefäß gegeben werden.

Bestimmung von Silicium, Eisen, Mangan und Kupfer nebeneinander

Die Arbeitsweise ist im 3. Abschnitt, Teil A, beschrieben Seite 165
worden.

b) *Zusammensetzung* einiger wichtiger Aluminiumlegierungen

Zusammenstellung von Aluminiumlegierungen XXVIII)

Die folgende Zusammenstellung soll dem Analytiker einen Überblick über die im Aluminium vorkommenden Bestandteile bezüglich ihrer Anzahl und ihres Gehaltes geben

Bezeichnung	Gattung nach DIN 1713	Zusammensetzung in %								
		Cu	Zn	Si	Mn	Mg	Fe	Ni	andere	Al
Aldrey	Al—Mg—Si	—	—	0,5—0,6	—	0,4—0,5	—	—	—	Rest Reinaluminium nach DIN 1712 mit den Beimengungen in handelsüblichen Grenzen
Aludur 630/570/580	Al—Cu—Mg	3,5—5,3	—	0,3—0,6	0,3—1	0,3—0,7	—	—	—	
Aludur 533	Al—Mg—Si	—	—	0,3—1	0,3—0,8	0,5—1,3	—	—	—	
Aluman (AW 15)	Al—Mn	—	—	—	1,4—1,6	—	—	—	—	
Alusil	Kolben-legierung	1—2	—	20—21	—	—	<0,7	>0,7	—	
Amerikanische Legierung	GAl—Cu	7—9 (15)	—	—	—	—	—	—	—	
Anticorodal-Knetlegier.	Al—Mg—Si	—	—	0,9—1,1	0,6—0,8	~ 0,7	—	—	—	
Anticorodal-Guß	GAl—Mg—Si	—	—	2	0,6—0,8	~ 0,7	—	—	Ti = 0,1—0,2	
Avional	Al—Cu—Mg	3,5—5	—	0,2—0,8	0,4—0,8	0,5—0,8	—	—	—	
Bondur	Al—Cu—Mg	3,5—5,5	—	0,3—0,5	0,3—1	0,2—0,7	—	—	—	
BS-Seewasser	Al—Mg	—	—	0,2	0,2—0,5	5—10	—	—	—	
Deutsche Legierung	GAl—Zn—Cu	2—5	8—12	—	—	—	—	—	—	
Duralumin	Al—Cu—Mg	2,5—5,5	—	0,2—1	—1,2	0,2—2	—	—	—	

Zusammenstellung von Aluminiumlegierungen XXVIII)

Bezeichnung	Gattung nach DIN 1713	Zusammensetzung in %								
		Cu	Zn	Si	Mn	Mg	Fe	Ni	andere	Al
Duralumin K	Al—Mg—Si	—	—	0,3—1,5	—1,5	0,5—2	—	—	—	Rest Reinaluminium nach DIN 1712 mit den Beimengungen in handelsüblichen Grenzen
Duralumin W	Al—Cu—Ni	3,5—4,5	—	—	—	1—1,8	—	1,8—2,2	—	
Duranalium	(G)Al—Mg	—	—	—	0,3—0,6	2,5—9	—	—	—	
EC 124	Kolbenlegierung	1	—	13	—	1	—	1	—	
G 54	Spez. Gußleg.	—	4—8	—	—	1—2	—	—	—	
G 97	Kolbenlegierung	12	—	—	1,4	0,25	0,8	—	—	
Howal	Al—Mg—Si	—	—	0,5—1,5	0,3—1,3	0,5—1,5	—	—	Ti = 0,1	
Hydronalium	(G)Al—Mg	—	—	0,2—1	0,2—0,5	3—12	—	—	—	
Igedur	Al—Cu—Mg	3—5	—	0,2—1,2	0,2—1,2	0,3—1,4	—	—	—	
KS-Seewasser	Al—Mg—Mn	—	—	0,3—1	1—2	1—2	—	—	Sb < 1	
KS-Seewasser-Guß	GAl—Mg	—	—	0,3—0,8	1—2	2,3	—	—	Sb = 0,2	
KS-Kolbenlegierung „245“	Kolbenlegierung	4,5	—	14	0,8	0,7	—	1,5	—	
KS-Kolbenlegierung „280“	Kolbenlegierung	1,5	—	21—22	0,7	0,5	—	1,5	Co = 1,2	
KS-Kolbenlegier. „1275“	Kolbenlegierung	1,5	—	13	—	1	—	1	—	
Kupfersilumin	GAl—Si—Cu	0,7—0,9	—	12—12,5	0,2—0,3	—	—	—	—	
L IV		4	—	2	—	—	—	—	—	
L 15 I	GAl—Mg—Si	—	—	0,9—1	0,8	0,8	—	—	—	
L 15 III	GAl—Mg	—	—	0,5—1	1,4—1,5	2	0,25	—	Ti = 0,1	

Zusammenstellung von Aluminiumlegierungen XXVIII)

Bezeichnung	Gattung nach DIN 1713	Zusammensetzung in %								
		Cu	Zn	Si	Mn	Mg	Fe	Ni	andere	Al
Lautal	Al—Cu	4,4—5,5	—	0,2—0,5	—	—	—	—	—	Rest Reinaluminium nach DIN 1712 mit den Beimengungen in handelsüblichen Grenzen
Legal I	Al—Mg—Si	—	—	0,4—0,6	—	0,4—0,5	0,2—0,4	—	—	
Legal II	Al—Mg—Si	—	—	0,9—1,2	0,6—1	0,8—1,2	0,2—0,4	—	—	
Mangal	Al—Mn	—	—	—	1,5	—	—	—	—	
Neonalium	GAl—Cu	6—14	—	—	—	—	—	—	—	
Nelson-Bohnalite	Kolbenlegierung	9—11	—	0,2	—	0,3	—	—	—	
Pantal	Al—Mg—Si	—	—	0,5—1	0,4—1,4	0,8—2	—	—	—	
Pantal 5	GAl—Mg—Si	—	—	5	0,7	0,6—0,7	—	—	—	
Peraluman 2	Al—Mg—Mn	—	—	—	1,3—1,5	2—2,3	—	—	—	
Peraluman 7	Al—Mg	—	—	—	0,3—0,5	7	—	—	—	
Polital	(G)Al—Mg—Si	—	—	0,5—1,5	0,5—1	0,2—0,6	—	0,1—0,5	—	
R.R. 50—59 (Hiduminium)	Gußlegierung	~ 2	—	0,6	—	~ 1	~ 1,3	1,2	Ti = 0,1	
Silumin	Al—Si	—	—	12—13,5	—	—	—	—	—	
Silumin-Beta (Gamma)	GAl—Si—Mg	—	—	12,25—12,75	0,35 bis 0,65	0,25 bis 0,35	—	—	—	
Titan-Sonder-Seewasser	GAl—Mg	—	—	0,1—0,8	—	3—8	>0,3	—	Ti = 0,3	
Ulmal	Al—Mg—Si	—	—	0,3—1,5	0,2—1,5	0,5—2	—	—	—	
Wicromal	Al—Mn	—	—	—	0,8—2	—	—	—	Th = 0,2—0,7	
Y-Legierung	Al—Cu—Ni	3,8—4,5	—	—	—	1,3—1,6	0,3	1,8—2,2	—	

B. Magnesium

I. Abschnitt. Gravimetrische Methoden

Vorbemerkungen

Das im Handel erhältliche Reinmagnesium stellt den Analytiker vor eine verhältnismäßig einfache Aufgabe, wenn von ihm nur die Bestimmung der Hauptbeimengungen verlangt wird. Denn das aus der Schmelzelektrolyse gewonnene und nochmals umgeschmolzene Reinmagnesium hat bereits einen sehr hohen Reinheitsgrad. Das Metall ist meist 99,8 und 99,9%ig. An Beimengungen enthält es nur geringe Mengen an Aluminium, Eisen, Mangan, Silicium und Kupfer. Außerdem können noch vorkommen Calcium, Phosphor und oxydische Einschlüsse, ferner noch Chlor und Natrium.

Im Hinblick auf eine richtige Probenahme folgen kurz einige Angaben über die Art des Vorkommens der Verunreinigungen im Metall und wie diese im Gefügebild erkennbar sind.

Das Aluminium ist im Magnesium verhältnismäßig gut löslich. Es ist daher als besonderer Bestandteil im Gefügebild nicht erkenntlich. — Eisen löst sich im Magnesium praktisch kaum. Im Reinmetall beträgt der Gehalt höchstens 0,05%. — Auch Mangan findet sich im Reinmagnesium nur in geringen Mengen. Es tritt ebenfalls nicht als besonderer Gefügebestandteil in Erscheinung. — Silicium ist bei sehr geringen Gehalten in Form der Verbindung Mg_2Si im Schliffbild sichtbar, und zwar bevorzugt entlang den Korngrenzen. Calcium ist bis rd. 0,8% im Magnesium löslich. Es reichert sich gewöhnlich auch entlang der Korngrenze an.

Die Anwesenheit von Oxydhäuten erkennt man bereits im ungeätzten Zustand. Die Oxydhäute liegen entlang den Korngrenzen, die dann unsauber und nicht mehr als glatte Linien erscheinen. Teilweise sind die Oxydhäute auch an einzelnen Stellen zusammengeballt.

Vor kurzem hat G. Siebel[XXV]) die Arbeitsweisen zur Untersuchung von Magnesium neu zusammengestellt. Auf diese ist mit Einverständnis des Bearbeiters im nachfolgenden vielfach Bezug genommen. Grundsätzlich ist zu bemerken, daß die Methoden für Aluminium auch weitgehend auf die Untersuchung von Magnesium angewandt werden können.

---

a) Untersuchung von Reinmagnesium

Aluminium- und Eisen-Bestimmung

Grundsätzliches. Zur Bestimmung von Aluminium und Eisen Seite 273 kann man von dem Filtrat der Siliciumbestimmung ausgehen, nachdem vorher noch Kupfer mit Schwefelwasserstoff abgeschieden ist. Zu dem Zweck muß die schwefelsaure Lösung durch Auskochen unter Zugabe von Wasserstoffperoxyd von Schwefelwasserstoff befreit werden.

Die Hydroxyde von Aluminium und Eisen werden in Gegenwart von Ammonchlorid mit verdünntem Ammoniak gefällt und gemeinsam verglüht und gewogen. Das Eisen wird am besten kolorimetrisch bestimmt; die Differenz ergibt Aluminiumoxyd bzw. Aluminium.

Ausführung der Bestimmung. Das wie vorbeschrieben behandelte Filtrat der Silicium- und Kupferbestimmung wird zur Fällung der Hydroxyde mit 1—2 g Ammonchlorid und verdünntem Ammoniak (1 : 15) bis zur deutlichen alkalischen Reaktion versetzt (Methylrot als Indikator). Der entstandene Niederschlag wird abfiltriert und, um geringe Mengen von Magnesiumhydroxyd zu entfernen, in 10 ccm Salzsäure (1 : 1) gelöst. Die Fällung wird wie beschrieben mit Ammoniak unter Zusatz von 1—2 g NH_4Cl wiederholt. Jetzt wird der Niederschlag auf dem Filter mit heißem ammonnitrathaltigem Wasser gut ausgewaschen, geglüht und die Oxyde gewogen. Der Glührückstand besteht in der Hauptsache aus Aluminiumoxyd, das mit wenig Eisenoxyd

verunreinigt ist. Um letztes zu bestimmen, schließt man die Oxyde mit wenig Kaliumbisulfat im Platintiegel auf und löst in Wasser oder bestimmt Eisen in einer neuen Einwaage. In der Lösung bestimmt man das Eisen nach einer der im Abschnitt Aluminium beschriebenen colorimetrischen Methoden, z. B. mittels Seite 133
der Rhodanidmethode. Der dabei gefundene Eisengehalt wird auf Oxyd umgerechnet, von der Summe der hier gefundenen Oxyde in Abzug gebracht und aus dieser Differenz der Aluminiumgehalt berechnet. Der Faktor für die Umrechnung von Oxyd auf Metall ist 0,5291.

Kupfer-Bestimmung

Grundsätzliches. Das Kupfer wird aus dem schwefelsauren Filtrat der Siliciumbestimmung als Sulfid mit Schwefelwasserstoff in der Wärme ausgefällt und als Oxyd zur Wägung gebracht.

Ausführung der Bestimmung. In das schwefelsaure Filtrat der Siliciumbestimmung wird Schwefelwasserstoff eingeleitet. Man leitet das Schwefelwasserstoffgas in flottem Strom eine halbe Stunde lang in die etwa 80° C heiße Lösung von 300—500 ccm Volumen ein, läßt den Niederschlag absitzen ($HgCl_2$ zusetzen!), Seite 123
filtriert und wäscht mit heißem, schwach schwefelsaurem Schwefelwasserstoffwasser aus. Filter und Niederschlag werden wegen der kleinen Mengen zusammen getrocknet und verascht. Das Sulfid wird in einem glasierten Porzellantiegel zunächst über ganz kleiner Flamme erhitzt. Allmählich wird die Temperatur gesteigert und schließlich vor dem Gebläse geglüht. Man wägt als CuO.

Zusätzliche Hinweise. Das auf vorbeschriebenem Wege erhaltene Kupferoxyd enthält meist wenig Schwefelsäure, so daß das Ergebnis zu hoch ausfällt. Immerhin ist die Methode brauchbar, wenn man sie bei Kupfergehalten unter 0,1% anwendet. Die kolorimetrische Bestimmung des Kupfers ist jedoch dieser gravimetrischen Methode vorzuziehen (s. Teil Aluminium). Seite 139

Natrium-Bestimmung [67])

Grundsätzliches. Die Bestimmung wird im Prinzip genau so ausgeführt, wie im Kapitel „Aluminium" beschrieben ist. Seite 23 Auch die dort angeführten Vorsichtsmaßnahmen sind hier zu beachten.

Ausführung der Bestimmung. Man löst 4 g Metall nach dem Anfeuchten mit Wasser mit etwa 60 ccm Salzsäure (1 : 1). Man engt die Lösung in einer Porzellanschale bis zur beginnenden Kristallisation ein, versetzt mit annähernd 100 ccm Alkohol und dampft auf dem Wasserbad möglichst zur Trockene ein. Der Eindampfrückstand wird mit 2 ccm konzentrierter Essigsäure angefeuchtet und mit 100 ccm Fällungsreagens zur Fällung des Natriums versetzt. Man zerdrückt den Rückstand mit einem Glasstab und bringt das Magnesiumchlorid durch Rühren in Lösung. Man läßt einige Stunden stehen und filtriert durch einen Glasfiltertiegel, wäscht nun mit 96%igem Alkohol nach und trocknet eine Stunde bei 110—120°. Der Niederschlag hat die Zusammensetzung:

$$3\,UO_2(CH_3COO)_2 \cdot Mg(CH_3COO)_2 \cdot Na(CH_3COO) \cdot 8H_2O.$$

Daraus errechnet sich der Faktor für Na: 0,0150.

Zusätzliche Hinweise. Zur Sicherheit wird ein Blindversuch ausgeführt, der am besten zur gleichen Zeit wie die Analyse selbst angesetzt wird. Hat man noch keine mehrmals gebrauchten Gläser zur Verfügung, so ist es zweckmäßig, diese vor Beginn der Analyse im Salzsäuredampfstrom auszudampfen.

Silicium-Bestimmung

Grundsätzliches. Das Silicium liegt im Magnesium als Silicid vor. Beim Lösen mit Säure entstehen leicht flüchtige Siliciumwasserstoffe, wodurch Unterbefunde bei der Siliciumbestimmung verursacht werden können. Durch stark oxydierende Säuren, wie z. B. Salpetersäure, werden diese Unterbefunde weitgehend verringert, jedoch nicht ganz aufgehoben.

Die Kieselsäure wird aus schwefelsaurer Lösung abgeschieden, filtriert und gewogen.

Ausführung der Bestimmung. Man feuchtet 10 g Metallspäne in einem 600 ccm-Becherglas mit Wasser an, bedeckt den Becher mit einem Uhrglas und löst die Späne durch langsames Zugeben von 100 ccm konz. Salpetersäure. Während des Lösungsvorganges sollen immer braune Stickoxyddämpfe über der Flüssigkeit stehen. Das Uhrglas wird beim Zugeben neuer Säuremengen nur wenig beiseite geschoben, um ein Entweichen der nitrosen Gase möglichst zu verhindern. Bleibt nach dem Auflösen ein dunkel gefärbter Rückstand übrig (meist Eisen- oder Mangan-Silicide), so filtriert man durch ein schnellaufendes Filter, wäscht einige Male mit heißem Wasser nach, verascht im Platintiegel und schließt den Rückstand mit wenig Soda-Salpeter-Gemisch auf. Nach dem Erkalten löst man den Aufschluß mit Wasser, säuert vorsichtig an und gibt die Lösung in das mittlerweile in einer Porzellanschale eingeengte Filtrat. Man versetzt mit 60 ccm Schwefelsäure (1 : 1) und dampft bis zum kräftigen Entweichen von SO_3-Dämpfen ab. Nach dem Erkalten nimmt man den Sulfatbrei mit etwa 400 ccm heißem Wasser auf und löst. Die Lösung wird durch ein gehärtetes Filter filtriert, mit heißem Wasser etwa 10 mal gewaschen, im Platintiegel verascht, geglüht und gewogen. Durch Abrauchen mit Flußsäure ermittelt man das Gewicht der Kieselsäure, welches man auf Si umrechnet.

Der Umrechnungsfaktor ist 0,4672.

---

b) Untersuchung von Legierungen

Die technischen Magnesiumlegierungen enthalten in der Hauptsache die folgenden metallischen Legierungsbestandteile:

Aluminium
Blei
Cadmium
Calcium
Cer
Eisen
Kupfer
Mangan
Silber
Silicium
Zink
Zinn
Zirkonium.

Aluminium-Bestimmung

Grundsätzliches. Nach dem Verfahren von Wöhler und Chancel und den Abänderungen nach Grewe[75]) wird Aluminium aus essigsaurer Lösung als Phosphat gefällt und bestimmt, oder man wendet die sogenannte Oxinmethode an.

1. Phosphatmethode

Ausführung der Bestimmung. Die Bestimmung wird, wie im Seite 40 Teil Aluminium angegeben, ausgeführt.

2. Oxinmethode

Ausführung der Bestimmung. Nachdem das Zink aus der schwach essigsauren Lösung mittels Schwefelwasserstoff ausgefällt und abfiltriert ist, wird das Aluminium im Filtrat bei 60° C mit einer 40%igen Oxinacetatlösung gefällt. Die Lösung wird zum Sieden erhitzt und darauf ein Überschuß einer 2-n-Ammonacetatlösung hinzugegeben. Es entsteht ein kristalliner Niederschlag, der heiß abfiltriert, zunächst mit wenig heißem Wasser und dann mit kaltem Wasser bis zur Farblosigkeit gewaschen wird. Der Niederschlag wird bei 130° getrocknet und gewogen. Der Umrechnungsfaktor auf Metall ist 0,0587 (s. Teil A, Abschnitt I). Seite 41

Blei-Bestimmung

Grundsätzliches. Blei wird in Magnesiumlegierungen als Sulfat bestimmt. Bei siliciumarmen Legierungen (weniger als 0,1% Si) kann das Blei direkt als Sulfat abgeschieden und durch Ausziehen mit Ammonacetat bestimmt werden. In siliciumreichen Legierungen ist eine vorherige Trennung des Bleis von der Kieselsäure erforderlich. Zu diesem Zweck löst man das mit der Kieselsäure als Sulfat abgeschiedene Blei mit Ammonacetat und fällt in dieser Lösung das Blei nochmals durch Abrauchen mit Schwefelsäure. Man kann auch das Blei aus der salzsauren Lösung des Metalls mit Schwefelwasserstoff ausfällen, das Sulfid in Salpetersäure lösen und mit Schwefelsäure abrauchen.

Ausführung der Bestimmungen.

1. In siliciumarmen Legierungen

Man löst 5 g der Legierung mit 50 ccm konz. Salpetersäure und raucht mit 30 ccm Schwefelsäure (1 : 1) ab. Den erkalteten Sulfatbrei löst man mit soviel Wasser (ca. 100 ccm), daß sich auch nach dem Erkalten keine Magnesiumsulfatkristalle ausscheiden. Zu dieser erkalteten Lösung gibt man ein gleiches

Volumen Alkohol und läßt einige Stunden absitzen. Man filtriert Bleisulfat und die ausgeschiedene Kieselsäure durch einen Porzellanfiltertiegel und wäscht zunächst mit einer Lösung, welche 100 ccm Wasser, 100 ccm Alkohol und 4 ccm Schwefelsäure enthält. Danach wäscht man noch einige Male mit 50%igem Alkohol nach. Der Tiegel wird bei 105° C getrocknet und gewogen. Man zieht den Rückstand mit Ammonacetat aus, trocknet und wägt wieder (siehe weiteres unter Bleibestimmung in Alu-
Seite 44 miniumlegierungen).

2. In siliciumreichen Legierungen

Das Blei wird in der unter 1 beschriebenen Weise abgeschieden und zusammen mit der Kieselsäure durch ein gehärtetes Filter filtriert und wie unter 1 angegeben, gewaschen. Man löst das Blei mit 50 ccm 10%iger Ammonacetatlösung in einem 200 ccm-Becherglas, gibt 10 ccm Schwefelsäure (1 : 1) hinzu und raucht ab. Den Rückstand nimmt man mit 20 ccm Wasser auf, erhitzt kurz und läßt abkühlen. Die erkaltete Lösung versetzt man mit dem gleichen Volumen Alkohol, filtriert nach mehrstündigem Stehen durch einen Porzellanfiltertiegel und arbeitet nach der unter 1. angegebenen Vorschrift weiter.

3. Ausführung bei gleichzeitiger Anwesenheit von Calcium

Man löst 5 g Metall mit 100 ccm Salzsäure (1 : 1), verdünnt auf etwa 400 ccm und kocht auf. Die heiße Lösung filtriert man durch ein schnellaufendes Filter von der ausgeschiedenen Kieselsäure ab. In das heiße Filtrat leitet man ½ Stunde Schwefelwasserstoff ein und filtriert die ausgeschiedenen Sulfide durch ein schnellaufendes, mit Filterschleim beschicktes Filter. Den Rückstand wäscht man mit Salzsäure- und Schwefelwasserstoff-enthaltendem Wasser aus und löst ihn mit heißer verdünnter Salpetersäure. Die Lösung raucht man mit 10 ccm Schwefelsäure (1 : 1) ab, nimmt mit Wasser und Alkohol auf, filtriert durch einen Porzellanfiltertiegel, trocknet und wägt. Den Tiegelinhalt zieht man mit Ammonacetatlösung aus, trocknet und wägt wieder. Genaueres siehe Ausführung unter 1.

Cer-Bestimmung

Grundsätzliches. Cer wird mit Aluminium zusammen als Hydroxyd gefällt, der Niederschlag gelöst und aus der Lösung das Cer als Oxalat gefällt und durch Glühen in Oxyd übergeführt.

Ausführung der Bestimmung. Je nach dem Cergehalt werden 0,5—2 g Metallspäne in 20 ccm Salzsäure (1 : 1) unter Zugabe von 1—5 ccm Wasserstoffperoxyd (3%ig) gelöst. Aus dieser Lösung werden Cer und Aluminium zusammen mittels Ammoniak (1 : 5) in der Hitze als Hydroxyd ausgefällt. Der Niederschlag wird in verdünnter Salzsäure gelöst und zur Trockene eingedampft. Man nimmt den Rückstand mit 25 ccm $^1/_2$-n-Salzsäure auf, erhitzt zum Sieden und fällt das Cer mit 40 ccm einer kochenden 15%igen Oxalsäurelösung. Es ist wichtig, daß an dieser Stelle die Säurekonzentration nicht größer als $^1/_2$-normal ist und daß die Lösung beim Abkühlen nahezu mit Oxalsäure gesättigt ist. Nach längerem Stehen (am besten über Nacht) wird filtriert, gewaschen, zum Oxyd verglüht und als solches zur Wägung gebracht. Der Umrechnungsfaktor auf Cer ist 0,8141.

Zusätzliche Hinweise. Andere seltene Erden fallen bei dieser Methode mit aus.

Cadmium-Bestimmung

Grundsätzliches. Das Cadmium wird nach G. Siebel[XXV]) als Sulfid gefällt und als Cadmiumsulfat bestimmt.

Ausführung der Bestimmung. Bei Gegenwart von Cadmium wird aus dem Filtrat der Siliciumbestimmung Cadmium mit Schwefelwasserstoff als Cadmiumsulfid ausgefällt. Der Niederschlag wird abfiltriert und Cadmiumsulfid durch Übergießen mit heißer verdünnter Schwefelsäure herausgelöst; mitgefälltes Kupfersulfid wird dabei nicht gelöst. Aus der schwach schwefelsauren Lösung oder aus einem aliquoten Teil davon wird das Cadmium mit Schwefelwasserstoff nochmals ausgefällt. Der Niederschlag wird durch ein möglichst kleines Filter abfiltriert, ausgewaschen und dann entweder mit wenig heißer, verdünnter Salpetersäure oder Salzsäure (1 : 3) durch das Filter in einen gewogenen Tiegel gelöst. Die Lösung wird vorsichtig eingeengt und mit einem geringen Überschuß an Schwefelsäure ebenfalls vorsichtig eingedampft. Der Rückstand wird mäßig geglüht. Er muß rein weiß sein.

Der Umrechnungsfaktor auf Cd ist 0,5392.

Zusätzliche Hinweise. Die Methode gibt bei Einhalten des vorbeschriebenen Arbeitsganges genaue Resultate.

Seite 214 Zu empfehlen ist es auch, Cadmium elektrolytisch zu bestimmen.

Calcium-Bestimmung

Grundsätzliches. Das Calcium wird in alkoholischer Lösung zusammen mit Kieselsäure und Blei als Sulfat ausgeschieden. Durch Behandlung mit Salzsäure wird Calciumsulfat in Lösung gebracht und aus dieser Lösung das Calcium als Oxalat gefällt und wie üblich als Oxalat zur Wägung gebracht.

Ausführung der Bestimmung. 3—5 g Metallspäne werden mit 18—30 ccm Schwefelsäure (1 : 1) gelöst und die Lösung bis zur „Feuchttrockene“ eingedampft. Jetzt löst man den Rückstand in soviel Wasser (80—100 ccm), daß sich auch nach dem Erkalten keine Kristalle ausscheiden und gibt das vierfache Volumen eines Gemisches aus 90 Teilen Methyl- und aus 10 Teilen Äthylalkohol hinzu. Kieselsäure, Blei- und Calciumsulfat scheiden sich aus, sie werden nach längerem Stehen abfiltriert und mit einem Gemisch von 95 Teilen Methyl- und 5 Teilen Äthylalkohol gewaschen. Das Filter bringt man in das Becherglas zurück und löst das Calcium unter Erhitzen mit 50 ccm Salzsäure (1 : 5). Man filtriert die Lösung durch ein mit Filterschleim gedichtetes Filter und gibt zum Filtrat 2 ccm Eisessig. Man neutralisiert die Mineralsäure mit Ammonacetat, wobei Kongopapier von blau nach rot umschlagen soll, und fällt Calcium mit einer 5%igen Ammonoxalatlösung, filtriert und trocknet bei 110°. Man wägt als $CaC_2O_4 \cdot H_2O$. Genauere Angaben siehe Teil Aluminium. Seite 19

Bestimmung von eingeschlossenen Chloriden

Grundsätzliches. Chloride, die von eingeschlossenen Elektrolytsalzen oder eingeschlossenen Resten von Abdecksalzen herrühren, werden nach Lösen der Metallprobe mittels Silberchlorid gefällt und bestimmt.

Ausführung der Bestimmung. 1—2 g Metallspäne werden in chlorfreier Salpetersäure gelöst. Diese Lösung wird mit 0,5%iger Silbernitratlösung versetzt und das ausfallende Silberchlorid gravimetrisch bestimmt. Bei kleinen Mengen kann man die Bestimmung auch nephelometrisch vornehmen. Seite 286

Silber-Bestimmung

Grundsätzliches. Das Silber wird als Chlorid gefällt und bestimmt.

Ausführung der Bestimmung. 1 g Metallspäne werden in 20 ccm Salpetersäure (1 : 1) gelöst, wobei wegen eines evtl. Rückstandes die Vorschrift zu befolgen ist, die im Abschnitt Reinmagnesium unter Siliciumbestimmung angegeben wurde. Seite 272 Die Lösung wird vom unlöslichen Rückstand abfiltriert und im Filtrat in der Hitze mit verdünnter Salzsäure das Silber als Chlorid ausgefällt. Bei der Fällung ist zu beachten, daß gut gerührt werden muß, um den Niederschlag zum Zusammenballen zu bringen, und daß der Niederschlag während der Fällung und beim Absitzen vor hellem Tageslicht zu schützen ist. Nach dem Abkühlen und Absitzen filtriert man durch einen gewogenen Filtertiegel, wäscht mit einigen Kubikzentimetern einige Tropfen Salpetersäure säure enthaltendem Wasser aus, dann noch einmal mit reinem Wasser nach und trocknet bei 130—150° C. Man wägt aus und rechnet mit dem Faktor 0,7526 auf Silber um.

Silicium-Bestimmung

Seite 272 **Grundsätzliches.** Siehe unter Reinmagnesium.

Ausführung der Bestimmung. 2—5 g Metall werden, wie im Seite 273 Abschnitt Reinmagnesium beschrieben, in Salpetersäure gelöst und dann mit Schwefelsäure abgeraucht. Ist Blei vorhanden, so befindet sich in dem Kieselsäureniederschlag Bleisulfat, welches durch 3—4 maliges Waschen mit einer heißen 5%igen Ammonacetat-Lösung herausgelöst wird. Nun wäscht man noch mehrmals mit heißem Wasser nach.

Bei Anwesenheit von Zinn fällt beim Lösen mit Salpetersäure die Zinnsäure mit der Kieselsäure aus. In diesem Falle ist vor dem Abrauchen der Kieselsäure mit Flußsäure gut zu glühen, um das Zinndioxyd tot zu brennen. Man raucht dann mit Flußsäure und Schwefelsäure ab und errechnet den SiO_2-Wert aus der Differenz.

Zinn-Bestimmung

Grundsätzliches. Die Abscheidung erfolgt nach G. Siebel[XXV]) zusammen mit Kieselsäure. Aus dem Oxydgemisch wird Zinn verflüchtigt und aus der Differenz bestimmt.

Ausführung der Bestimmung. Wie bei der Siliciumbestimmung beschrieben, wird die Metallprobe gelöst, Zinnsäure und Kieselsäure gemeinsam zur Abscheidung gebracht und gewogen. Darauf wird das Zinn durch wiederholtes Glühen mit Ammonchlorid als Tetrachlorid verflüchtigt, die Differenz gibt den SnO_2-Gehalt, der auf Sn umgerechnet wird, Faktor: 0,7877. Seite 273

Zirkonium-Bestimmung

Grundsätzliches. Zirkonium wird in dem einen Fall als Phosphat abgeschieden, im anderen Fall mittels Phenylarsinsäure gefällt und als Oxyd zur Wägung gebracht.

a) Phosphatmethode

Ausführung der Bestimmung. Bei Zirkoniumgehalten bis zu 2% werden 1—2 g Metallspäne in 10—20 ccm Schwefelsäure (1 : 1) gelöst. Verbleibt hierbei ein durch Eisen dunkel gefärbter Rückstand, so kann dieser noch Zirkonium enthalten. Er wird deshalb abfiltriert und mit wenig Kaliumbisulfat im Platintiegel aufgeschlossen. Der Aufschluß wird in heißem Wasser gelöst und dem Filtrat zugegeben. Man raucht ab und filtriert nach dem Lösen in Wasser die Kieselsäure ab. Aus dem Filtrat werden mit einem geringen Überschuß an Ammoniak in Anwesenheit von 2 g Ammonchlorid die Hydroxyde von Aluminium und Zirkon gefällt. Man filtriert den Niederschlag, wäscht ihn mit heißem Wasser aus, löst in 10 ccm Schwefelsäure (1 : 1) und fällt Zirkonium als Phosphat, wie im Teil Aluminium angegeben. Seite 63

b) Phenylarsinsäuremethode

Ausführung der Bestimmung. 0,5—1 g Metallspäne werden in 20 ccm Salzsäure (1 : 1) gelöst und auf je 100 ccm Lösung werden 10 ccm Salzsäure konz. und etwa Wasserstoffperoxyd (3%ig) zugesetzt. Die Lösung wird mit Wasser auf 500 ccm verdünnt und in ihr die Fällung mit einer 2,5%igen Phenylarsinsäurelösung vorgenommen. Nun erhitzt man zum Sieden, kocht 1 Minute lang und prüft nach dem Absitzen des Niederschlages auf Vollständigkeit der Fällung durch nochmalige Zugabe einer kleinen Menge Fällungsmittel. Der Niederschlag wird jetzt heiß filtriert und mit verdünnter Salzsäure gewaschen. Man glüht unter dem Abzug etwa 2 Stunden lang an der Luft und dann 1 Stunde lang im Wasserstoffstrom (Rosetiegel mit Quarzrohr), um die letzten Reste von Arsen zu verflüchtigen. Das beim Glühen erhaltene Oxyd wird gewogen. Der Umrechnungsfaktor von ZrO_2 auf Zirkonium ist 0,7403.

B. Magnesium

II. Abschnitt. Volumetrische und Physikalisch-chemische Methoden

a) Untersuchung von Reinmetall

Chlor-Bestimmung[67])

Grundsätzliches. Chlor kann aus der Schmelze in das Metall hineingeraten, und zwar in Form von Alkalichlorid. Die vorkommenden Mengen sind jedoch sehr gering. Daher führt man die Bestimmung im allgemeinen nephelometrisch durch.

Ausführung der Bestimmung. Man löst 4 g Späne in 30 ccm chlorfreier Schwefelsäure (1 : 1), filtriert in einen 100 ccm fassenden Meßkolben und füllt zur Marke auf. 50 ccm gibt man in ein Neßlerglas und versetzt mit 5 ccm $^1/_{100}$-normaler Silbernitratlösung. Man läßt 20 Min. im Dunkeln stehen und vergleicht anschließend die Trübung mit der, welche unter sonst gleichen Bedingungen bei Lösungen von bekanntem Gehalt auftritt. Die Vergleichslösung wird in der Weise hergestellt, daß man 40 g Reinmagnesium in 300 ccm Schwefelsäure (1 : 1) löst und die Lösung anschließend mit 50 ccm $^1/_{100}$-normaler Silbernitratlösung versetzt. Nach längerem Stehen filtriert man ab, gibt in einen Literkolben und füllt auf. In Neßlergläser gibt man steigende Mengen einer Natriumchloridlösung (0,2 NaCl/ccm), z. B. 0,2, 0,4, 0,6 ccm usw. Darauf fügt man 50 ccm der silberhaltigen Magnesiumsulfatlösung hinzu und läßt die Vergleichslösungen ebenso lange stehen wie die Analysenlösung.

Eisen-Bestimmung

Grundsätzliches. Soll das Eisen nach der Rhodanidmethode bestimmt werden, so werden aus dem Filtrat der Kupferbestimmung nach Austreiben des Schwefelwasserstoffs in Gegenwart von Ammonchlorid die Hydroxyde von Aluminium und Eisen mit Ammoniak ausgefällt und zu Oxyden verglüht. Die geglühten Oxyde werden mit Kaliumbisulfat aufgeschlossen, und in der wäßrigen Aufschlußlösung wird das Eisen kolorimetrisch bestimmt.

Soll das Eisen mit Sulfosalizylsäure bestimmt werden, so kann man das Metall direkt in Salzsäure lösen und nach dem Aufoxydieren mit Peroxyd und Neutralisieren mit Ammoniak mit Sulfosalizylsäure kolorimetrieren.

Ausführung der Bestimmung. Die Anwendung der Rhodanidmethode so wie auch die Bestimmung mit Sulfosalizylsäure sind ausführlich im Teil Aluminium, Reinmetall, Abschnitt Kolorime-
Seite 137 trische Methoden beschrieben.

Zu beachten ist vor allem, daß die Vergleichslösungen, mit welchen die Eichkurven aufgestellt werden oder gegen welche direkt verglichen wird, unter allen Umständen dieselben Mengen an Chemikalien und Säuren enthalten wie die Analysenlösungen selbst. Dies gilt noch mehr für die Sulfosalizylsäuremethode als für die Rhodanidmethode, da letzte ein Ausschüttelverfahren darstellt.

Kupfer-Bestimmung

Grundsätzliches. Das Kupfer wird bei Gehalten über 0,1% als Sulfid ausgefällt, wieder gelöst und in salpetersaurer Lösung elektrolytisch bestimmt.

Ausführung der Bestimmung. Das aus dem schwefelsauren Filtrat der Siliciumbestimmung mit Schwefelwasserstoff in der Wärme ausgefällte Kupfersulfid (Teil Magnesium, Abschnitt
Seite 271 Gravimetrische Methoden) wird in 5 ccm Salpetersäure (1 : 1) unter Hinzufügen von 10 ccm Ammonnitratlösung (50%ig) gelöst, die Lösung auf 100 ccm verdünnt und elektrolysiert (Teil
Seite 217 Aluminium, Abschnitt Elektrolytische Methoden).

Mangan-Bestimmung

Grundsätzliches. Mangan kommt ebenfalls nur in geringen Mengen als Verunreinigung vor. Die Bestimmung erfolgt kolorimetrisch als Permanganat, wenn der Gehalt weniger als 0,1% beträgt.

Ausführung der Bestimmung. 1 g Metallspäne wird mit 10 ccm verdünnter Schwefelsäure (1 : 1) gelöst. Die Lösung wird mit 0,5 g Ammonpersulfat und 1—2 ccm Silbernitratlösung (1,5 g Silbernitrat auf 1 l Wasser) und 1—2 ccm Salpetersäure versetzt und dann in einem Neßlerglas auf 75 ccm gebracht und in 80° heißes Wasser gestellt. Bei der erhöhten Temperatur oxydiert das Mangan zu Permanganat. Die erkaltete rotviolette Lösung wird mit einer Kaliumpermanganatlösung von bekanntem Gehalt verglichen und durch „Eingabeln" der endgültige Wert festgelegt. Zur Herstellung der Standard-Kaliumpermanganatlösung werden 0,1438 g Kaliumpermanganat in 1 l Wasser gelöst. 1 ccm dieser Lösung entspricht dann 0,05 mg Mangan.

b) Untersuchung von Legierungen

Cadmium-Bestimmung

Grundsätzliches. In dem schwefelsauren Auszug von der im Abschnitt „Gravimetrische Methoden" beschriebenen Kupfer-
Seite 277 sulfid-Cadmiumsulfid-Fällung wird das Cadmium elektrolytisch abgeschieden.

Ausführung der Bestimmung.

1. Die schwachsaure Lösung wird mit einer reinen Kalilauge (1 : 3) sorgfältig neutralisiert. Das gebildete Hydroxyd wird mit einer 10%igen Lösung von Kaliumcyanid gelöst und die auf etwa 150 ccm verdünnte Lösung noch mit einem geringen Überschuß an Kaliumcyanid versetzt. Die Elektrolyse erfolgt bei 50° C mit 0,5 A. Nach 2—3 Stunden ist die Elektrolyse beendet. Das abgeschiedene Metall ist dicht und silberweiß. Es wird bei 100° getrocknet und danach gewogen.

2. Die schwachsaure Lösung kann auch mit Natronlauge abgestumpft und das etwa ausgeschiedene Hydroxyd durch Zusatz von Kaliumbisulfat in Lösung gebracht und die Lösung mit 6 g Kaliumbisulfat im Überschuß versetzt werden. Die Elektrolyse wird in diesem Fall bei gewöhnlicher Temperatur mit einem Strom von 2,5 A und 3,5 bis 4,0 V, bei bewegtem Elektrolyten mit Doppelnetzelektroden ausgeführt. Die Abscheidungsdauer beträgt für je 0,2 g Cadmium nur ungefähr $^3/_4$ Stunden.

Zusätzliche Hinweise zu 1. Färbt sich bei der Elektrolyse der Elektrolyt bräunlich, so muß ein geringer Überschuß an verdünnter Schwefelsäure hinzugegeben werden (unter dem Abzug!). Nach Beendigung der Elektrolyse wird mit Schwefelwasserstoff auf Cadmiumfreiheit geprüft. Hierbei darf keine Gelbfärbung von kolloidalem Cadmiumsulfid eintreten. Ein Nachteil dieser Methode ist eine nicht zu vermeidende Gewichtsabnahme beider Elektroden.

Zusätzliche Hinweise zu 2. Der Vorteil dieser Methode besteht darin, daß eine direkte Prüfung des Elektrolyten auf Cadmiumfreiheit zum Schluß der Elektrolyse und eine Prüfung der Elektroden auf Gewichtskonstanz möglich ist.

Bei geringen Cadmiummengen ist es zweckmäßig, die Kathode vor der Elektrolyse mit Kupfer oder Cadmium zu überziehen.

Kupfer-Bestimmung

Grundsätzliches. Kupfer wird elektrolytisch aus schwefelsaurer Lösung zur Abscheidung gebracht.

Ausführung der Bestimmung. Bei Kupfergehalten über 1% wird das schwefelsaure Filtrat der Siliciumbestimmung unter Anwendung einer Spannung von 2 V elektrolysiert. Die Lösung soll auf 100 ccm Volumen ungefähr 10 ccm 10%ige freie Schwefelsäure enthalten. Ein Gehalt an Schwefelsäure über diesen Betrag hinaus muß durch Abrauchen oder Neutralisation entfernt werden. 0,25 g Kupfer scheiden sich bei Zimmertemperatur in 8 Stunden, bei 70–80° in 20–30 Minuten (Schnellelektrolyse) ab. Bei der Fällung aus heißer Lösung hebere man, wenn man ohne Stromunterbrechung auswaschen kann, den Elektrolyten sehr schnell aus, da Kupfer in Berührung mit Luft von warmer Schwefelsäure schnell angegriffen wird.

Zusätzliche Hinweise. Die Klemmspannung soll bei ruhender Flüssigkeit höchstens 2 V betragen. Unter diesen Bedingungen erhält man eine gut kristalline festhaftende Kupferabscheidung.

Übersteigt die Spannung 2 V, so erfolgt die Abscheidung infolge starker Wasserstoffentladung an der Kathode schwammig. Bei bewegtem Elektrolyten können Spannungen bis 3 V angewandt werden.

Kupfergehalte unter 0,1% werden am besten kolorimetrisch, über 0,1% gravimetrisch, besser elektrolytisch bestimmt. Seiten 139 217

Mangan-Bestimmung

Grundsätzliches. Bei Gehalten von mehr als 1% wird das Mangan als Manganosalz durch Titration mit Permanganat nach Volhard-Wolff bestimmt. Rascher und einfacher ist die Manganbestimmung mit Natriumwismutat auszuführen (Teil Aluminium).

Seite 113

Ausführung der Bestimmungen.

1. Nach Volhard-Wolff

1 g Metall wird in 20 ccm Salpetersäure (1 : 1) gelöst. Hierbei sind wegen eines evtl. Rückstandes die Vorsichtsmaßregeln zu beachten, die im Abschnitt Gravimetrische Methoden unter Siliciumbestimmung angegeben sind. Nach erfolgter Lösung der Probe fällt man das Mangan mit Ammoniak und Brom (s. unter Magnesium im 1. Teil des Buches), filtriert, löst mit Salzsäure und gibt in einen 250-ccm-Meßkolben. Hieraus nimmt man eine Probe von 50 ccm und setzt unter ständigem Umschütteln in kleinen Portionen in Wasser aufgeschlämmtes Zinkoxyd hinzu, bis alles Eisen ausgefällt ist. Dies ist am Gerinnen des Niederschlages zu erkennen. Ist die Lösung bräunlich gefärbt, so fügt man weiter Zinkoxyd hinzu, bis ein kleiner Überschuß an ungelöstem Zinkoxyd vorhanden ist. Man verdünnt auf 200 ccm, erhitzt zum Sieden und läßt bei völlig unbekanntem Mangangehalt eine eingestellte Permanganatlösung in Abständen von je 2 ccm zufließen, bis nach dem Umschütteln eine deutliche Rosafärbung bestehen bleibt. Beispielsweise hat man hierzu 19 ccm verbraucht. Jetzt nimmt man eine zweite Probe, setzt auf einmal 17 ccm hinzu und dann langsam je 0,5 ccm, bis wieder die Rosafärbung nach dem Kochen bestehen bleibt. Den letzten Wert kontrolliert man noch einmal durch eine dritte Titration.

Seite 272
Seite 47

In vielen Fällen genügt auch ein vereinfachtes Lösen wie folgt: Man löst 1 g Späne in 10 ccm verdünnter Schwefelsäure (1 : 1), wobei man zum Schluß einige Zeit zum Sieden erhitzt. Ein geringer Rückstand (meistens Kupfer) stört nicht, man kann direkt davon abfiltrieren. Im Filtrat oxydiert man das Eisen mit etwas Salpetersäure, stumpft die überschüssige Säure mit Natriumkarbonat ab und neutralisiert mit Zinkoxyd. Im übrigen verfährt man weiter wie angegeben.

2. Mit Natriumwismutat

1 g Metall wird in 20 ccm Salpetersäure (1 : 1), wie bei der Siliciumbestimmung im vorhergehenden Abschnitt angegeben, gelöst. Nach dem Lösen dampft man vorsichtig bis zur beginnenden Kristallisation ein, läßt erkalten, spritzt Deckglas und Wände mit destilliertem Wasser ab und versetzt mit 30 ccm Salpetersäure (1 : 1). Nun kann man direkt mit Natriumwismutat oxydieren; näheres siehe im Teil Aluminium. Seite 113

Zusätzliche Hinweise. Gehalte unter 0,1% werden kolorimetrisch bestimmt. Mit den Reagentien muß ein Blindversuch durchgeführt werden. Der dabei gefundene Wert muß als Korrektur Berücksichtigung finden. — Bei der Bestimmung nach 1. wird Cer, wenn vorhanden, mittitiriert!

Bestimmung von Nitriden

Grundsätzliches. Die Nitride werden zu Ammoniak reduziert und dieser mit Natronlauge in eine Schwefelsäurevorlage übergetrieben und durch Rücktitration der Schwefelsäure der Gehalt an Ammoniak ermittelt.

Apparatur. Für die Durchführung dieser Bestimmung ist eine einfache Apparatur nötig. Ein 3 Liter fassender Rundkolben wird mit einem doppelt durchbohrten Stopfen verschlossen. Durch die eine Bohrung führt ein Tropftrichter, durch die andere ein gebogenes Glasrohr, welches mit einem Destillationshelm versehen ist und in einen Kühler mündet. Vom Kühler leitet ein Vorstoß die frei werdenden Gase in eine Vorlage.

Ausführung der Bestimmung. Zur Nitridbestimmung werden 20 g Metall in einem 3-Liter-Kolben in 300 ccm 25%iger Schwefelsäure gelöst; zur Vorsicht wird die Vorlage noch mit verdünnter

Schwefelsäure beschickt. Nach vollständigem Lösen werden Tropftrichter, Kugelkühler, Schlauch und Vorlage ausgespült und die Flüssigkeit in den Kolben zurückgespült. An Stelle der Vorlage wird ein Erlenmeyer-Kolben von 500 ccm Inhalt gesetzt, der mit 25 ccm $^1/_{10}$-n-Schwefelsäure beschickt ist und mit kaltem Wasser gekühlt wird. Die Lösung wird stark verdünnt und zum Kochen erhitzt. Aus dem Tropftrichter läßt man vorsichtig

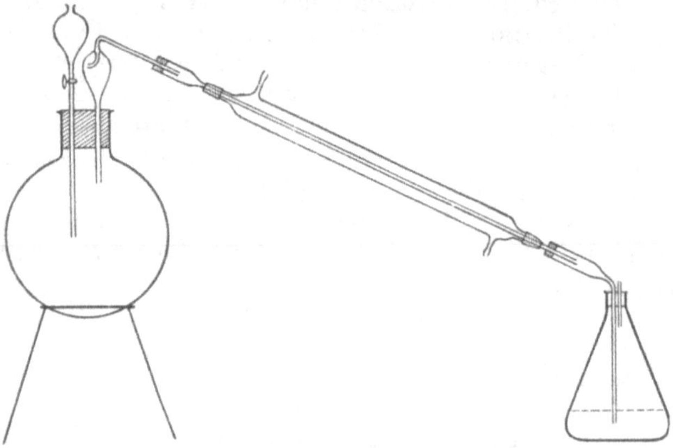

Abb. 19. Einfache Apparatur für die Bestimmung von Nitriden in Magnesium-Legierungen

Natronläuge (1 : 3) zufließen bis die Lösung alkalisch reagiert. Nach $^1/_2$-stündigem Kochen titriert man die in dem Erlenmeyer-Kolben enthaltende Lösung unter Verwendung von Methylrot oder Jodeosin als Indikator mit $^1/_{10}$-n-Kaliumhydroxydlösung.

Zink-Bestimmung

Grundsätzliches. Zink wird in schwefelsaurer Lösung mit Kaliumferrocyanid unter Verwendung von Ammonmolybdat als Indikator titriert. Die Methode stammt von Galetti [II]).

Titerstellung der Ferrocyanidlösung. Von chemisch reinem Ferrocyankalium werden ca. 25 g mit 7 g Natriumsulfat in 1 l Wasser gelöst (1 ccm entspricht ungefähr 0,005 g Zink). Zur genauen Titereinstellung werden 6,2237 g frisch geglühtes Zinkoxyd in 60 ccm heißer 30%iger Essigsäure gelöst und kalt auf 1 l verdünnt (1 ccm Lösung entspricht 0,005 g Zink). 10 oder 20 ccm Zinkacetatlösung werden auf ungefähr 100 ccm verdünnt und 4 ccm konzentrierte Schwefelsäure hinzugegeben. Die Titration dieser Lösung mit Ferrocyankalium wird wie im folgenden beschrieben ausgeführt und so der genaue Titer der Ferrocyankaliumlösung bestimmt.

Ausführung der Bestimmung. 2 g Metall werden mit 100 ccm Wasser übergossen und unter tropfenweiser Zugabe von 10 ccm konzentrierter Schwefelsäure gelöst. Das sich ausscheidende Kupfer und ein geringer Mangangehalt stören den Gang der Analyse nicht. Da im allgemeinen der ungefähre Zinkgehalt der zu untersuchenden Legierung bekannt ist, gibt man unter Umrühren in der Kälte zu der Lösung soviel Ferrocyankalilösung hinzu, bis fast alles Zink ausgefällt ist. Nach 10 Minuten wird die Lösung auf einer weißen Porzellanplatte mit Ammonmolybdat getüpfelt (1%ige Ammonmolybdatlsg.) und nacheinander je 0,5 ccm Kaliumferrocyanidlösung solange zugegeben, bis nach jedesmaliger Wartezeit von 10 Minuten der Farbumschlag des Indikators nach rotbraun das Ende der Titration anzeigt. Wenn die Bedingungen genau eingehalten werden, bekommt man Werte, die mit den nach der gravimetrischen Methode aus Zinksulfid gefundenen Werten gut übereinstimmen.

Zusätzliche Hinweise. Wird zur Auflösung der Späne statt Schwefelsäure Salzsäure verwandt, so gehen größere Mengen von Kupfer in Lösung, die den Umschlagspunkt bei der Tüpfelprobe stören.

B. Magnesium

Anhang zum Teil B

Zusammensetzung von Magnesium-Legierungen

a) Elektrongußlegierungen

Bezeichnung nach DIN 1717	Al %	Ce %	Mn %	Si %	Zn %	Zr %
G Mg—Si	—	—	—	1	—	—
G Mg—Mn	—	—	2	—	—	—
G Mg—Al 3Zn	3	—	—	—	1	—
G Mg—Al 4Zn	4	—	—	—	3	—
G Mg—Al 6Zn	6	—	—	—	3	—
G Mg—Al	8	—	—	—	—	—
G Mg—Al	8,5	—	—	—	0,5	—
G Mg—Al	9,5	—	—	—	0,5	—
(G Mg mit:)	—	—	—	—	—	0,5
(G Mg mit:)	—	—	—	—	3	0,5

b) Elektronknetlegierungen

Bezeichnung nach DIN 1717	Al %	Ce %	Mn %	Si %	Zn %
Mg—Mn	—	—	2	—	—
Mg—Mn	—	0,5	2	—	—
Mg—Zn	—	—	—	—	4
(Mg mit:)	2	—	—	—	1
Mg—Al 3	3	—	—	—	1
Mg—Al 6	6	—	—	—	1
Mg—Al 9	8	—	—	—	0,5
Mg—Al 9	10	—	—	—	—
(Mg mit:)	—	6	2	—	—

C. Literaturverzeichnis

1. Buchliteratur

I. F. P. Treadwell, Kurzes Lehrbuch der analytischen Chemie, 11. Auflage, 1935, Band II

II. Lunge-Berl, Chemisch-technische Untersuchungsmethoden, 2. Auflage, 1932, Band II, Verlag Jul. Springer, Berlin

III. A. Stock und A. Stähler, Praktikum der quantitativen anorganischen Analyse, 3. Auflage, 1920

IV. H. u. W. Biltz, Ausführung quantitativer Analysen, 2. Auflage, 1937, Verlag F. Hirzel, Leipzig

V. Gesellschaft deutscher Metallhütten- und Bergleute, Mitteilungen des Chemiker-Fachausschusses, 2. Auflage 1931, Kapitel Aluminium

VI. W. Prodinger, Organische Fällungsmittel in der quantitativen Analyse, 2. Auflage, 1939, Verlag Ferdinand Enke, Stuttgart

VII. J. M. Kolthoff, Die Methoden der Maßanalyse, 1. und 2. Teil, 2. Auflage

VIII. H. Beckurts, Die Methoden der Maßanalyse, 1913 Verlag Friedr. Vieweg & Sohn, Braunschweig

IX. Analysentabellen:

a) Dr. K. Steinhäuser, Chemische Analysenmethoden für Aluminium und seine Legierungen, 1938, Aluminium-Zentrale, Berlin

b) Chemiker-Fachausschuß der Aluminium-Zentrale, Chemische Analysenmethoden für Umschmelzaluminium und Umschmelz-Aluminiumlegierungen 1939, Aluminium-Zentrale, Berlin

X. V. Samter, Analytische Schnellmethoden, 2. Auflage, 1911 Verlag W. Knapp, Halle

XI. A. Thiel, Absolutkolorimetrie, 1939, Verlag Walter de Gruyter & Co., Berlin

XII. H. Lundegårdh, Die quantitative Spektralanalyse der Elemente, Verlag G. Fischer, Jena

XIII. G. Scheibe und Lindström, Tabellen des Funken- und Bogenspektrums des Eisens, 1. Teil, 1933, Selbstverlag Fueß

XIV. G. Scheibe, Limmer und Coryell, Tabellen des Funken- und Bogenspektrums, 2. und 3. Teil, 1935, Selbstverlag Fueß

XV. H. Kayser und R. Ritschl, Tabellen der Hauptlinien und der Linienspektren aller Elemente, 1939, Verlag Springer, Berlin

XVI. W. Gerlach und E. Riedel, Die Chemische Emissions-Spektralanalyse, 3. Teil, 1936, Verlag Leopold Voß, Leipzig

XVII. W. Seith und K. Ruthardt, Chemische Spektralanalyse, 1938, Verlag Jul. Springer, Berlin

XVIII. W. Böttger, Physikalische Methoden der analytischen Chemie, 2. Band, 1935

XIX. W. Böttger, Elektrolyse, Band 2, 1936

XX. P. Urech, Chemische Analysenmethoden (Schiedsanalysen) für Aluminium und Aluminiumlegierungen, Bureau international des Applications de l'Aluminium, Verlag der deutschen Ausgabe: Aluminium-Zentrale, Berlin

XXI. H. V. Churchill, R. W. Bridges, Chemical Analysis of Aluminium 1935, New Kensington/Pennsylvania

XXII. Z. D'Ans, Chemisch-technische Untersuchungsmethoden, Ergänzungswerk zur 8. Auflage, II. 1939 Verlag Jul. Springer, Berlin

XXIII. A. v. Zeerleder, Technologie des Aluminiums und seiner Legierungen. 1938, Akademische Verlagsgesellschaft, Leipzig

XXIV. H. Diergarden, Dissertation zur Bestimmung der Gase in Metallen, besonders des Sauerstoffes in Eisen und Stahl nach dem Heißextraktionsverfahren, 1930 Verlag Stahleisen m. b. H. Düsseldorf,

XXV. A. Beck, Magnesium und seine Legierungen, Abschnitt „Chemische Analysen von Magnesium und seinen Legierungen" von G. Siebel, Bitterfeld, 1939, Verlag Jul. Springer, Berlin

XXVI. Karl Zeiß, Absolutkolorimetrische Metallanalysen mit dem Pulfrich-Photometer, Komm. Verlag G. Fischer, Jena

XXVII. Karl Zeiß, Anleitung für die Ausführung von spektrographischen quantitativen Bestimmungen in festen Legierungen mit Hilfe des Funkens Mess 266/III F. Carl Zeiß, Jena

XXVIII. Aluminium-Zentrale, Aluminium-Taschenbuch, 8. Auflage 1937, Verlag Aluminium-Zentrale, Berlin

XXIX. E. Müller, Elektrometrische Maßanalyse, 1921 Verlag Theodor Steinkopff, Dresden und Leipzig

XXX. R. Berg, Die Chemische Analyse, 1934, Verlag Ferdinand Enke, Stuttgart

XXXI. W. Gerlach und E. Schweitzer, Die chem. Emissionsspektralanalyse, Leipzig 1930

XXXII. B. Lange, Die Photoelemente und ihre Anwendung, 1940 Verlag Joh. Ambrosius Barth, Leipzig

2. Zeitschriftenliteratur

1) Maljarow, K. L., C. 1930, II. 1408
2) Barber u. Kolthoff, I. M., J. Am. Chem. Soc. 50 (1928) 1625
3) Steinhäuser, K., Zeitschr. f. analyt. Chemie 81, 433; 91, 165
4) Schulte, Stahl und Eisen 26 (1906) 985
5) Handy, J. O., Journ. Am. Chem. Soc. 18, (1896), 766—782
6) Prettner, A., Chem. Zeitg. 51 (1927), 261
7) Regelsberger, F., Zeitschr. f. angew. Chem. 4 (1891), 360—363
8) Jander, G., Zeitschr. f. angew. Chemie 40 (1927), 488; 41 (1928), 702
9) Ehrenberg, W., Zeitschr. f. analyt. Chemie 91 (1933), 1
10) Blumenthal, H., Metall u. Erz 37 (1940), 315
11) Fuchshuber, Zeitschr. f. analyt. Chemie 116 (1939), 421
12) Lundell G. E. F. u. Naikim Bee, Zeitschr. f. angew. Chemie 28 (1915), 617
13) Margueritte, Ann. Chem. phys. 3. Serie 18/244 (1846)
14) Gall, H. und Heinig, K. H., Zeitschr. f. anorg. u. allg. Chemie 202 (1931), 154
15) Bridges R. W. und Lee, M. F., Ind. Eng. Chem. Anal. Ed. 4 (1932), 264; Journ. Chem. Am. Soc. 53 (1931), 3288
16) Kolthoff, J. M. und Tomicek, Pharmac. weekb. 61 (1924), 1205
17) Knecht, Ber. Bd. 33 (1903), 1550
18) Schöntag, A., Dissert.
19) Handy, J. O., Journal Am. Chem. Soc. 22 (1900), 31

20) Blum, Zeitschr. f. analyt. Chemie 53 (1914), 282
21) Kortüm, G., Zeitschr. f. angew. Chemie 53 (1940), 183
22) Steinhäuser K. und Ginsberg, H., Zeitschr. f. analyt. Chemie 104 (1936), 385
23) Ginsberg, H., Metallwirtschaft 16 (1938), 1107
24) Ginsberg, H., Zeitschr. f. angew. Chemie 51 (1938), 663
25) Winkler, L. W. Z. f. analyt. Ch. 41 (1902) 550
26) Lapin, L. N. und Kill, W. E., Zeitschr. f. Hyg. 112 (1931), 719
27) Alten, F. und Weiland, H. und Hille, E., Zeitschr. f. anorg. u. allgem. Chemie 215 (1933), 81
28) Thiel, A. und Peter, O., Zeitschr. f. analyt. Chemie 103 (1935), 161
29) Urech, P., Helvetica Chimica Acta 22 (1939), 322
30) Denigès, C. r. 171 (1920), 382, 178 (1927), 687
31) Verda, Pharm. Acta Helv. 4 (1938), 52, 56
32) Zinzadze, Z. Pflanzenernährung, Düngung 16 A (1930), 129
33) Treadwell und Hartnagel, Hel. Chim. Acta 15 (1932), 1023ff.
34) Pinsl, H., Aluminium 19 (1937), 439
35) Ginsberg, H., Zeitschr. f. anorg. allgem. Chemie 210 (1933), 303
36) Dobbius u. Byrd, Journ. Chem. Am. Soc. 53 (1911), 3288
37) Havemann, R., Biochem. Zeitschr. 301 (1939), 105 u. 116
38) Kreibich, E. und Bäumler, H., Aluminium 20 (1938), 528
39) Ginsberg, H., Zeitschr. f. Elektrochem. 45 (1939), 829—833
40) Jordy, A., Zeitschr. Aluminium (1939), 27
41) Pinsl, H., Metallkunde 27 (1935), 107
42) Pinsl, H. Aluminium 19 (1937), 439
43) Pinsl, H. Aluminium 20 (1938) Oktoberheft
44) Bauer, R. u. Eisen, J., Z. f. angew. Chem. 52 (1939), 459
45) Fischer, H., Zeitschr. f. angew. Chemie 46 (1933), 442; 47 (1934), 685; 50 (1937), 919
46) Fischer, H., Zeitschr. f. angew. Chemie 50 (1937), 922
47) Fischer, H. und Leopoldi, G., Metall und Erz 35 (1938), 87
48) Grubitsch, G. und Sinigoj, J., Zeitschr. f. analyt. Chemie 114 (1938), 30
49) Bauer, R., Aluminium 22 (1940), 9
50) Kaiser, H., a) Metallwirtschaft (1937), 1098; b) Spektro-Chimica-Acta I (1939), 1
51) Mäder und Pötzelberger, Spektro-Chimica-Acta I (1939), 213
52) Buckeley, A., Aluminium 62 (1940), 322
53) Pfeilsticker, K., Zeitschr. f. Elektrochem. 43 (1937), 719ff.

54) Beerwald, A. und Seith, W., Zeitschr. f. Elektrochem. 44 (1938), 814
55) Thanheiser, G. und Heyes, J., Mitteilungen des Kaiser-Wilhelm-Institutes für Eisenforschung 19 (1937), 113—122
56) Wolbank, F., Zeitschr. Metallkunde 31 (1939), 257—261
57) Blumenthal, H., Metall und Erz, 37 (1940), 119
58) Hüttig, G. F., Zeitschr. f. angew. Chemie 39 (1926), 67
59) Czochralski, J., Metallkunde 14 (1922), 277
60) Röntgen und Möller, Metallwirtschaft 13 (1934), 81 und 97
61. Baukloh und Oesterlen, Metallkunde 30 (1938), 386
62) Chrétien, Nipper und Piwowarsky, Aluminium-Archiv 23 (1939)
63) Steinhäuser, K., Zeitschr. f. Metallkunde, 26 (1934), 136
64) Thanheiser und Ploum, Mtt. KWI f. Eisenforschung XIX, 324
65) Zeerleder, A. u. Zurbrügg, E., Aluminium 20 (1938), 196
66) Oschwald, F., Beiträge z. Bstg. d. Kohlenstoffs i. Alum., Diss., Zürich 1923.
67) Rauch, Heringen, priv. Mittlg.
68) Jutar, s. u. VIII S. 813
69) Schwarz, R. (1849) s. u. VIII S. 801
70) Spacu, G. (1923) s. u. VI S. 165
71) Gallo, s. u. VIII S. 686
72) Scheibe, G. u. Lindström, F. u. Schnatter, O., Z. f. angew. Ch. 44 (1931), 45
73) Scheibe, G. u. Rivas, A., Z. f. angew. Ch. 49 (1936), 443
74) Rivas, A., Beihefte z. d. Z. f. angew. Ch. Nr. 29 (1937)
75) Royen, H. J. van, u. Grewe, H., Arch. f. Eisenhüttenwesen 7 (1933/34) 505
76) Roelen, L., Z. f. analyt. Ch. 117 (1939), 385
77) Thiel, A., Z. f. Elektrochemie 14 (1908) 201

Namenverzeichnis

Sachverzeichnis

a) Für Bestimmungen im Aluminium

b) Für Bestimmungen im Magnesium

FSC
www.fsc.org
MIX
Papier | Fördert gute Waldnutzung
FSC® C083411

Kolibri 360 GmbH
Ferdinand-Jühlke-Straße 7
99095 Erfurt, Deutschland
produktsicherheit@kolibri360.de